高等学校土建类专业实践性教学系列指导书

建筑环境与能源应用工程专业实验教程

主　编　刘　坤　吕慧洁　丁　蕊
副主编　孙艳红

武汉理工大学出版社
·武　汉·

内容简介

本书是一本针对建筑环境与能源应用工程专业的实验教材，旨在帮助读者掌握该专业的基本实验原理，培养实验设计和数据处理能力，以便更好地应用所学知识解决工作中遇到的实际问题。全书共分为三部分，分别为实验基础知识、专业基础实验以及专业实验，内容涵盖了建筑环境与能源应用工程专业涉及的工程热力学、流体力学、传热学、空调工程、建筑环境学、热质交换原理与设备、供热工程、通风工程等课程实验，每个实验都详细介绍了应用场景，包含了实验目的、实验原理、实验步骤、实验数据处理和实验结果分析等方面的内容，有助于学生全面了解实验过程和实验结果。

本书注重实用性和可操作性，通过大量的实例和案例分析，帮助读者更好地理解和掌握实验技术。同时在一些实验项目中，设计了一些开放性问题和实践性任务，鼓励学生自主思考和探索，提高他们的创新能力和解决问题的能力。

本书可供建筑环境与能源应用工程专业的学生使用，也可作为相关领域的工程技术人员的参考书籍。

图书在版编目(CIP)数据

建筑环境与能源应用工程专业实验教程 / 刘坤，吕慧洁，丁蕊主编. -- 武汉 ：武汉理工大学出版社，2024. 6. -- ISBN 978-7-5629-7061-3

Ⅰ. TU-023

中国国家版本馆 CIP 数据核字第 2024C589P0 号

项目负责人：王利永(027-87290908)
责任编辑：张　晨
责任校对：夏冬琴
版式设计：正风图文
出版发行：武汉理工大学出版社
地　　址：武汉市洪山区珞狮路 122 号
邮　　编：430070
网　　址：http://www.wutp.com.cn
经　　销：各地新华书店
印　　刷：武汉乐生印刷有限公司
开　　本：787×1092　1/16
印　　张：14
字　　数：350 千字
版　　次：2024 年 6 月第 1 版
印　　次：2024 年 6 月第 1 次印刷
定　　价：39.00 元

凡购本书，如有缺页、倒页、脱页等印装质量问题，请向出版社发行部调换。
本社购书热线电话：027-87523148　027-87391631　027-87165708(传真)

前　言

随着科技的快速发展和全球能源结构的深刻变革，建筑环境与能源应用工程领域正面临着前所未有的挑战与机遇。为了培养具备创新精神和实践能力的应用型专业技术人才，编者编写了这本《建筑环境与能源应用工程专业实验教程》。该教材适合于一般本科院校以及一些专业技术职业学院的学生使用。本书旨在通过一系列实验教学活动，帮助学生深入理解建筑环境与能源应用工程的基本理论，掌握相关实验技能，提升解决实际问题的能力。

在本教程的编写过程中，编者充分考虑了当前建筑环境与能源应用工程领域的实际需求和发展趋势，结合国内外相关领域的最新研究成果和教学经验，力求体现内容的全面性、系统性和实用性。全书共分为三个部分，涵盖了工程热力学、流体力学、传热学、空调工程、建筑环境学等多个方面的知识。

本教程主要对应与专业密切相关的课程（建筑环境学、空调工程、供热工程、建筑冷热源、热质交换原理与设备、通风工程、流体输配管网、流体力学、传热学、工程热力学），教程体系并没有按课程来进行实验项目的安排，而是按专业方向和专业基础技能来安排实验项目，各实验项目相对独立，形成一个较完整的实验体系。

在实验教程的编写过程中，特别注重实验设计与操作的严谨性。每个实验项目都经过精心策划和组织，每个实验设计包含了实验目的、实验原理、实验步骤、数据分析与处理、问题讨论、报告书写要求等内容，帮助学生深入理解实验原理，逐步掌握实验技能，提高实践操作能力。

最后，编者希望通过本教程的学习，学生能够全面掌握建筑环境与能源应用工程领域的基本知识和实验技能，为未来的研究和应用奠定坚实的基础。同时，编者也期待与广大师生共同努力，不断完善和优化本教程的内容与结构，以适应不断变化的教学需求和领域发展。

本教程由刘坤、吕慧洁、丁蕊担任主编，由孙艳红担任副主编，各实验项目的设置由建筑环境与能源应用工程专业教研室和实验中心全体老师共同完成。其中，刘坤编写第 1 章 1.1 节，第 2 章 2.1 至 2.6 节；吕慧洁编写第 1 章 1.2 节，第 3 章 3.11 至 3.18 节；丁蕊编写第 2 章 2.7 至 2.17 节，第 3 章 3.1 至 3.2 节；孙艳红编写第 3 章 3.3 至 3.10 节。

在本书的编写过程中，参阅了其他院校的同类教材、资料及文献，并得到许多同行专家、教授的支持和帮助，在此表示衷心感谢。

由于编者水平有限，书中缺点和错误在所难免，敬请广大师生、读者提出宝贵意见，以求进一步改进。

编　者

2024 年 4 月

目　录

1 实验基础知识

1.1 实验基础知识介绍

1.1.1 实验数据误差分析

由于实验方法和实验设备的不完善、周围环境的影响，以及人的观察力、测量程序等限制，实验测量值和真值之间总是存在一定的差异，在数值上即表现为误差。为了提高实验的精度，缩小实验观测值和真值之间的差值，需要对实验数据误差进行分析和讨论。

实验数据误差分析并不是既成事实的消极措施，而是给研究人员提供参与科学实验的有效方法，通过误差分析，可以认清误差的来源及影响，使研究人员有可能预先确定导致实验总误差的最大组成因素，并设法排除数据中所包含的无效成分，进一步改进实验方案。实验误差分析也提醒研究人员注意主要误差来源，精心操作，使研究的准确度得以提高。

1.1.1.1 实验误差的来源

实验误差从总体上讲有实验装置(包括标准器具、仪器仪表等)、实验环境、实验方法、实验人员和测量对象变化五个来源。

(1) 实验装置误差

测量装置是标准器具、仪器仪表和辅助设备的总体。实验装置误差是指由测量装置产生的测量误差。按装置误差具体形成原因，可分为结构性的装置误差、调整性的装置误差和变化性的装置误差。结构性的装置误差如天平的不等臂、线纹尺刻线不均匀、量块工作面的不平行性、光学零件的光学性能缺陷等，这些误差大部分是制造工艺不完善和长期使用磨损引起的。调整性的装置误差如投影仪物镜放大倍数调整不准确、水平仪的零位调整不准确、千分尺的零位调整不准确等，这些误差是仪器仪表在使用时未调整到理想状态引起的；变化性的装置误差如激光波长的长期不稳定性、电阻等元器件的老化、晶体振荡器频率的长期漂移等，这些误差是仪器仪表随时间的不稳定性和随空间位置变化的不均匀性造成的。

实验装置误差来源于以下几个方面。

① 标准器具误差

标准器具是指用以复现量值的计量器具。由于加工的限制，标准器具复现的量值单位是有误差的。例如，标准刻线米尺的 0 刻线和 1000 mm 刻线之间的实际长度与 1000 mm

单位是有差异的。又如，标称值为 1 kg 的砝码的实际质量（真值）并不等于 1 kg 等。

② 仪器仪表误差

凡是用于被测量和复现计量单位的标准量进行比较的设备，称为仪器或仪表。它们将被测量转换成可直接观察的指示值。例如，温度计、电流表、压力表、干涉仪、天平等。

由于仪器仪表在加工、装配和调试中，不可避免地存在误差，以致仪器仪表的指示值不等于被测量的真值，造成测量误差。例如，天平的两臂不可能被加工、调整到绝对相等。称量时，按天平工作原理，天平平衡被认为两边的质量相等。但是，由于天平的不等臂，虽然天平达到平衡，但两边的质量并不相等，即造成测量误差。

③ 附件误差

为测量创造必要条件或使测量方便地进行而采用的各种辅助设备或附件，均属测量附件。如电测量中的转换开关及移动测点、电源、热源和连接导线等均为测量附件，且均产生测量误差。又如，热工计量用的水槽，作为温度测量附件，提供测量水银温度计所需要的温度场，水槽内各处温度的不均匀会引起测量误差等。

(2) 实验环境误差

实验环境误差系指测量中各种环境因素所造成的测量误差。在不同的环境中测量，其结果是不同的。这一客观事实说明，环境对测量是有影响的，是测量的误差来源之一。环境造成测量误差的主要原因是测量装置包括标准器具、仪器仪表、测量附件同被测对象随着环境的变化而变化着。

除了偏离标准环境会导致测量误差以外，测量环境发生微观变化也会导致测量误差。

(3) 实验方法误差

实验方法误差系指测量方法（包括计算过程）不完善所引起的误差。

事实上，不存在不产生测量误差的尽善尽美的测量方法。由测量方法引起的测量误差主要有下列两种情况。

① 测量人员的知识不足或研究不充分导致操作不合理，或对测量方法、测量程序进行错误的简化等引起的方法误差。

② 分析处理数据时引起的方法误差。例如，轴的周长可以通过测量轴的直径 d，然后由公式：$L=\pi d$ 计算得到。但是，在计算中只能取其近似值，因此，计算所得的 L 也只能是近似值，从而引起周长 L 的误差。

(4) 实验人员误差

实验人员误差系指测量人员的生理机能限制、固有习惯性偏差以及疏忽等所造成的测量误差。测量人员在长时间的测量中，因疲劳或疏忽大意发生看错、读错、听错、记错等错误造成测量误差，这类误差往往相当大，是测量所不容许的。为此，要求测量人员养成严格而谨慎的习惯，在测量中认真操作并集中精力，并从制度上规定，对某些准确性要求较高而又重要的测量，由另一名测量人员进行复核测量。

(5) 测量对象变化误差

被测对象在整个测量过程中处在不断的变化中。测量对象自身的变化所引起的测量误差称为测量对象变化误差。例如，被测温度计的温度、被测线纹尺的长度、被测量块的尺寸等，在测量过程中均处于不停的变化中，它们的变化使测量不准而带来误差。

1.1.1.2 误差的分类

误差是实验测量值（包括间接测量值）与真值（客观存在的准确值）之差别，误差可以分为下面三类。

(1) 系统误差

系统误差是某些固定不变的因素所引起的。在相同条件下进行多次测量，测量误差的数值大小正负保持恒定，或误差随条件按一定规律变化。单纯增加实验次数无法减少系统误差的影响，因为它在反复测定的情况下常保持同一数值与同一符号，故系统误差也称为常差。系统误差有固定的偏向和确定的规律，可按其原因采取相应的措施进行校正或用公式消除。

(2) 随机误差（偶然误差）

随机误差是一些不易控制的因素所引起的，如测量值的波动、肉眼观察误差等。随机误差与系统误差不同，其数值和符号不确定，它不能从实验中消除，但它服从统计规律，其误差与测量次数有关。随着测量次数的增加，出现的正负误差可以相互抵消，故多次测量的算术平均值接近于真值。

(3) 过失误差

过失误差是实验人员粗心大意，如读数错误、记录错误或操作失误所引起的。这类误差与正常值相差较大，应在整理数据时加以剔除。

1.1.1.3 实验数据的真值与平均值

(1) 真值

真值是指某物理量客观存在的确定值，它通常是未知的。虽然真值是一个理想的概念，但某一物理量经过无限多次的测量，出现的误差有正有负，而正负误差出现的概率是相同的。因此，若不存在系统误差，测量结果的平均值相当接近于这一物理量的真值。故真值等于测量次数无限多时得到的算术平均值。由于实验工作中观测的次数是有限的，由此得出的平均值只能近似于真值，故称这个平均值为最佳值。

(2) 平均值

实验中常用的平均值包含以下几部分内容：

① 算术平均值

设 $x_1, x_2, \cdots, x_n$ 为各次测量值，n 为测量次数，则算术平均值为：

$$\overline{x} = \frac{x_1 + x_2 + x_3 + \cdots + x_n}{n} = \frac{\sum_{i=1}^{n} x_i}{n} \tag{1.1}$$

算术平均值是最常用的一种平均值，因为测定值的误差分布一般服从正态分布，可以证明算术平均值即为一组等精度测量的最佳值或最可信赖值。

② 均方根平均值

$$\bar{x}_{均}=\sqrt{\frac{x_1^2+x_2^2+x_3^2+\cdots+x_n^2}{n}}=\sqrt{\frac{\sum_{i=1}^{n}x_i^2}{n}} \tag{1.2}$$

③ 几何平均值

$$\bar{x}_{几}=\sqrt[n]{x_1\cdot x_2\cdot x_3\cdot\cdots\cdot x_n} \tag{1.3}$$

1.1.1.4 误差的表示方法

(1) 绝对误差

测量值与真值之差的绝对值称为测量值的误差，即绝对误差。在实际工作中常以最佳值代替真值，测量值与最佳值之差称为残余误差，习惯上也称为绝对误差。

设测量值用 x 表示，真值用 X 表示，则绝对误差 D 表示为：$D=|X-x|$。

如在实验中对物理量的测量只进行了一次，可根据测量仪器出厂鉴定书注明的误差，或取测量仪器最小刻度值的一半作为单次测量的误差。如某压力表精(确)度为1.5级，即表明该仪表最大误差为相当挡位最大量程的1.5%，若最大量程为0.4 MPa，该压力表的最大误差为：$0.4\times1.5\%=0.006$ MPa。

如实验中最常用的U形管压差计、转子流量计、秒表、量筒等仪表原则上均取其最小刻度值为最大误差，而取其最小刻度值的一半作为绝对误差计算值。

(2) 相对误差

绝对误差 D 与真值的绝对值之比，称为相对误差，用 e 表示，$e=D/|X|\times100\%$，式中真值 X 一般为未知，用平均值代替。

(3) 算术平均误差

算术平均误差 δ 的定义为：

$$\delta=\frac{\sum|x_i-\bar{x}|}{n}=\frac{\sum d_i}{n} \tag{1.4}$$

式中 x_i——测量值，$i=1,2,3,\cdots,n$；

d_i——测量值与算术平均值($\bar{x}$)之差的绝对值，$d_i=|x_i-\bar{x}|$。

(4) 标准误差(均方误差)

对于有限测量次数，标准误差 σ 表示为：

$$\sigma=\sqrt{\frac{\sum d_i^2}{n-1}} \tag{1.5}$$

标准误差是目前最常用的一种表示精确度的方法，它不但与一系列测量值中的每个数据有关，而且对其中较大的误差或较小的误差敏感性很强，能较好地反映实验数据的精确度，实验愈精确，其标准误差愈小。

1.1.1.5 精密度、正确度和准确度

(1) 精密度

精密度是指对同一被测量作多次重复测量时，各次测量值之间彼此接近或分散的程度。

它是对随机误差的描述,它反映随机误差对测量的影响程度。随机误差小,测量的精密度就高。如果实验的相对误差为 0.01%且误差由随机误差引起,则可以认为精密度为 10^{-4}。

(2) 正确度

正确度是指被测量的总体平均值与其真值接近或偏离的程度。它是对系统误差的描述,它反映系统误差对测量的影响程度。系统误差小,测量的正确度就高。如果实验的相对误差为 0.01%且误差由系统误差引起,则可以认为正确度为 10^{-4}。

(3) 精确度

精确度是指各测量值之间的接近程度和其总体平均值与真值接近的程度。它包括了精密度和正确度两方面的含义。它反映随机误差和系统误差对测量的综合影响程度。只有随机误差和系统误差都非常小,才能说测量的精确度高。若实验的相对误差为 0.01%且误差由系统误差和随机误差共同引起,则可以认为精确度为 10^{-4}。

1.1.1.6 实验数据的有效数与记数法

任何测量结果或计算的量,总是表现为数字,而这些数字就代表了欲测量的近似值,对这些近似值应该取多少位数呢?答案是应根据测量仪表的精度来确定,一般应记录到仪表最小刻度的十分之一位。例如:某液面计标尺的最小分度为 1 mm,则读数可以到 0.1 mm。如在测定时液位高在刻度 524 mm 与 525 mm 的中间,则应记液位高为 524.5 mm,其中前三位是直接读出的,是准确的,最后一位是估计的,该数据具有 4 位有效数字。如液位恰在 524 mm 刻度上,该数据应记为 524.0 mm,若记为 524 mm,则失去一位(末位)欠准数字。

总之,有效数字中应有而且只能有一位(末位)欠准数字。

由上可见,当液位高度为 524.5mm 时,最大误差为±0.5mm,也就是说误差为末位的一半。

在科学与工程中,为了清楚地表达有效数字或数据的精度,通常将有效数字写出并在第一位数后加小数点,而数值的数量级由 10 的整数幂来确定,这种以 10 的整数幂来记数的方法称为科学记数法。例如:0.0088 应记为 8.8×10^{-3},88000(有效数字 3 位)记为 8.80×10^{4}。应注意科学记数法中,在 10 的整数幂之前的数字应全部为有效数字。

采用有效数字进行运算时,运算结果仍为有效数字。总的规则是:可靠数字与可靠数字运算后仍为可靠数字,可疑数字与可疑数字运算后仍为可疑数字,可靠数字与可疑数字运算后为可疑数字,进位数可视为可靠数字。

对于已经给出了不确定度的有效数字,在运算时应先计算出运算结果的不确定度,然后根据它决定结果的有效数字位数。

① 加减运算规则

a. 如果已知参与加减运算的各有效数字的不确定度,则先算出计算结果的不确定度,并保留 1~2 位,然后确定计算结果的有效数字位数。

b. 如果没给出参与加减运算的各有效数字的不确定度,则先找出可疑位最高的那个有效数字,计算结果的可疑位应与该有效数字的可疑位对齐。

② 乘除运算规则

若干个有效数字相乘除时,计算结果(积或商)的有效数字位数在大多数情况下与参与运算的有效数字位数最少的那个分量的有效数字位数相同。

③ 乘方、开方运算规则

有效数字在乘方或开方时,若乘方或开方的次数不太高,其结果的有效数字位数与原底数的有效数字位数相同。

④ 对数运算规则

有效数字在取对数时,其有效数字的位数与真数的有效数字位数相同或多取1位。

1.1.2 数据处理基本方法

数据处理是指从获得数据开始到得出最后结论,涉及的内容很多,这里仅介绍一些基本的数据处理方法。

(1) 列表法

对一个物理量进行多次测量或研究几个量之间的关系时,往往借助于列表法把实验数据列成表格。其优点是,使大量数据表达清晰醒目、条理化,易于实验人员检查数据和发现问题,避免差错,同时有助于反映出物理量之间的对应关系。所以,设计一个简明醒目、合理美观的数据表格,是每一个同学都要掌握的基本技能。

列表没有统一的格式,但所设计的表格要能充分反映上述优点,应注意以下几点:

① 各栏目均应注明所记录的物理量的名称(符号)和单位;

② 栏目的顺序应充分注意数据间的联系和计算顺序,力求简明、齐全、有条理;

③ 表中的原始测量数据应正确反映有效数字,数据不应随便涂改,确实要修改数据时,应将原来数据画条杠以备随时查验;

④ 对于函数关系的数据表格,应按自变量由小到大或由大到小的顺序排列,以便于判断和处理。

(2) 图解法

图线能够直观地表示实验数据间的关系,找出物理规律,因此图解法是数据处理的重要方法之一。采用图解法处理数据,首先要画出合乎规范的图线,其要点如下:

① 选择图纸。作图纸有直角坐标纸(即毫米方格纸)、对数坐标纸和极坐标纸等,根据作图需要选择。在物理实验中比较常用的是毫米方格纸,其规格多为17 cm×25 cm。

② 曲线改直。由于直线最易描绘,且直线方程的两个参数(斜率和截距)也较易算得,对于两个变量之间的函数关系是非线性的情形,在用图解法时应尽可能通过变量代换将非线性函数的曲线转变为线性函数的直线。下面为几种常用的变换方法。

a. $xy=c$(c 为常数)。令 $z=\frac{1}{x}$,则 $y=cz$,即 y 与 z 为线性关系。

b. $x=c\sqrt{y}$(c 为常数)。令 $z=x^2$,则 $y=\frac{1}{c^2}z$,即 y 与 z 为线性关系。

c. $y=ax^b$(a 和 b 为常数)。等式两边取对数得,$\lg y=\lg a+b\lg x$。于是,$\lg y$ 与 $\lg x$ 为线性关系,b 为斜率,$\lg a$ 为截距。

d. $y=a\mathrm{e}^{bx}$(a 和 b 为常数)。等式两边取自然对数得,$\ln y=\ln a+bx$。于是,$\ln y$ 与 x 为

线性关系，b 为斜率，$\ln a$ 为截距。

③ 确定坐标比例与标度。合理选择坐标比例是作图法的关键所在。作图时通常以自变量作横坐标（x 轴），因变量作纵坐标（y 轴）。坐标轴确定后，用粗实线在坐标纸上描出坐标轴，并注明坐标轴所代表物理量的符号和单位。

坐标比例是指坐标轴上单位长度（通常为 1 cm）所代表的物理量大小。坐标比例的选取应注意以下内容：原则上做到数据中的可靠数字在图上应是可靠的，即坐标轴上的最小分度（1 mm）对应于实验数据的最后一位准确数字。坐标比例选得过大会损害数据的准确度。坐标比例的选取应以便于读数为原则，常用的比例为“1∶1”“1∶2”“1∶5”（包括“1∶0.1”“1∶10”等），即每厘米代表“1”“2”“5”倍率单位的物理量。切勿采用复杂的比例关系，如“1∶3”“1∶7”“1∶9”等。这样不但不易绘图，而且读数困难。

坐标比例确定后，应对坐标轴进行标度，即在坐标轴上均匀地（一般每隔 2 cm）标出所代表物理量的整齐数值，标记所用的有效数字位数应与实验数据的有效数字位数相同。标度不一定从零开始，一般用小于实验数据最小值的某一数作为坐标轴的起始点，用大于实验数据最大值的某一数作为终点，这样图纸可以被充分利用。

④ 数据点的标出。实验数据点在图纸上用“＋”符号标出，符号的交叉点正是数据点的位置。若在同一张图上作几条实验曲线，各条曲线的实验数据点应该用不同符号（如×、⊙等）标出，以示区别。

⑤ 曲线的描绘。由实验数据点描绘出平滑的实验曲线，连线要用透明直尺或三角板、曲线板等拟合。根据随机误差理论，实验数据应均匀分布在曲线两侧，与曲线的距离尽可能小。个别偏离曲线较远的点，应检查标点是否错误，若无误表明该点可能是错误数据，在连线时不予考虑。对于仪器仪表的校准曲线和定标曲线，连接时应将相邻的两点连成直线，整个曲线呈折线形状。

⑥ 注解与说明。在图纸上要写明图线的名称、坐标比例及必要的说明（主要指实验条件），并在恰当地方注明作者姓名、日期等。

⑦ 直线图解法求待定常数。直线图解法首先是求出斜率和截距，进而得出完整的线性方程。其步骤如下：

a. 选点。在直线上紧靠实验数据两个端点内侧取两点 $A(x_1,y_1)$、$B(x_2,y_2)$，并用不同于实验数据的符号标明，在符号旁边注明其坐标值（注意有效数字）。若选取的两点距离较近，计算斜率时会减少有效数字的位数。这两点既不能在实验数据范围以外取点，因为它已无实验根据，也不能直接使用原始测量数据点计算斜率。

b. 求斜率。设直线方程为 $y=a+bx$，则斜率为：

$$b=\frac{y_2-y_1}{x_2-x_1} \tag{1.6}$$

c. 求截距。截距的计算公式为：

$$a=y_1-bx_1 \tag{1.7}$$

（3）逐差法

当两个变量之间存在线性关系，且自变量为等差级数变化的情况下，用逐差法处理数据，既能充分利用实验数据，又具有减小误差的效果。具体做法是将测量得到的偶数组数据分成前后两组，将对应项分别相减，然后再求平均值。

例如，在弹性限度内，弹簧的伸长量 x 与所受的载荷（拉力）F 满足线性关系：

$$F=kx$$

实验时等差地改变载荷，测得一组实验数据如表 1.1 所示。

表 1.1　砝码质量与某弹簧伸长测试数据

砝码质量/kg	1.000	2.000	3.000	4.000	5.000	6.000	7.000	8.000
弹簧伸长位置/cm	x_1	x_2	x_3	x_4	x_5	x_6	x_7	x_8

求每增加 1 kg 砝码弹簧的平均伸长量 Δx。

若不加思考进行逐项相减，很自然地会采用下列公式计算：

$$\Delta x=\frac{1}{7}[(x_2-x_1)+(x_3-x_2)+\cdots+(x_8-x_7)]=\frac{1}{7}(x_8-x_1)$$

结果发现除 x_1 和 x_8 外，其他中间测量值都未用上，其结果与一次增加 7 个砝码的单次测量等价。若用多项间隔逐差，即将上述数据分成前后两组，前一组（x_1,x_2,x_3,x_4），后一组（x_5,x_6,x_7,x_8），然后对应项相减求平均，即：

$$\Delta x=\frac{1}{4\times 4}[(x_5-x_1)+(x_6-x_2)+(x_7-x_3)+(x_8-x_4)]$$

这样全部测量数据都用得上，保持了多次测量的优点，减少了随机误差，计算结果比前面的要准确些。逐差法计算简便，特别是在检查具有线性关系的数据时，可随时“逐差验证”，及时发现数据规律或错误数据。

(4) 最小二乘法

由一组实验数据拟合出一条最佳直线，常用的方法是最小二乘法。设物理量 y 和 x 之间满足线性关系，则函数形式为：$y=a+bx$。

最小二乘法就是要用实验数据来确定方程中的待定常数 a 和 b，即直线的斜率和截距。

我们讨论最简单的情况，即每个测量值都是等精度的，且假定 x 和 y 中只有 y 有明显的测量随机误差。如果 x 和 y 均有误差，只要把误差相对较小的变量作为 x 即可。由实验测量得到一组数据，其中，$x=x_i$ 时对应 $y=y_i(i=1,2,\cdots,n)$。由于测量总是有误差的，我们将这些误差归结为 y_i 的测量偏差，并记为 $\varepsilon_1,\varepsilon_2,\cdots,\varepsilon_n$，见图 1.1。这样，将实验数据（$x_i$，$y_i$）代入方程 $y=a+bx$ 后，得到：

$$\begin{cases} y_1-(a+bx_1)=\varepsilon_1 \\ y_2-(a+bx_2)=\varepsilon_2 \\ \quad\vdots \\ y_n-(a+bx_n)=\varepsilon_n \end{cases}$$

我们要利用上述的方程组来确定 a 和 b，那么 a 和 b 要满足什么要求呢？显然，比较合理的 a 和 b 是使 $\varepsilon_1,\varepsilon_2,\cdots,\varepsilon_n$ 数值上都比较小。但是，每次测量的误差不会相同，$\varepsilon_1,\varepsilon_2,\cdots,\varepsilon_n$ 大小不一，而且符号也不尽相同。所以只能要求总的偏差最小，即：

$$\sum_{i=1}^{n}\varepsilon_i^2\rightarrow\min$$

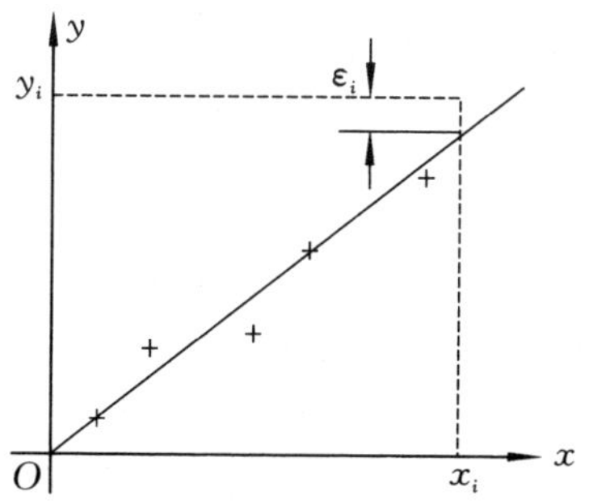

图 1.1 y_i 的测量偏差

令

$$S=\sum_{i=1}^{n}\varepsilon_i^2=\sum_{i=1}^{n}(y_i-a-bx_i)^2$$

使 S 为最小的条件是：

$$\frac{\partial S}{\partial a}=0,\frac{\partial S}{\partial b}=0,\frac{\partial^2 S}{\partial a^2}>0,\frac{\partial^2 S}{\partial b^2}>0$$

由一阶微商为零得：

$$\begin{cases}\dfrac{\partial S}{\partial a}=-2\displaystyle\sum_{i=1}^{n}(y_i-a-bx_i)=0\\ \dfrac{\partial S}{\partial b}=-2\displaystyle\sum_{i=1}^{n}(y_i-a-bx_i)x_i=0\end{cases}$$

解得

$$a=\frac{\sum_{i=1}^{n}x_i\sum_{i=1}^{n}(x_iy_i)-\sum_{i=1}^{n}x_i^2\sum_{i=1}^{n}y_i}{\left(\sum_{i=1}^{n}x_i\right)^2-n\sum_{i=1}^{n}x_i^2} \tag{1.8}$$

$$b=\frac{\sum_{i=1}^{n}x_i\sum_{i=1}^{n}y_i-n\sum_{i=1}^{n}(x_iy_i)}{\left(\sum_{i=1}^{n}x_i\right)^2-n\sum_{i=1}^{n}x_i^2} \tag{1.9}$$

令 $\overline{x}=\frac{1}{n}\sum_{i=1}^{n}x_i,\overline{y}=\frac{1}{n}\sum_{i=1}^{n}y_i,\overline{x}^2=\left(\frac{1}{n}\sum_{i=1}^{n}x_i\right)^2,\overline{x^2}=\frac{1}{n}\sum_{i=1}^{n}x_i^2,\overline{xy}=\frac{1}{n}\sum_{i=1}^{n}(x_iy_i)$，则：

$$a=\overline{y}-b\overline{x} \tag{1.10}$$

$$b=\frac{\overline{x}\cdot\overline{y}-\overline{xy}}{\overline{x}^2-\overline{x^2}} \tag{1.11}$$

如果实验是在已知 y 和 x 满足线性关系下进行的，那么用上述最小二乘法线性拟合（又称一元线性回归）可解得斜率 a 和截距 b，从而得出回归方程 $y=a+bx$。如果实验是要通过对 x、y 的测量来寻找经验公式，则还应判断由上述一元线性拟合确定的线性回归方程是否恰当。这可用下列相关系数 r 来判别：

$$r=\frac{\overline{xy}-\overline{x}\cdot\overline{y}}{\sqrt{(\overline{x^2}-\overline{x}^2)(\overline{y^2}-\overline{y}^2)}} \tag{1.12}$$

其中 $\overline{y}^2=\left(\frac{1}{n}\sum_{i=1}^{n}y_i\right)^2$，$\overline{y^2}=\frac{1}{n}\sum_{i=1}^{n}y_i^2$。

可以证明，$|r|$ 值总是在 0 和 1 之间。$|r|$ 值越接近 1，说明实验数据点密集地分布在所拟合的直线的近旁，用线性函数进行回归是合适的。$|r|=1$ 表示变量 x、y 完全线性相关，拟合直线通过全部实验数据点。$|r|$ 值越小，线性越差，一般 $|r|\geqslant 0.9$ 时可认为两个物理量之间存在较密切的线性关系，此时用最小二乘法直线拟合才有实际意义。

1.1.3 问题讨论

（1）实验中可能出现的误差来源有哪些？如何识别和评估这些误差？

（2）随机误差和系统误差有何区别？在实验中如何区分和处理这两种误差？

（3）误差分析对实验结果和结论的影响是什么？如何提高数据的准确性和可靠性？

（4）在进行误差分析时，需要注意哪些问题？如何避免常见的误区和错误？

1.2 常用仪器设备

1.2.1 数字大气压力计 DYM3-02

DYM3-02 数字大气压力计是新一代便携式测量大气压专用仪表（图 1.2），仪表采用高精度隔膜式绝压传感芯片，液晶数字双排显示，可以方便直观地测量外界大气压力、温度的数值。仪表采用全数字化设计，可靠性强，体积小，质量轻，手感好，操作简便。该仪表广泛用于气象、科研、环保、建筑、军事、体育、医疗卫生、地质勘探、垂钓娱乐等场所和行业，是各类实验室的必备常用仪表。

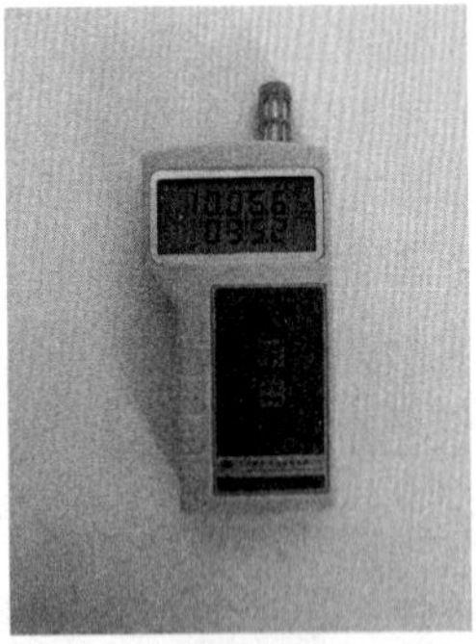

图 1.2 数字大气压力计

1.2.1.1 特点

（1）双排 LCD 液晶显示，大气压和温度数字直读。

（2）采用进口高精度绝压传感器，具有高分辨率、高稳定性。

（3）采用进口超低功耗单片微电脑，并具有数值稳定功能。

（4）仪表数字校准，不用任何硬件调整。

（5）使用范围广，适合各种工况状态。

1.2.1.2 技术参数

(1) 大气压测量范围:600～1100 hPa

(2) 大气压精度:1.0%FS

(3) 显示分辨率:0.1 hPa

(4) 温湿度测量范围:−20～60 ℃,0～100%RH

(5) 使用环境:温度−10～50 ℃,湿度 0～85%RH

(6) 测量介质:大气

1.2.1.3 使用方法

(1) 测量准备

按下“ON/OFF”(电源开关键)接通电源,10 s 后仪表 LED 屏即刻显示当前大气压值(hPa)及环境的湿度(%RH)。仪器预热一刻钟后,进入稳定的测量状态。

(2) 测量功能的选择

按下“TEMP/HR”(功能键),可以切换到气压值(hPa)和温度(℃)测量界面。同样再按下“TEMP/HR”(功能键),返回到气压(hPa)和湿度(%RH)测量界面。

1.2.1.4 注意事项

(1) 使用本仪表须轻拿轻放,不可过度振动。

(2) 禁止在超出工作压力和温度场合下使用。

(3) 长时间不用时应将表内的电池取出,同时注意防潮。

1.2.2 干湿球温度计

干湿球温度计,也称干湿球测量仪,是一种广泛应用于气象学、环境监测和空调领域的温度测量工具。该温度计由湿度计和干度计两部分组成,用于测量空气中的湿度和温度。

1.2.2.1 工作原理

干湿球温度计的工作原理基于蒸发冷却效应。在测量过程中,将湿度计上的湿度纱球和干度计上的干球暴露在空气中。由于湿度纱球上的水分蒸发,会带走一定的热量,进而降低湿度纱球的温度,而干球温度则不受湿度的影响,保持恒定。通过比较湿球温度和干球温度的差异,可以准确计算出空气中的湿度。

1.2.2.2 特点

干湿球温度计具有测量精度高、操作简便的特点。它不仅可以提供环境的湿度信息,还可以结合干球温度计的测量结果,计算出相对湿度、露点温度等相关参数。因此,它被广泛应用于气象观测站、实验室、工业生产过程,以及空调系统的设计和调节中。

然而,干湿球温度计也有一定的限制,由于测量过程中需要等待一段时间以达到平衡,所以响应速度较慢。此外,对于高温高湿环境,可能会有蒸发不足的情况发生,导致测量结果的误差。因此，在一些特殊应用场景中，可能需要结合其他测量方法进行验证。

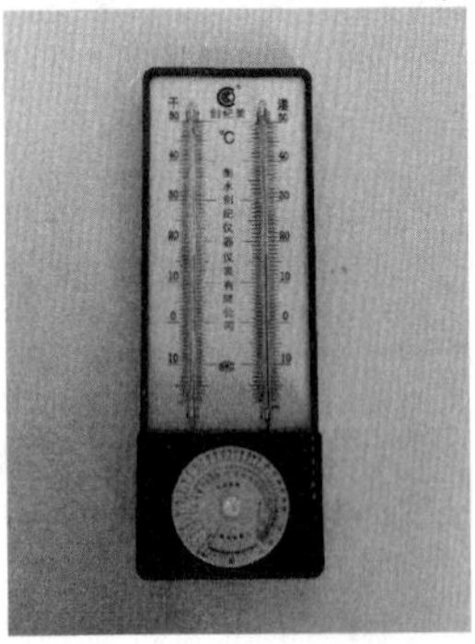

图 1.3　干湿球温度计

1.2.2.3　使用方法

（1）设备使用前先向后面的液体盒中加入蒸馏水，并使棉绳一端浸湿到水中，另一端与湿球温度的温包接触良好即可。

（2）如图 1.3 所示，左侧红色液柱为干球温度，最小分度为 0.5 ℃；右侧蓝色液柱为湿球温度，根据液柱高度读取干湿球温度，注意视线与液柱高度平齐。

（3）转动转盘，使计算尺干球温度（例如 34 ℃）刻度线与湿球温度（例如 29 ℃）对准后，小箭头所指向的数值即为相对湿度（约为 64%）。

1.2.2.4　注意事项

（1）湿球温度在测量过程中应保证空气流速不小于 3.0 m/s，否则所测湿球温度及相对湿度存在较大误差，若空气流速无法保证，应对湿球温度进行修正。

（2）使用前应检查设备后的液体盒内是否有蒸馏水，且包裹湿球温度计温包的棉绳是否为湿润状态。

1.2.3　室内空气质量检测仪 DES-3

室内空气质量检测仪是一种用于评估和监测室内空气质量的设备（图 1.4）。它的主要目的是检测和测量室内环境中的有害物质和污染物的浓度，如 TVOC（总挥发性有机化合物）、甲醛、氨、甲苯、二甲苯等。通过使用该仪器，用户可以了解室内环境中的空气质量情况，并根据测量结果采取相应的措施来改善和维护室内空气的健康和安全。室内空气质量检测仪的应用场所包括家庭、办公室、学校、医院和其他公共场所等。它具有便携性、易操作性和准确性等特点。

（a）　　　　（b）

图 1.4　室内空气质量检测仪 DES-3

（a）室内空气质量检测仪实物；（b）甲醛测试采样瓶

1.2.3.1 工作原理

本仪器设备采用的是酚试剂分光光度法测甲醛，该方法是《室内空气质量标准》(GB/T 18883—2022)规定中空气中甲醛测定方法之一，其基本原理为空气中的甲醛与酚试剂MBTH反应，生成嗪，在高铁离子存在下，嗪与酚试剂的氧化产物反应生成蓝绿色化合物，在波长630 nm处用分光光度法测定。采样10 L时，最低检出浓度为0.01 mg/m^3。

1.2.3.2 技术参数

(1) 流量稳定性：>95%

(2) 光源：LED硅光二极管，波长630 nm

(3) 功率：6×6 W

(4) 准确度：±5%读数，甲醛测量精度≥95%

1.2.3.3 使用方法

(1) 甲醛检测方法

具体操作方法见本书3.10节室内空气品质的测定实验。

(2) 其他污染物检测方法

① 用砂片稍用力将检测管两端各画一圈割印。

② 用硅胶管套套住检测管上的箭头所指一端，沿切割印掰断，用同样方法掰断另一端。

③ 用硅胶管套套住检测管上的箭头所指一端(防止漏气)，插入所要检测标注的气体通道口上(稍用力插紧)。注意方向，箭头方向代表气体流过方向。

④ 将所需检测的若干项的检测管，按以上方法均插好之后，接通电源，打开总电源开关，总电源指示灯亮，查看电压表是否正常。

⑤ 调节所需检测气体对应的时间控制器，使其符合技术指标。打开所要检测项的开关，对应指示灯亮，所对应的检测项即开始检测。

⑥ 检测结束，切断电源，一手轻按气体通道口上的蓝色套圈，另一手拔出检测管。

⑦ 手持检测管箭头朝下，并垂直于地面放在与目光基本齐平的位置，观察管上颜色变化所指刻度，即为被检测气体的浓度。

1.2.3.4 检测要求

根据规范要求，民用建筑工程室内环境污染物浓度检测点应按房间面积设置：

(1) 房间使用面积小于50 m^2时，设1个检测点；

(2) 房间使用面积为50～100 m^2时，设2个检测点；

(3) 房间使用面积大于100 m^2时，设3～5个检测点。

1.2.3.5 注意事项

(1) 本产品通常使用温度范围为15～40 ℃。

(2) 低于15℃或高于40℃时，可能出现变色界面发虚的情况，读数时将发虚部分除以2即可。

(3) 切割检测管时尽量使切口直径大一些,但要注意不要让试剂漏出。

(4) 时间控制器上"复位"键的作用是令使用时间重新返回设定值。

1.2.4 手持式超声波流量计 TDS-100BH

TDS-100BH 型手持式超声波流量计是用来测量封闭管路液体流量的(图 1.5),它采用的传感器是非接触、附着式的,安装简单,易于操作。TDS-100BH 型手持式超声波流量计的两个传感器具有收发两用的特点。使用者将两个传感器按照一定距离附着在管道外侧即可,可以使用两次声程的 V 法,四次声程的 W 法,或者采用声波直接穿过被测管路的相对安装的 Z 法。可基于被测管路和流体的特点来选择采用何种方法。

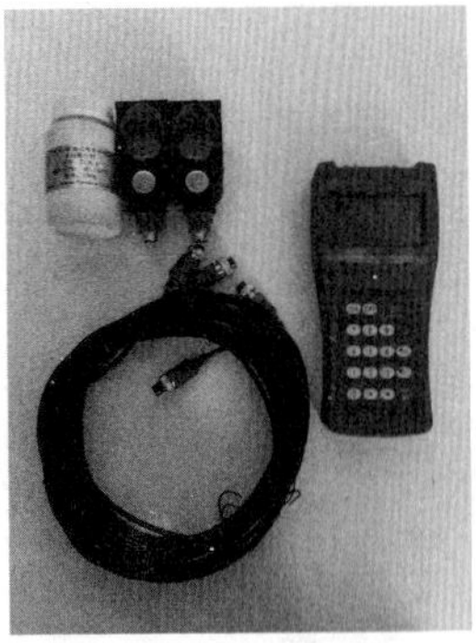

图 1.5 超声波流量计

1.2.4.1 工作原理

如图 1.6 所示,超声波流量计控制两个传感器轮流接收和发射超声波并测量其间的传播时间,计算时间差值 ΔT,得到的时差与流体的流速有直接的关系。

$$V=\frac{MD}{\sin 2\theta}\times\frac{\Delta T}{T_{\mathrm{up}}\cdot T_{\mathrm{down}}} \tag{1.13}$$

式中 V——流体流速,m/s;

M——声束在液体中的直线传播次数;

D——管道直径,m;

T_{up}——声束在正方向上的传播时间,s;

T_{down}——声束在逆方向上的传播时间,s。

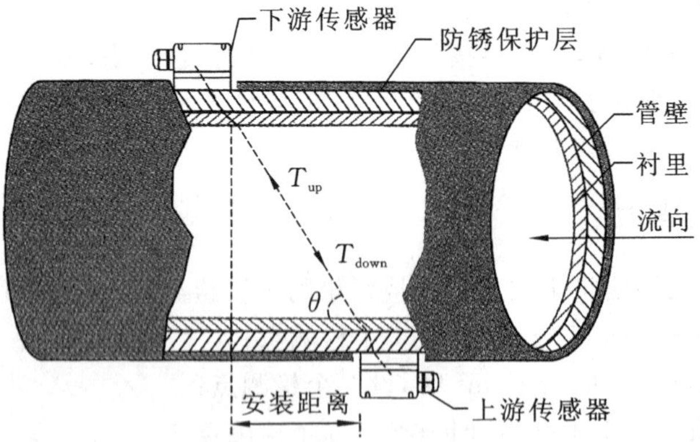

图 1.6 超声波流量计原理图

1.2.4.2 使用方法

(1) 参数设置

为了使用 TDS-100BH 型超声波流量计进行正确的测量,必须按照顺序进行下列参数的设置：① 管道外径；②管道壁厚；③管道材质（非常用的管道材料的声速需要输入）。

（2）确定传感器安装位置

为了获得有效的测量数据，需要确定合适的测量管段，原则是管道中的液体必须是满管且要有足够长的直管段长度。选择正确测量位置的原则如下：

① 安装传感器位置的管路要有足够长的直管段，当然越长越好，一般上游 10 倍管直径，下游 5 倍管直径，离泵出口 30 倍管直径；同时保证这段管路里的液体一定是满的。

② 确定被测管路的温度范围是在传感器的使用温度范围内，通常在室温状态下最佳。

③ 把管道的锈蚀或结垢情况考虑进来，最好选择较新一点的管道测量，如果条件不具备就把锈蚀厚度从管壁厚度中减去或者将结垢当作衬里来考虑。

④ 有一些管道有塑料衬里，并且由于管道的制造工艺因素，在管道内壁与衬里之间有可能存在缝隙，这样就会阻挡超声波的传播，使测量变得非常困难，所以使用者要尽量避免在这样的管道上测量；如果避免不了，就必须使用插入式传感器，可以在管道不停流、带压的情况下打孔安装，解决收不到信号的难题。

（3）安装传感器

传感器的安装距离应和仪表窗口中显示的数值相同，是两只传感器的内侧距离，要想准确测量，应按照显示的距离数值安装传感器。

① V 方式安装为常用的方法，被称为反射法，一般建议在 20～300 mm 的管道上使用。V 方式管道顶视图见图 1.7。

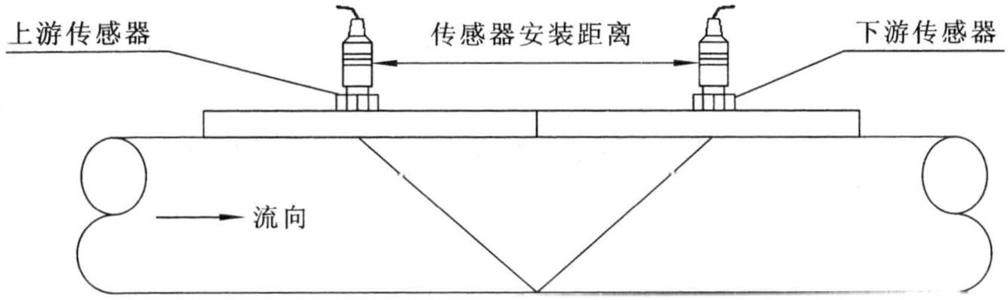

图 1.7 V 方式管道顶视图

② 一般 Z 方式是在 100 mm 以上的管道上使用，被称为直接法。Z 方式管道顶视图见图 1.8。

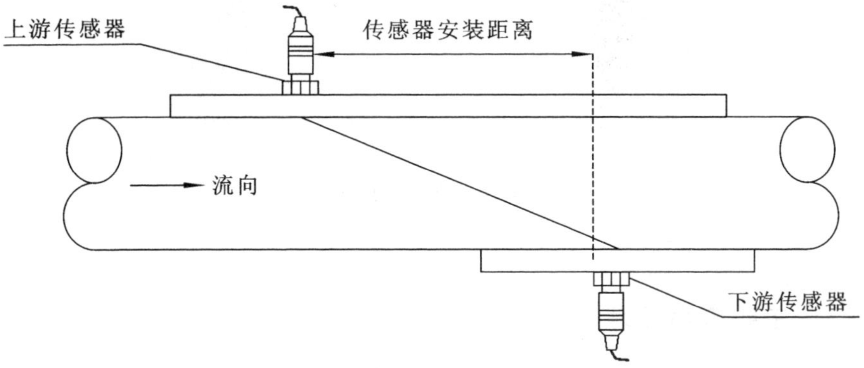

图 1.8 Z 方式管道顶视图

③ W 方式通常被用在 10～100 mm 的管道上。W 方式管道顶视图见图 1.9。

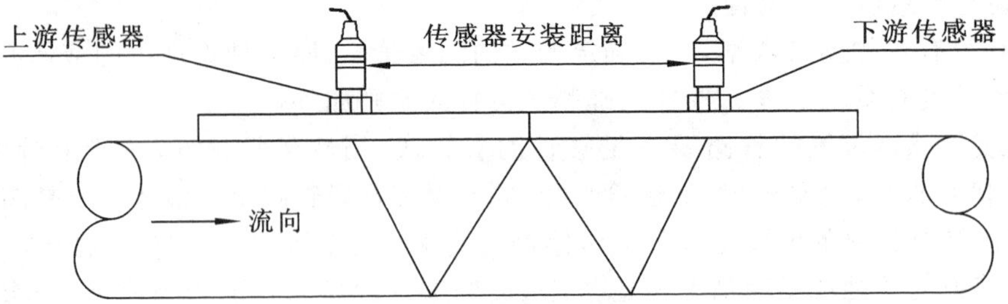

图 1.9　W 方式管道顶视图

1.2.4.3　技术参数

(1) 线性度:0.5%
(2) 重复性:0.2%
(3) 累积周期:0.5 s
(4) 时差测量分辨率:100 ps

1.2.5　红外线热像仪 testo 869

红外热像仪(testo 869)如图 1.10 所示。它使用非接触式测量,通过红外图像,可以迅速便捷地检测整个温度面,并识别高低温度点,从而可以进行温度的定性与定量分析,如有温度异常则预示将有故障发生。通过对异常温度的检测,寻找出可能存在的问题,并及早采取相关措施,避免损失的发生。

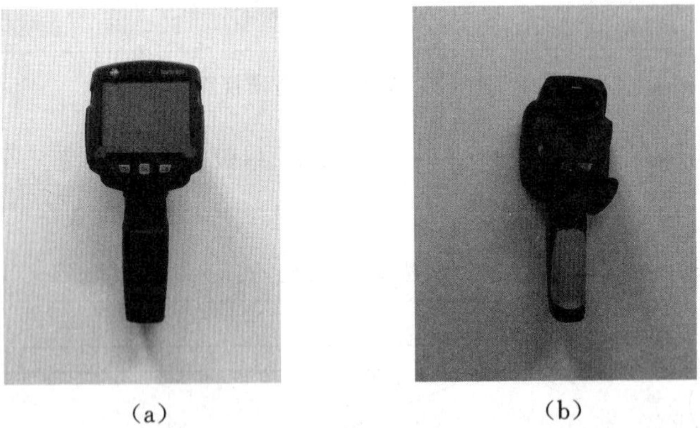

(a)　　　　(b)

图 1.10　红外线热像仪

(a) 正面;(b) 背面

1.2.5.1　主要应用领域

(1) 采暖系统检测:查找地暖管道的运行及泄漏,自动追踪冷热温度异常点;
(2) 设备管道维护:发现设备管道温度异常;

(3) 建筑热损评估:建筑能效等级(由建筑工程师、工程设计公司、能效评估专家评估);

(4) 电气系统维护:系统与机器的电气和机械检查;

(5) 生产质量监测:监测生产过程,保证质量控制。

1.2.5.2 工作原理

红外热像仪是一门使用光电设备来检测和测量辐射并在辐射与表面温度之间建立相互联系的科学。辐射是指辐射能(电磁波)在没有直接传导媒体的情况下移动时发生的热量移动。所有高于绝对零度(−273 ℃)的物体都会发出红外辐射。红外热像仪利用红外探测器和光学成像物镜接收被测目标的红外辐射能量分布图形反映到红外探测器的光敏元件上,从而获得红外热像图,这种热像图与物体表面的热分布场相对应。通俗地讲红外热像仪就是将物体发出的不可见红外能量转变为可见的热像图。热像图上面的不同颜色代表被测物体的不同温度。通过查看热像图,可以观察到被测目标的整体温度分布状况,研究目标的发热情况,从而进行下一步工作的判断。

1.2.5.3 使用方法

(1) 准备工作。确保将热像仪放置在安全的环境中,打开热像仪后面的盖板,露出可见光相机和红外镜头。确保镜头清洁,没有遮挡物。

(2) 启动与聚焦。按住功能键(如 F2)两秒钟以启动热像仪。调整调焦旋钮,直到显示屏上显示清晰的红外图像。对准目标物体,如需检测的物体或芯片,旋转调焦旋钮,直到图像清晰。

(3) 检测与测量。按下开始按钮开始检测,探头会收集目标表面的温度信息。在测量时,确保被测物体置于显示屏的白框中。对于特定的目标,如 DCDC 降压芯片,将其放置在芯片上方约 30 cm 处,对准芯片进行测量。

(4) 图像获取与分析。检测过程中,热像仪会将温度信息转换为图像,用户可以根据这些图像分析目标表面温度的分布情况。对于异常发热部位,可以调整图像曲线进行更深入的分析。

(5) 记录与报告。将检测结果记录到计算机中,并生成报告,供后续分析或参考。

(6) 注意事项。为获得正确的温度读数,需设置正确的测温范围。了解热像仪的最大测量距离,以确保目标物体能够被准确测量。如果目标物体过小,测温结果可能不准确。

(7) 关闭与收纳。使用完毕后,扣动扳机定格画面,然后关闭镜头盖板,长按功能键两秒关闭电源,并将热像仪放置在收纳盒中。

1.2.6 智能压力风速风量仪 JX1000-1F

JX1000-1F 型智能压力风速风量仪(智能压力流速流量仪)是一种高稳定多功能的测量仪器,适用于±100 kPa 范围内的气体的正压、负压和差压的测量,是各环境监测站、实验室、医药卫生、建筑空调供暖、通风无尘室测试或标定压力的理想仪器,配上毕托管可直读测量气体风速和风量(液体的流速流量)。

1.2.6.1 工作原理

(1) 表压测量

用胶管连接接嘴与被测压力源，压力源高于大气压时接正压接嘴；压力源低于大气压时接负压接嘴，另一接嘴通大气，仪器示值即为表压(图 1.11)。

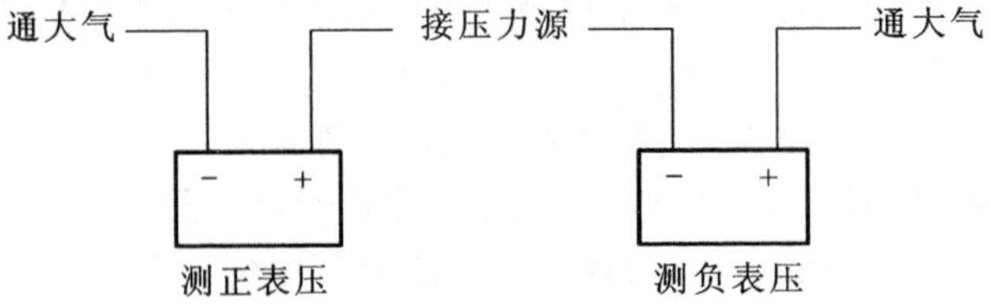

图 1.11 表压测量连接示意图

(2) 压差测量

仪器正、负接嘴分别接高、低压力源，读数即为压差值(图 1.12)。

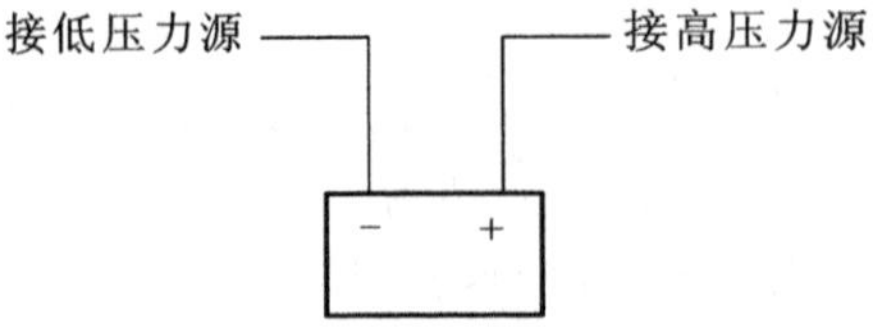

图 1.12 压差测量连接示意图

(3) 风速测量

仪器与毕托管按照图 1.13 所示方式进行连接，根据伯努利方程可计算出某一点风速 v。

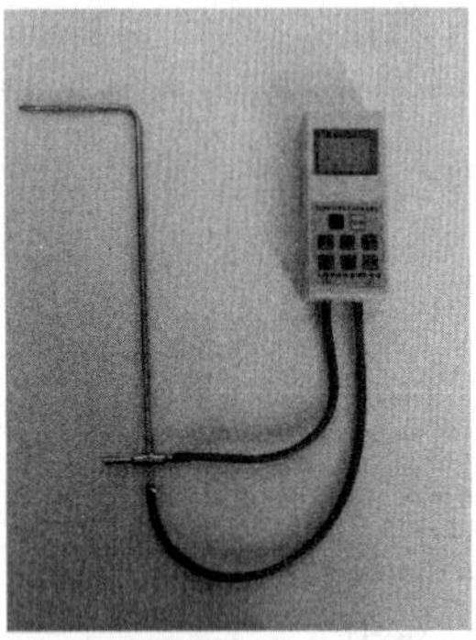

图 1.13 智能压力风速风量仪连接示意图

$$v=K\sqrt{2\Delta p/\rho} \tag{1.14}$$

式中 v——风速，m/s；

K——毕托管系数；

Δp——毕托管测定的动压，Pa；

ρ——流体密度，kg/m^3。

(4) 风量测量

通过多点测量截面风速,取平均值,可计算出风量 Q。

$$Q=3600vF \tag{1.15}$$

式中 Q——风量,m^3/h;

F——管道截面面积,m^2。

1.2.6.2 技术参数

(1) 工作压力范围:±100 kPa 内

(2) 风速范围:<260 m/s

(3) 风量范围:<999999 m^3/h

(4) 最大过载能力:≤200 %FS

(5) 准确度等级:1 级

(6) 分辨率:1 Pa

(7) 预热时间:5~15 min

1.2.6.3 使用方法

(1) 开机状态

按电源开关键,打开电源,仪器进入初始化状态。仪器预热 5~15 min,待显示的数据稳定后便可进行测量。

(2) 清零

在风量、风速、压力和温度的测量状态下,按清零键后可清除压力的初始值,使显示数据为 0。

(3) 毕托管系数、空气密度、风口面积设定

按设置键,当显示屏显示毕托管系数时,L 形毕托管系数 0.990~1.010,S 形毕托管系数 0.810~0.860。设定后,再设定空气密度和风口面积。

(4) 压力、风速、风量测量

开机或按测量键可进入测量状态,仪器可测量并显示压力、风速、风量。

(5) 压力连接

可用输气管将被测压力通过仪器的入口引入仪器气路。

(6) 测量前仪器置零

仪器置零后,即可施加被测压力,仪器则显示被测压力值或差压值。

1.2.6.4 注意事项

(1) 仪器测量时须远离振动源、强电磁场,环境温度稳定。

(2) 不得测量具有强腐蚀性的气体压力。

1.2.7 热球式风速仪 GDF-6

热球式风速仪(GDF-6)是一种广泛应用于风速测量领域的高精度仪器(图 1.14)。它采用独特的热敏技术,能够准确测量空气流动的速度。具有高度灵敏的特性,能够精确测量微弱气流的速度;具有较宽的测量范围,可以应对从低速到高速的不同风速环境;此外还具有极快的响应时间,能够即时反映气流的变化。热球式风速仪作为一种精密的风速测量仪器,通过独特的热敏技术和先进的功能,提供了准确、可靠的风速数据。它在科学研究、工业应用以及个人生活中的多个领域具有重要的应用价值,并为人们的生活带来了便利和安全。

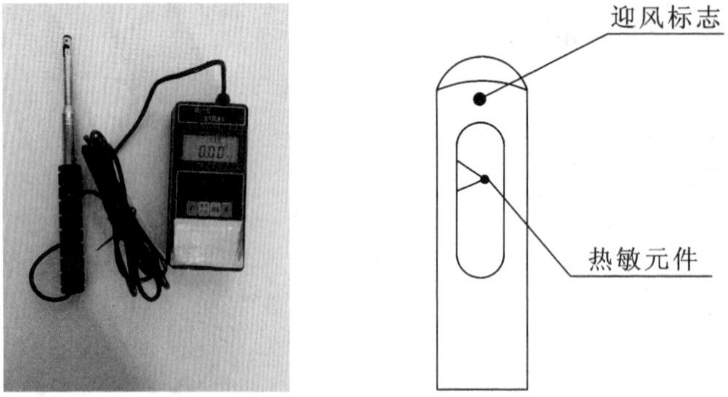

(a) (b)

图 1.14 热球式风速仪

(a) 实物;(b) 探头示意图

1.2.7.1 工作原理

热球式风速仪的工作原理是通过将一个小的加热元件暴露在气流中,随后测量元件温度的变化来计算风速。主要组成部分包括热敏元件、测量探头和风速传感器。其主要原理是利用热电效应来测量风速,热敏元件由两种不同材质的金属线热焊在一起,当风吹过热敏元件时,由于热敏元件的一侧受到冷风吹拂,而另一侧则不受干扰,形成一个温差。热敏元件两端的电压随着温度差的变化而变化,电压与风速之间存在一定的比例关系,因此利用这个电压来计算风速。

1.2.7.2 技术指标

(1) 风速测量量程:0.05～30.0 m/s

(2) 风速测量误差:0.05～5.0 m/s:±(4%v+0.2)m/s

　　　　　　　　5.0～30.0 m/s:±(4%v+0.3)m/s

(3) 风温度测量范围:−10～50 ℃

(4) 风湿度测量范围:10～90%RH

(5) 附加误差:测头方向偏差在±15°以内时,风速值的附加误差不大于±5%v,v 为实测风速。

(6) 响应时间：不大于 3 s

(7) 风速最小分辨率：0.01 m/s

1.2.7.3 操作方法

(1) 准备工作。检查仪器外观是否完好，是否清洁干净。对于需要电池供电的仪器，确保电池电量充足。对于需要外部电源供电的仪器，连接好外部电源。

(2) 校准仪器。根据仪器的型号和要求，对其进行校准，以提高测量的精度。

(3) 选择测量模式。根据被测空气的速度大小选择相应的测量模式，如单点模式、多点模式和定速模式等。

(4) 定位测量位置。将仪器置于被测点周围 10～20 cm 范围内，保持水平，避免热源和物体遮挡。

(5) 进行测量。将探头插入被测空气流中，注意不要插得太深。对于需要外部电源供电的仪器，确保电源电压符合要求。

(6) 结束测量。测量完成后，关闭仪器，并将探头从风道中拔出。保持仪器干净，定期清洁传感器和主机，确保其正常使用。

1.2.7.4 注意事项

(1) 在风速测量中，必须使探头上的迎风标志对准来风方向。

(2) 在更换电池时，必须保证仪表处于关机状态，以免损坏仪表。

(3) 测量时取下探头帽，不可触碰感温热球。

1.2.8 粉尘采样器 FCD-50

粉尘采样器(FCD-50)是一种用于检测空气中粉尘浓度的仪器。它广泛应用于工业生产、环境监测等领域，是保障员工健康和环境安全的重要工具之一。在工业生产过程中，由于材料加工、研磨、喷涂等操作，会产生大量粉尘。长期暴露于高浓度的粉尘环境中，会对人体健康产生不良影响，如呼吸道疾病、皮肤刺激等。因此，准确监测粉尘浓度成为确保工作场所安全的必要措施。该采样器配有一组微型粉尘预捕集器，能对危害人体的呼吸性粉尘和粗粉粒粉尘进行分离，其分离效率符合国际公认的“BMRC”曲线标准。

该粉尘采样器由高性能吸气泵、自动时间控制电路、流量调节电路、自动反馈恒流电路、欠压保护报警电路、安全电源等组成，还配有多种粉尘预捕集器，如测定总粉尘浓度的全尘预捕集器和测定呼吸性粉尘浓度的冲击式预捕集器，这种预捕集器能对危害人体的呼吸性粉尘和非呼吸性粉尘进行分离，能一次采集并兼得呼吸性和非呼吸性两种粉尘样本，其分离效率达到国际公认的“BMRC”曲线标准，是一种较为可靠实用的粉尘前级分离装置。

1.2.8.1 工作原理

粉尘采样器(图 1.15)通过吸入空气，并分离出其中的粉尘颗粒，以获得粉尘浓度数据。其工作原理基于重力沉降、离心力或电动力。采样器包括风扇、滤纸、电池、显示屏等元件，具备便携性和操作简便性。

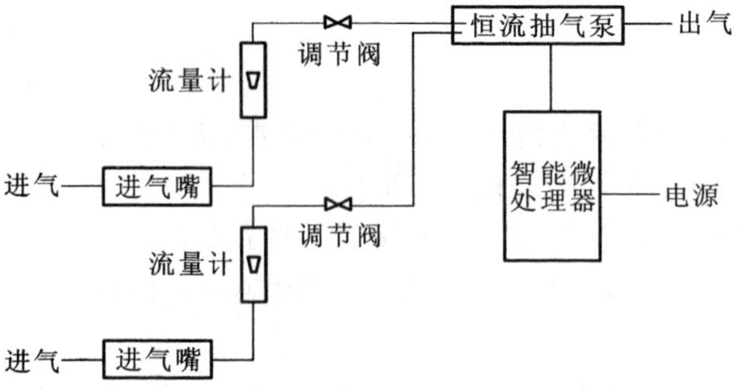

(a)

(b)

图 1.15　粉尘采样器

(a) 原理图;(b) 实物图

1.2.8.2　技术参数

(1) 工作电压:DC12.6 V(锂电子充电电池)AC220 V±10 V,50 Hz

(2) 流量范围:5～30 L/min

(3) 定时精度:±0.01%

(4) 环境温度:－5～40 ℃

(5) 相对湿度:<95%

(6) 流量精准度:±5%

(7) 噪声:≤70 dB

1.2.8.3　工作原理

(1) 全尘测定方法(总粉尘)

采用全尘式预捕集器。其原理为抽取一定体积的含尘空气,通过全尘式预捕集器时,使粉尘阻留在滤膜上逐步积累。在采样结束后,由滤膜的增量可计算出单位体积含尘空气中所含粉尘的总质量。

① 主要器材:粉尘采样器主机;预捕集器,如全尘式预捕集器,配有 ϕ75mm 或 ϕ40mm 的过氯乙烯纤维滤膜;感量为万分之一的全自动电子分析天平;干燥器,采用普通干燥器时应置放变色硅胶;不锈钢钟表镊子。

② 测定步骤

a. 首先用镊子取出干净的滤膜,除去两面的衬纸,先放在天平上称重并记录,压入滤膜夹,然后放入贴好标签的样品盒内备用。当使用 ϕ75 滤膜时应将其做成漏斗状安装在全尘式预捕集器内,并使滤膜绒面朝向进气口方向。

b. 现场采样首先要选好采样地点,需要固定采样的应打开专用三脚支架,使粉尘采样器水平稳固地固定在三脚架平台上。

c. 将安装好滤膜的预捕集器紧固在采样头连接座上,并使预捕集器的进气口置于含尘空气的气流中。

d. 采样时间根据现场粉尘种类、浓度及作业情况来预置。一般采样时间以 20～25 min 为宜，粉尘浓度较高的场所一般预置 2～5 min 即可。

e. 采样结束后，应将滤膜夹取出轻放在相应的样品盒内。需干燥处理后再称重记录。

③ 浓度的计算

$$T=[(m_2-m_1)/Q\times t]\times 1000 \tag{1.16}$$

式中 T——总粉尘浓度，mg/m^3；

m_2——采样后滤膜的质量，g；

m_1——采样前滤膜的质量，g；

Q——采样流量，L/min；

t——采样时间，s。

(2) 呼吸性粉尘测定方法

采用冲击式预捕集器。其原理为抽取一定体积的含尘空气，通过惯性冲式方式的分离装置，将较为粗大的粉尘颗粒撞击在涂抹硅油的玻璃捕集板上，而通过捕集板周围空腔的微细尘粒，则被阻留在滤膜上。采样以后，分别由玻璃捕集板及滤膜的增量，即可计算单位体积含尘空气中呼吸性粉尘、非呼吸性粉尘及总粉尘的质量。

① 需用器材：粉尘采样器主机；冲击式预捕集器，当采样流量恒定为 20 L/min 时，该预捕集器的分离特性符合"BMRC"曲线标准(其前级捕集效率分别为：尘粒直径为 7.07 μm 以上的为 100%，5 μm 的为 50%，2.2 μm 的为 10%)；玻璃捕集板，为 ϕ25 mm 的无色石英晶片；ϕ40 mm 的过氯乙烯纤维滤膜；六万黏度的甲基硅油、天平，有条件时使用感量为十万分之一的电子天平更佳；普通干燥器，采用时应置放变色硅胶，以便观色；不锈钢钟表镊子；不锈钢小刮刀。

② 测定步骤

a. 玻璃捕集板先用中性洗涤液浸泡，除去表面污渍，经清水漂洗后，再用脱脂棉球及无水酒精擦净。

b. 用洁净的小刮刀蘸取少量硅油，涂抹在捕集器圆心位置。再向侧边将硅油刮薄展开，使硅油涂成 ϕ15 mm 的圆形。由于硅油黏度较高，数小时后才会出现均匀扩散现象。所以捕集板涂硅油的工作，应在采样前进行，并保证其不受污染，实验表明，捕集板上涂抹硅油的质量控制在 0.5～5 mg 时，粉尘捕集效果将是不受影响的。

c. 将已涂好硅油的捕集板，放在天平上称重并做好记录备用，放入贴好标签的样品盒内。工作时，将玻璃捕集板从样品盒内取出，安装在预捕集器分离装置前部的捕集板座上，用金属卡环压紧，再旋上预捕集器的进气盖。玻璃捕集板上得到的粉尘为非呼吸性粉尘。

d. 将洁净的 40 mm 滤膜除去两面的衬纸，放在天平上称量并做好记录，压入滤膜夹，放入贴好标签的样品盒内备用。工作时，将装好滤膜的滤膜夹取出，安装在分离装置底座的金属网上，最后旋上已经安装好的预捕集器前段，即安装完毕。滤膜上所得到的粉尘为呼吸性粉尘。

e. 在选定的采样地点，将采样器牢固安装在专用三脚支架上，其高度应符合现场呼吸带高度。取出预捕集器安装在采样器上，并将进气口置于含尘空气流中。开机采样要根据现场粉尘种类及环境情况，一般采样时间控制在 20～25 min。粉尘浓度较高的场所，采样时间定为 2～5 min 即可。采样前应估计捕集板及滤膜上粉尘的增量，均不应少于 0.5 mg 或多于 10 mg，以免影响采样准确度。

f. 采样结束后，应小心地取出粉尘样品放入相应的样品盒。样品应进行干燥处理后再称量记录。

③ 粉尘浓度计算（20 L/min 恒流量计算方法）

呼吸性粉尘浓度：

$$R=[(m_2-m_1)/20\times t]\times 1000 \tag{1.17}$$

总粉尘浓度：

$$T=[(m_2-m_1)+(f_2-f_1)/20\times t]\times 1000 \tag{1.18}$$

式中 R——呼吸性粉尘浓度，mg/m^3；

f_2——采样后捕集板的质量，g；

f_1——采样前捕集板的质量，g。

1.2.8.4 注意事项

需要注意的是，粉尘采样器仅能提供短期的粉尘浓度数据，并不能完全代表整个工作周期内的暴露情况。因此，为了更全面地评估职业健康风险，应结合工作时长、工作强度等因素进行综合分析。

在使用粉尘采样器时，操作人员应遵循相应的操作规程，正确安装和更换滤纸。定期维护和校准仪器也是保证采样精确度和可靠性的重要措施。还应根据不同粉尘类型选择适当的采样器型号和采样时间，确保获得准确的浓度数据。

1.2.9 倾斜式微压计 YYT-2000B

YYT-2000B 倾斜式微压计是实验室和工厂实验站用的携带式仪器（图 1.16），供测量 2000 Pa 以下气体的正压、负压或差压之用。仪器适合在周围气温为 10～30 ℃，相对湿度不大于 80%，以及被测气体对黄铜及钢材无侵蚀作用的条件下使用。

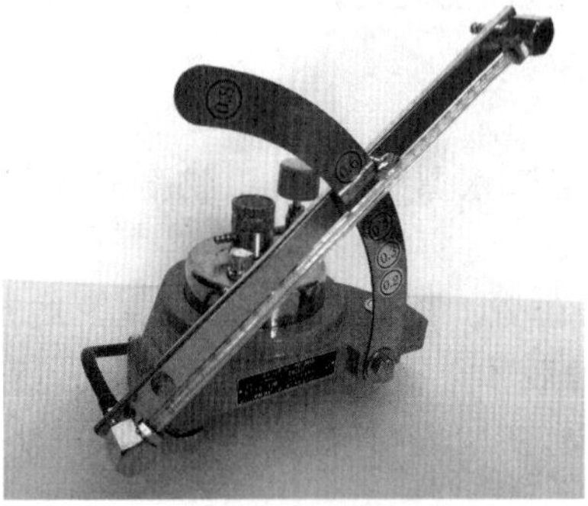

图 1.16 倾斜式微压计实物

1.2.9.1 工作原理

YYT-2000B 倾斜式微压计是一种可见液体弯面的多测量范围液体压力计，其原理如图 1.17 所示，当测量正压时，需要测量压力和宽广容器相连通；而当测量负压时则与倾斜管相连通；测量差压，则把较高的压力和宽广容器接通，较低的压力和倾斜管接通。

设在所测压力的作用下，与水平线之间倾斜角度为 α 的管子内的工作液体在垂直方向上升高度 h_1，在宽广容器内的液面下降 h_2，那么在仪器内工作液体面的高度差 h 和所测压力值 P 为

$$h=n(\sin\alpha+F_1/F_2) \tag{1.19}$$

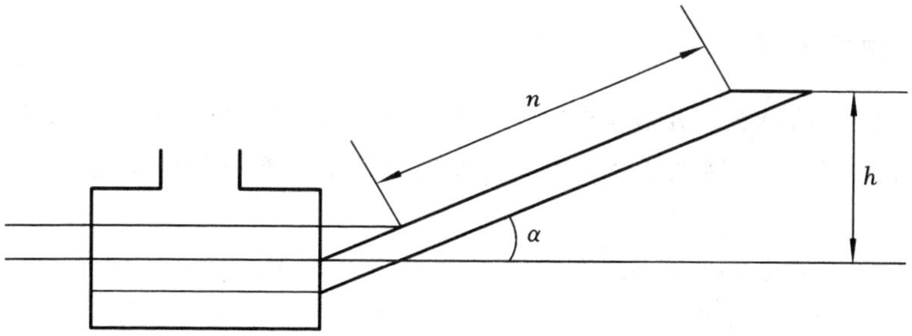

图 1.17 倾斜式微压计原理示意图

$$P = n\rho(\sin\alpha + F_1/F_2)$$

式中 h——所测水柱高度,mm;

n——倾斜管上的读数,mm;

ρ——工作液体的密度,g/cm³;

F_1——管道截面面积,cm²;

F_2——宽广容器截面面积,cm²。

按国家计量标准规定,计量单位要按照国际单位制 Pa 执行,因此在测试中必须按照国际单位制进行换算,按照下列公式可得到法制计量的压力值。

$$P = hg\rho\left(1 - \frac{\rho'}{\rho}\right) \times 10^{-3} \tag{1.20}$$

式中 P——液体压力仪器测试所得压力值,Pa;

h——水柱高度值,mm;

g——重力加速度,m/s²;

ρ——仪器使用温度下的纯水密度,kg/m³;

ρ'——仪器使用温度下的空气密度,kg/m³。

1.2.9.2 技术参数

(1) 精度等级:0.5

(2) 最大工作压力:10000 Pa

(3) 标称工作液体的密度(酒精):0.810 g/cm³,可选用 95%乙醇

(4) 标定温度:20 ℃,温度变化±2 ℃

(5) 测量上限值、标尺上最小分度值及常数因子关系(表 1.2)

表 1.2 测量上限值、标尺上最小分度值和常数因子

测量上限值/mm	标尺上最小分度值/mm	常数因子
50	0.2	0.2
75	0.3	0.3
100	0.4	0.4
150	0.6	0.6
200	0.8	0.8

1.2.9.3 操作方法

(1) 使用时将仪器从箱内取出，放置在水平且无振动影响的工作台上，调整仪器底板左右两个水准调节螺钉，使仪器处于水平位置，将倾斜测量管按测量值固定在相应的常数因子值上。

(2) 旋开宽广容器上的加液盖，缓缓加入密度为 0.810 g/cm^3 的酒精，使其液面在倾斜测量管上的刻线始点附近，然后把加液盖旋紧，将阀门拨在"测压"处，用橡皮管接在阀门"+"压接头上，轻吹橡皮管，使倾斜测量管内液面上升到接近于顶端处，排出存留在宽广容器和倾斜测量管道之间的气泡，反复数次，至气泡排尽。

(3) 将阀门拨回"校准"处，旋动零位调整旋钮校准液面的零点。若旋钮已旋至最低位置，仍不能使液面升至零点，则所加酒精过少，应再加酒精，使液面升至稍高于零点处，再用旋钮校准液面至零点；反之所加酒精过多，可轻吹套在阀门"+"压接头上的橡皮管，使多余酒精从倾斜测量管上端接头溢出。

(4) 测量时把阀门拨在"测压"处，如被测压力高于大气压力，测压力的管子接在阀门的"+"压接头上；如被测压力低于大气压力，应先将阀门中间接头和倾斜测量管上端接头用橡皮管接通，将被测压力的管子接在阀门的"−"压接头上；如测量压力差，则将被测的高压管接在阀门的"+"压接头上，低压管接在阀门的"−"压接头上，阀门中间接头和倾斜测量管上端的接头用橡皮管接通。

(5) 测量过程中，如欲校对液面零位是否有变化，可将阀门拨至"校准"处进行校对。

(6) 使用以后，如短期内仍需继续使用，则容器内所贮的酒精无须排出，但必须把阀门柄拨至"校准"处，以免酒精蒸发和密度变动，如需排出容器内所贮的酒精，则把阀门柄拨至"测压"处，将盛放酒精的器皿置于倾斜测量管上端的接头处，轻吹套在阀门"+"压上的橡皮管，使酒精沿倾斜测量管上端接头排出，直至排尽。

1.2.10 声级计 TES1350A

声级计是一种用于测量声音强度的仪器(图 1.18)。它广泛应用于各种工业领域，例如环境噪声监测、建筑工地噪声控制等。声级计的工作原理是通过感应声音的压力变化，并将其转化为相应的电信号进行测量和分析。这些电信号会被转化为分贝(dB)单位，以表示声音的强度。声级计通常具有显示屏，可以实时显示声音强度的数值。除了测量声音强度外，声级计通常还配备了各种功能，如频率分析、峰值保持等，以满足不同场景的需求。

图 1.18 声级计

1.2.10.1 技术参数

(1) 准确度：±1.0 dB

(2) 测量范围：Lo=35～100 dB，Hi=65～130 dB

(3) 频率特性：A、C

(4) 反应速度:快速(FAST)和慢速(SLOW)

(5) 储存温湿度:−10～60 ℃,10%～75%RH

(6) 操作温湿度:0～40 ℃,10%～90%RH

1.2.10.2 使用方法

(1) 打开电源开关并选择合适的挡位 Hi 或 Lo。

(2) 若读取即时的噪声量选择 RESPONSE 中的 F(FAST)快速挡位;若测定平均噪声量,选择 S(SLOW)慢速挡位。

(3) 若测定音量的最大值,则选择 MAX HOLD 功能,按下 RESET 键即可测定噪声最大值。

(4) 若测定人为感受的噪声量则选择 FUNCT 中的 A 挡位,若测定机器所发出的噪声量则选择 C 挡位,在测量开始之前,需要选择 CAL94dB 进行自我校正,判断仪表是否正常运行。

(5) 手持声级计(噪声计)或架在三脚架上,麦克风应距离音源 1～1.5 m 测量。

(6) 测量完毕后,将电源关闭。

1.2.10.3 注意事项

(1) 请勿将仪器长时间放置在高温高湿环境中。

(2) 在室外进行噪声测定时,需将麦克风戴上防风罩,避免室外风对测量结果造成影响。

1.2.11 照度计 TES1332A

数位式照度计(TES1332A)是一种自动化光测量设备(图 1.19),专门用于测量照明环境的亮度,小巧轻便,便于携带和操作,广泛应用于室内外各种环境中,如办公室、实验室、工厂车间等。同时,它还可以用于日常生活中,比如检查家庭照明是否符合标准。

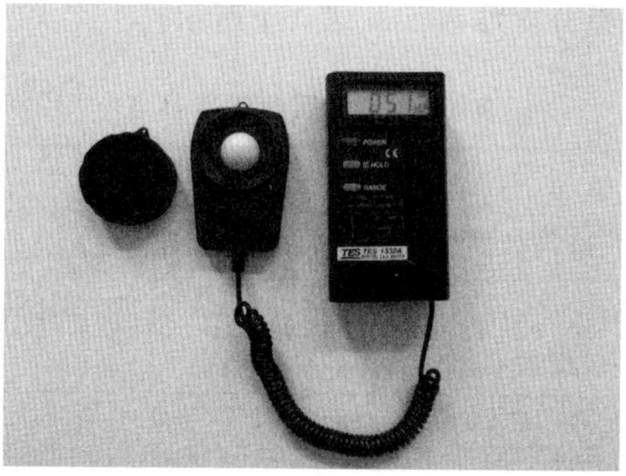

图 1.19 数位式照度计

1.2.11.1 技术参数

(1) 测量范围:0.1～200000 lux(勒克斯)

(2) 自动归零、读数锁定

(3) 光谱准确性:f_1≤6%

(4) 准确度:±3%rdg±0.5%f.s

(5) 重复测试:±2%

(6) 温度特性:±0.1%/℃

(7) 取样率:2.0 次/s

(8) 操作温湿度:0～40 ℃、0～80%RH

(9) 储存温湿度:−10～50 ℃、0～70%RH

1.2.11.2 测量方法

(1) 打开电源,选择合适的测定挡位;

(2) 打开光检测器盖,并将光检测器放在拟测光源水平位置;

(3) 读取照度计 LCD 之测量值;

(4) 如左侧最高位置显示“1”,则表示过载,应更换为较高挡位;

(5) 可根据测试要求锁定数值和峰值,测量完毕后,关闭设备。

1.2.11.3 注意事项

(1) 请勿在高温高湿场所测量;

(2) 测量开始之前,需要对光检测器进行清洁,保持干净;

(3) 测量过程中,避免人体及其他可移动障碍物对测试结果产生影响,尽量远离受光球面。

1.2.11.4 典型场所照度标准参考

学校、医院照度标准参考分别如表 1.3、表 1.4 所示。

表 1.3 学校照度标准参考

照度/lux	场　　所
1500～300	制图教室、缝纫教室、电脑教室
750～200	教室、实验室、实习场所、研究室、图书阅览室、书库、办公室、教职员休息室、餐厅、厨房、配餐室、广播室、室内运动场、印刷室
300～150	大教室、礼堂、休息室、楼梯间
150～75	走廊、电梯走廊、卫生间、值班室、天桥
75～30	仓库、车库、安全梯

表 1.4 医院照度标准参考

照度/lux	场所
10000～5000	视机能检查(眼科明室)
1500～750	手术室
750～300	诊疗室、治疗室、制药室、配药室、药局室、解剖室、病理细菌室、急救室、产房、院长室、办公室、护士室、会议室
300～150	病房、婴儿房、候诊室、会诊室、门诊走廊
150～75	更衣室、X 光室、病房走廊、楼梯、内窥镜室
75～30	动物室、太平梯

1.2.12 恒温干燥箱 JT101-2

干燥箱用于物品的干燥和干热灭菌,恒温箱用于微生物和生物材料的培养,这两种仪器的结构和使用方法相似,干燥箱的使用温度一般低于 300 ℃。下面以 JT101-2 型自动恒温干燥箱(图 1.20)为例说明其结构、使用方法等。

图 1.20 自动恒温干燥箱

1.2.12.1 结构

干燥箱有内外两层门(有的采用单层门),内层门一般为玻璃门,紧靠工作室,外层门是双层结构,中间夹有隔热材料,以提高干燥箱的保温性能。工作室底部装有电热丝,一般小型干燥箱有 2 组电热丝,大型的则有 4 组。电热丝由 21～24 号(标准线规)镍铬丝绕成,均呈螺旋状线圈。工作室上面有散热板,工作室内配有活动的钢丝网板。为了提高感温灵敏度和稳定性,并相对减少感温元件自身的热容量,干燥箱采用电接点式水银温度计作为感温元件,配合晶体管和继电器组合成晶体管自动控制开关系统。在干燥箱内装有一个小风扇,通过机械鼓风可加速箱内空气流动,这不但使箱内温度容易均匀,而且箱内的烘焙物也能迅速干燥,控温精度一般不超过 0.5 ℃。干燥箱可在电源电压为 180～230 V 的范围内正常工作。

1.2.12.2 使用方法

接通电源，打开电源开关。如所需温度在 150 ℃以下，可将高、低温开关拨向“低温”，150 ℃以上时拨向“高温”。把测量设定开关调节至设定位置，调节温度设定旋钮或按钮，使数显温度表上的温度示值为实验恒温点。将加工物放在工作室内的活动隔板上并关上门后，将测量设定开关调节至测量位置，恒温干燥箱便开始工作。此后箱内温度逐步上升，直至到达所需恒温点，红色指示灯熄灭，绿色指示灯亮。此后，红、绿灯交替明灭，保持温度在恒温点。工作一定时间后，可开启顶部的放气调节器将潮气排出（一般常开启），也可以开启鼓风机加速干燥。使用完毕后，关闭鼓风机，关闭电源开关。

1.2.12.3 注意事项

箱内应保持清洁，活动隔板不得有锈。切勿拧动箱内感温器，放物品时也要避免碰撞感温器，否则温度不稳定。干燥箱无防爆设备，切勿将易燃物品、腐蚀性及挥发性物品放箱内加热，箱体附近不可放置易燃物品。鼓风机的电动机轴承应每半年加油一次。

1.2.13 智能马弗炉 SGMF-2000

智能马弗炉是测定煤或其他固体可燃物的灰分和挥发分含量的专用设备，同时还可用于其他物质的热分析实验或加工件的热处理。下面以 SGMF-2000 智能马弗炉（图 1.21）为例说明其结构、使用方法等。

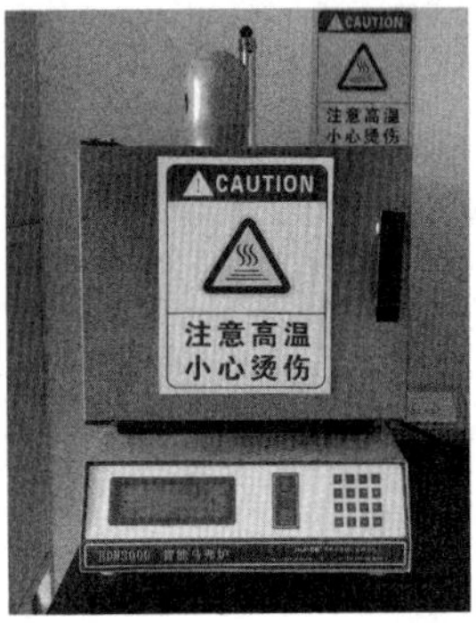

图 1.21 智能马弗炉

1.2.13.1 结构

智能马弗炉由智能温度控制器和马弗炉两部分组成。控制器是以单片机为核心的实时控制系统，可按国标要求实现对马弗炉升温速度、温度恒定、加热时间的自动控制。马弗炉采用轻质耐火材料，加热材料为优质镍铬丝。

1.2.13.2 使用方法

智能马弗炉在控制面板上设有程序功能键（慢灰、快灰、挥发等）、4 个置数键（设置、百位、十位、个位）、特殊功能键（启动/置入键、复位键、电源开关）等按键。

打开电源开关或按下复位键后，数码管依次点亮，然后显示“HFO”，表示系统正常复位并进入待命状态，等待用户进行相应操作。

按实验要求精密称量一定量的被测试样后，选取合适的功能键按仪器要求的流程进行自动测量。本仪器固化分析流程有慢灰实验流程、快灰实验流程和挥发分实验流程。此外，还可进行通用实验，即用户根据实验需要自行编制程序，对各参数进行相应的设置。设置方法如下：

(1) 温度设置(最多可设 8 个恒温点)。在初始状态(显示“En”提示符),按程序键则显示 TY,按设置键则在温度显示处显示 000,此时即可在百位、十位和个位键上输入相应的温度。

(2) 时间设置。当温度设置好后,按启动/置入键,则在时间处显示 00 时 00 分,此时可按百位、十位和个位键输入该温度点的恒温时间。说明:每按一次百位键为 1 h,最多可按 23 h,然后又重新循环;每按一次十位键为 10 min,50 min 为一循环;每按一次个位键为 1 min,0～9 min 为一循环,即时间最大可设为 23 h 59 min。

(3) 恒温点次设置。当时间参数设置好后,按启动/置入键,则在温度显示处显示 01,表示第一恒温台阶序数。然后若需要接着输入恒温点,则再按设置键重复以上过程,依次类推,直至所需要的台阶数输入完毕,按启动/置入键,则程序按用户所设定的程序开始工作,每到一个恒温点和恒温时间,都报信一声,直至整个程序完成。

在各项实验中,若要查看实验已进行到哪一步骤,可按住程序键,则在温度显示处将显示 N-X,其中,N 为 1、2、3、4,分别代表慢灰、快灰、挥发分和通用。实验中按住设置键,将显示预设的温度及恒温时间。

具体实验流程如下:

① 慢灰实验程序

窗口显示“HFO”,慢灰指示灯亮→将药品放好后按启动键→约 30 min 升温至 500 ℃,达到温度后报信 3 声→在 500 ℃处恒温 30 min,时间到报信 6 声→继续升温至 815 ℃,报信 3 声,时间清零→815 ℃恒温 1 h,时间到报信 6 声,时间清零→恒温 815 ℃,如做检查实验再按一次启动→再次回升到 815 ℃,温度到后报信 3 声,时间清零→815 ℃恒温 20 min,时间到报信 6 声,时间清零。

② 快灰实验程序

按程序键显示“HFI”快灰指示灯→温度升至 850 ℃时报信 3 声,时间清零且恒温在 850 ℃ →放入药品后关上炉门→按启动键时间清零→温度回升至 815 ℃,报信 3 声,时间清零→815 ℃恒温 40 min,时间到后报信 6 声,提醒用户取出样品→恒温 815 ℃,如做检查实验再按一次启动→再次回升到 815 ℃,达到温度后报信 3 声,时间清零→815 ℃恒温20 min,时间到报信 6 声,时间清零。

③ 挥发分实验程序

按程序键,窗口显示“HFF”,挥发指示灯亮→温度升到 920 ℃,达到温度后报信 3 声,恒温在 920 ℃→放入样品后按启动→3 min 后温度升至 900 ℃,7 min 后,报信 6 声,时间清零→返回第 2 个步骤,以便下一次实验。

1.2.13.3 常见故障及处理

(1) 开机无任何显示,电源指示灯不亮。检查动力线是否完好,后盖板保险开关是否开启,保险管是否烧断。

(2) 开机连续报警。检查热电偶是否断路,热电偶及其连线柱是否连接完好。

(3) 开机后温度不上升,反而下降,过一段时间报警不停。检查热电偶正负极性是否接反。

(4) 开机后过一段时间,升温指示灯亮,但温度不上升。检查后盖板上的固态继电器两端是否有大于 3.5 V 的直流电压。若有则为继电器损坏,更换同型号的继电器即可。

(5) 恒温区不恒温,在加热指示灯灭的状态下,温度仍然升高不止。此时可测量炉丝两端是否仍有 220 V 电压,若有则是继电器击穿短路,更换同型号的继电器即可。

2 专业基础实验

2.1 热电偶温度计的制作与校验

热电偶温度计作为一种常用的温度测量工具，在工业生产、科研实验以及日常生活中都有着广泛的应用。在石油化工、钢铁冶炼、陶瓷生产等行业中，生产过程对温度控制要求非常严格。热电偶温度计因其测量准确、响应迅速等特点，被广泛应用于这些行业的温度监测与控制。在实验室各种温度测量中，热电偶温度计应用于化学反应、材料制备、生物实验等。在家庭、医疗、食品加工等领域，热电偶温度计也发挥着重要作用。通过对热电偶温度计的制作与校验，可以确保这些应用场景中的温度测量准确性，从而保证相关过程的效率和效果。

2.1.1 实验目的

(1) 掌握热电偶温度计的基本原理和制作方法，了解其在温度测量中的应用；

(2) 了解温度计校验的基本原理和方法，掌握校验的步骤和注意事项；

(3) 通过实验，提高实验操作的技巧和方法，培养实验能力和分析能力；

(4) 通过动手制作热电偶温度计并利用校验装置对热电偶温度计进行校验，验证热电偶温度计的测温原理及温度变化规律、测量结果的准确性和可靠性。

2.1.2 实验装置

(1) 热电偶校验仪

热电偶校验仪如图 2.1 所示，装置的主体为保温管式电炉，采用电子调温与数字显示控温，在炉膛内放有均热体，将标准热电偶与被校热电偶插入均热体内(注意均热体应放在炉膛中部)。在电控箱上设有数显温控表、测温表，数显温控表用于电炉的温度控制；测温表能检测热电偶的温度指示数值。琴键开关则用于标准热电偶与被检热电偶温度之间的转换。

(2) 热电偶电焊机

热电偶电焊机如图 2.2 所示。

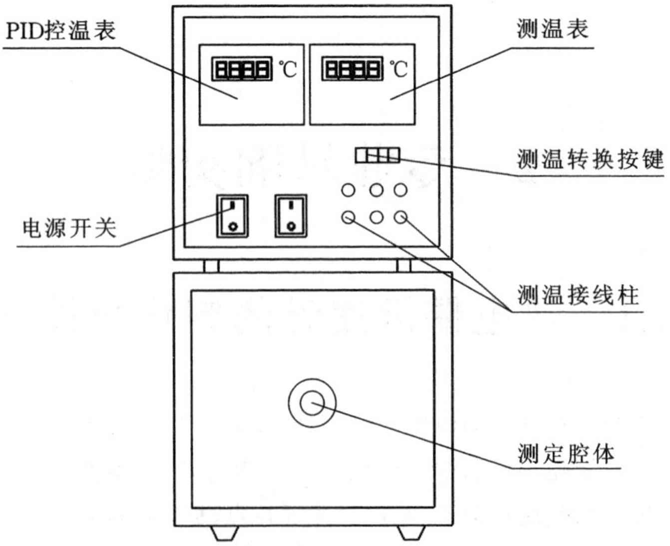

图 2.1 热电偶校验仪

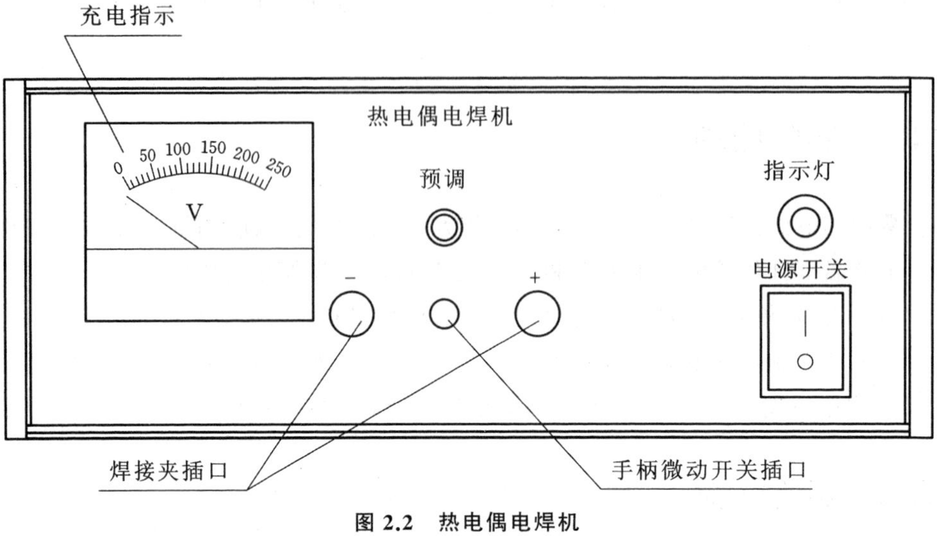

图 2.2 热电偶电焊机

2.1.3 实验原理

(1) 热电偶测温原理：当有两种不同的导体或半导体 A 和 B 组成一个回路，其两端相互连接时，只要两接点处的温度不同，一端温度为 T，称为工作端或热端，另一端温度为 T_0，称为自由端（也称参考端）或冷端，回路中将产生一个电动势，该电动势的方向和大小与导体的材料及两接点的温度有关。这种现象称为"热电效应"，两种导体组成的回路称为"热电偶"，这两种导体称为"热电极"，产生的电动势则称为"热电动势"。热电偶产生的热电动势只随热端（测量端）温度的变化而变化，只要用测量热电动势的方法就可达到测温的目的。

(2) 热电偶在长期使用过程中，热电极和热接点容易受到氧化、污染和腐蚀，高温下热电极材料容易发生再结晶而劣化。因此，热电偶的热电特性会逐渐发生变化，使用中会产生测量误差，有时此测量误差会超出允许范围。为了保证热电偶的测量精度，必须定期进行校验。热电偶的检定(校验)方法有两种：比较法和定点法。

(3) 用被校热电偶和标准热电偶同时测量同一对象的温度，然后比较两者的示值，以确定被校热电偶的基本误差等质量指标，这种方法称为比较法。用比较法检定热电偶的基本要求，是要形成一个均匀的温度场，使标准热电偶和被校热电偶的工作端感受到相同的温度。本实验装置就是依照上述原理设计制造的。

2.1.4 实验方法与步骤

(1) 热电偶温度计的制作

热电偶电焊机是为热工测量中热电偶的现场制作和焊接而研制的新型热电偶焊接专业工具。

a. 将电源插头插到交流 220 V 电源上。

b. 将两端用夹子分别接在面板两接线柱上和插孔中。

c. 将两根待焊热电偶顶端部除去绝缘层后，夹在平口夹上，且将顶端靠紧并剪齐。

d. 用另一夹夹住厚度为 0.05～0.1 mm 的铝箔(铝箔的厚度视热电偶丝直径而定，应采用较厚的铝箔)或碳棒。

e. 打开电源开关，将预调按钮按下即开始充电，充电电压值可在电压表上读出。电压为 0～150 V 任选，充电电压与热电偶丝直径的关系见表 2.1。

表 2.1 充电电压与热电偶丝直径的关系

热电偶丝直径/mm	0.15	0.20	0.25	0.30	0.40	0.50	0.80
充电电压/V	30	40	50	60	80	100	150

注：充电电压除与热电偶丝直径有关外，还与热电偶丝材质、铝箔厚度等有关，故本表仅供参考。

f. 两手分别持手柄，按动手柄上微动开关，机箱内继电器吸合，这时电压加至手柄夹上，将热电偶焊接点与铝箔或碳棒接触，电流使热电偶熔焊在一起。

g. 如需将热电偶焊接在金属表面上，则可将一平口夹与该金属接通，重复以上工作，将已焊好的热电偶顶端与金属表面接触放电，即可完成焊接任务。

h. 工作结束后，关闭电源开关，拔下电源插头。

(2) 热电偶的校验步骤

a. 用电源线将本体后面板上的插座连接。

b. 将普通的热电偶(分别为“检 1”和“检 2”)放在管炉炉膛中心位；并将铠装热电偶接到标准端子上，另一端也放到管炉炉膛中心位。

c. 设置控温仪表。控温设置在 60 ℃时，设定方法，按上行键▲，选定小数点，再按左行键←，移动小数点光标至十位上再按上行键或下行键，增减数值设定 60.0 即可；二级参数设定，按 SET 键约三秒钟，进入二级参数设定，找到电量输入比例 SLH，设定百分比，例如：30%或

45%。长按 SET 键回到测温状态,然后打开加热开关即可。由于加热有热惯性,温度会直线上升,会超过所设定的温度,此时可降低二级参数的百分比,以此来逼近所设定的温度,若温度稳定在某一个数值,则可以测量。

d. 在温度基本稳定的情况下,依次按动转换按键开关,并在测温表上读取数值。根据需要,重复操作上述步骤,进行反复检测。

本装置是采用在同一温度场条件下直接进行比较的方法,以选定的标准热电偶作为标准进行比较,来标定和检验被测热电偶。当然,也可用随机带去的 K 分度铠装热电偶作为标准进行教学实验,以此来演示和学习标定和检验方法。

2.1.5 实验数据记录

热电偶校验记录如表 2.2 所示。

表 2.2 热电偶校验记录

序号	标准值/℃	测量值/℃	标准值/℃	测量值/℃	标准值/℃	测量值/℃	标准值/℃	测量值/℃
1								
2								
3								
4								
5								

2.1.6 实验数据处理

(1) 计算测量温度平均值

$$t_c=\frac{1}{5}(t_1+t_2+t_3+t_4+t_5) \tag{2.1}$$

(2) 计算偏差(参考表 2.3 判断其是否在允许偏差内)

$$\Delta t=t_s-t_c \tag{2.2}$$

式中 t_c——测量温度平均值,℃;

t_s——标准热电偶温度,℃。

表 2.3 常用热电偶校检允许偏差

分度号	热电偶材料	温度/℃	偏差/℃
K	镍铬—镍硅	0~400	±4
		>400	占所测热电势的±0.75%
T	镍铬—考铜	0~300	±4
		>300	占所测热电势的±1%

2.1.7 注意事项

(1) 热电偶在正式检定之前应先进行外观检查,观察热接点焊接是否牢固,贵重金属热电极是否有严重的色斑或发黑现象,普通金属热电极是否有严重的腐蚀或脆弱现象。

(2) 为了减少校验工作量,对于各种不同热电偶检定点温度都有规定(表 2.3)。本装置推荐校验温度在 600 ℃下进行。

(3) 在每一个校验点上,每只热电偶的读数不得少于四次,取其平均值。数据采集后在表 2.2 中进行记录。然后取标准热电偶的平均温度与被检热电偶的平均温度的差值,对照表 2.3,可以检查热电偶的测量误差是否在允许偏差内。

(4) 在未按动微动开关之前不可使铝箔与热电偶接触,否则继电器触点会被损坏,切记。

(5) 充电时,注意表头电压不要超过 150 V。

(6) 长期不用的装置,要用时,要先反复多次充电,使电压较稳定时再用。

(7) 交流控制线为 220 V,不得用手触摸,以防触电。

2.1.8 问题讨论

(1) 在热电偶温度计的制作过程中,为什么要选择合适的热电偶材料和连接导线?不同材料的选择会对测量结果产生怎样的影响?

(2) 在校验热电偶温度计的过程中,通常使用什么方法来确定其准确性?这些方法有什么优缺点?

(3) 热电偶温度计在使用过程中可能受到哪些干扰因素的影响?如何避免或减小这些干扰因素对测量结果的影响?

(4) 在热电偶温度计的制作与校验实验中,如何保证实验的安全性和可靠性?有哪些需要注意的事项和操作步骤?

(5) 通过本次实验,你对热电偶温度计的工作原理和应用有了哪些新的认识和理解?你认为热电偶温度计在未来的发展中会有哪些新的应用和发展方向?

2.1.9 实验报告要求

将数据表格绘制在实验报告中,并将实验所测数据记录到表格中。根据数据处理要求进行计算和分析,并把计算的结果填入对应的表格中。对测试结果和计算结果进行误差分析,要求误差分析内容全面,可参考本书 1.1.1 节实验数据误差分析,最终对实验做出总结。

2.2 非稳态(准稳态)法测材料的导热性能实验

非稳态(准稳态)法测量材料的导热性能实验,也被称为瞬态法或非稳态热传导法,是一种测量材料热传导性能的方法。这种方法的主要优点是测量速度快,不需要等待系统达到热平衡状态。因此,非稳态(准稳态)法测材料的导热性能实验在建筑、航空航天、汽车、电子和能源等多个行业都具有广泛的应用场景。在建筑行业中,热绝缘材料的导热性能是非常重要的性能指标。非稳态法可以快速测量各种建筑材料(如保温材料、砖块、混凝土等)的导热系数,以评估其热绝缘性能。在电子设备(如微处理器、电源模块等)的设计和制造过程中,材料的热传导性能对于设备的散热性能有着重要影响。非稳态法可以用于测量电子设备中使用的各种材料(如散热片材料、热界面材料等)的导热系数。在新能源领域,如热电材料、燃料电池材料等,材料的热传导性能对于设备的能量转换效率和稳定性有重要影响。非稳态法可以用于测量这些新能源材料的导热系数。通过这一实验方法,研究人员可以深入了解材料的导热性能,可以为这些应用场景中的材料选择和过程优化提供重要的数据支持。

2.2.1 实验目的

(1) 测量绝热材料(不良导体)的导热系数和比热,掌握其测试原理和方法。

(2) 掌握使用热电偶测量温差的方法。

2.2.2 实验原理

本实验是根据第二类边界条件、无限大平板的导热问题来设计的。设平板厚度为 δ,初始温度为 t_0,平板两面受恒定的热流密度 q_c 均匀加热(图 2.3)。求任意瞬间沿平板厚度方向的温度分布 $t(x,\tau)$。导热微分方程式、初始条件和第二类边界条件如下:

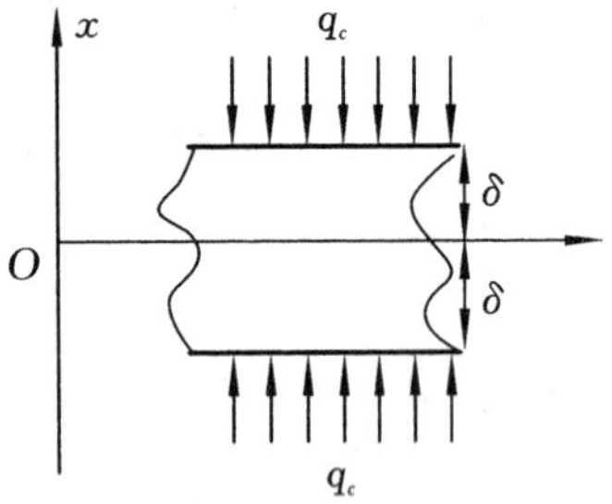

图 2.3 原理分析图

$$\frac{\partial t(x,\tau)}{\partial \tau}=\alpha\frac{\partial^2 t(x,\tau)}{\partial x^2}$$

$$t(x,0)=t_0$$

$$\frac{\partial t(\delta,\tau)}{\partial x}+\frac{q_c}{\lambda}=0$$

$$\frac{\partial t(0,\tau)}{\partial x}=0$$

方程的解为:

$$\left.\begin{aligned} t(x,\tau)-t_0&=\frac{q_c}{\lambda}\left[\frac{\alpha\tau}{\delta}-\frac{\delta^2-3x^2}{6\delta}+\delta\sum_{n=1}^{\infty}(-1)^{n+1}\frac{2}{\mu_n^2}\cos\left(\mu_n\frac{x}{\delta}\right)\exp(-\mu_n^2F_0)\right]\\ q_c&=\frac{1}{2}\frac{W}{F}=\frac{U^2}{2FR}\end{aligned}\right\}\tag{2.3}$$

式中 τ——时间，s；

λ——平板的导热系数，W/(m·℃)；

α——平板的导温系数，m^2/s；

μ_n——$n\pi, n=1,2,3,\cdots$；

F_0——$F_0=\frac{\alpha\tau}{2\delta}$，傅立叶准则；

t_0——初始温度，℃；

q_c——沿 x 方向从端面向平板加热的恒定热流密度，W/m^2；

W——单位时间内传递热量，W；

F——横截面面积，mm^2。

随着时间 τ 的延长，F_0值变大，方程的解中级数和项越小。当 $F_0>0.5$ 时，级数和项变得很小，可以忽略，方程的解变成：

$$t(x,\tau)-t_0=\frac{q_c\delta}{\lambda}\left(\frac{\alpha\tau}{\delta^2}+\frac{x^2}{2\delta^2}-\frac{1}{6}\right) \tag{2.4}$$

由此可见，当 $F_0>0.5$ 后，平板各处温度和时间呈线性关系，温度随时间变化的速率是常数，并且到处相同。这种状态称为准稳态。

在准稳态时，平板中心面 $x=0$ 处的温度为：

$$t(0,\tau)-t_0=\frac{q_c\delta}{\lambda}\left(\frac{\alpha\tau}{\delta^2}-\frac{1}{6}\right)$$

平板加热面 $x=\delta$ 处的温度为：

$$t(\delta,\tau)-t_0=\frac{q_c\delta}{\lambda}\left(\frac{\alpha\tau}{\delta^2}+\frac{1}{3}\right) \tag{2.5}$$

此两面的温差为：

$$\Delta t=t(\delta,\tau)-(0,\tau)=\frac{1}{2}\cdot\frac{q_c\delta}{\lambda}$$

如已知 q_c和 δ，再测出 Δt，就可以由式(2.3)求出导热系数：

$$\lambda=\frac{q_c\delta}{2\Delta t} \tag{2.6}$$

实际上，无限大平板是无法实现的，实验总是用有限尺寸的试件。一般可认为，试件的横向尺寸为厚度的 6 倍以上时，两侧散热对试件中心的温度影响可以忽略不计。试件两端面中心处的温度差就等于无限大平板两端面的温度差。

根据势平衡原理，在准稳态时，有下列关系：

$$q_cF=CF\rho\delta\frac{dt}{d\tau} \tag{2.7}$$

式中 F——试件的横截面面积，一般为 0.04 m^2；

C——试件的比热，J/(kg·℃)；

ρ——试件的密度，kg/m^3；

$\frac{dt}{d\tau}$——准稳态时的温升速率，℃/s。

由上式可得比热

$$C=\frac{q_c}{\rho\delta\frac{dt}{d\tau}} \tag{2.8}$$

实验时，$\frac{dt}{d\tau}$以试件中心处为准。

2.2.3 实验装置

按上述理论及物理模型设计的实验装置如图 2.4 所示，说明如下：

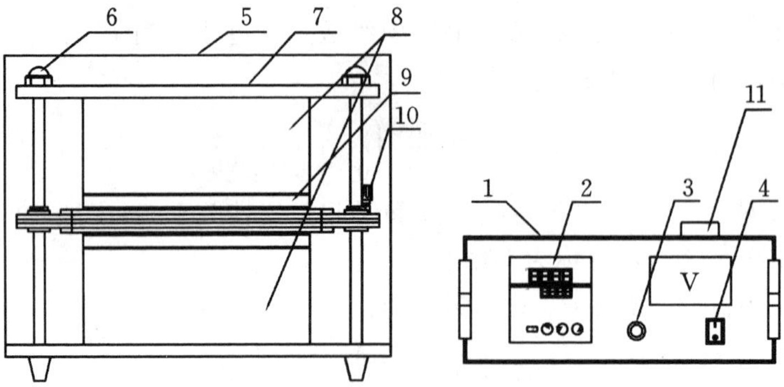

图 2.4 实验装置图

1—配电箱；2—测温表；3—转换开关；4—加热开关 K；5—实验本体护罩；6—压紧螺钉；
7—上夹板；8—绝热层；9—试件；10—热电偶和加热器接线端子；11—手动调压器

(1) 试件

试件尺寸为 200 mm×200 mm×δ，共 4 块，尺寸完全相同，δ=10～16 mm(本台试件为 200 mm×200 mm×10 mm)。每块试件上下面要平齐，表面要平整。

(2) 加热器

采用高电阻康铜箔平面加热器，康铜箔厚度仅为 20 μm，加上保护箔的绝缘薄膜，总厚度只有 70 μm。其电阻值稳定，在 0～100 ℃范围内几乎不变。加热器的面积和试件的端面面积相同，也是 200 mm×200 mm 的正方形。两个加热器的电阻值应尽量相同，相差应在 0.1% 以内。

(3) 绝热层

用导热系数比试件小的材料作绝热层，力求减少热量通过，使试件 1、4 与绝热层的接触面接近绝热。这样，可假定式中的热量 q_c 等于加热器发出热量的 50%。

(4) 热电偶

利用热电偶测量试件 2 两面的温差及试件 2、3 接触面中心处的温升速率，热电偶由 0.1 mm的康铜丝制成。

实验时，将 4 个试件整齐叠放在一起，分别在试件 1 和 2 之间及试件 3 和 4 之间放入加热器 1 和 2，试件和加热器要对齐(图 2.5)。热电偶测温头要放在试件中心部位。放好绝热层后，适当加以压力，以保持各试件之间接触良好。

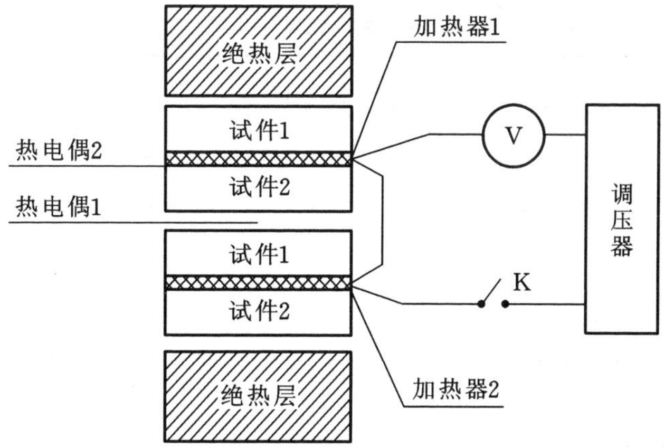

图 2.5 热电偶放置图

2.2.4 实验方法与步骤

(1) 用卡尺测量试件的尺寸：面积 F(0.04 m^2)和厚度 δ(10 mm)。

(2) 按图 2.5 放好试件、加热器和热电偶，接好电源，接通稳压器，并将稳压器预热 10 min(注：此时开关 K 是打开的)。接好热电偶与电源导线。

(3) 将测量转换开关凸起测出试件 T_1 在加热前的温度，此温度应等于室温。再将转换开关按下测出试件 T_2 的温度，此时，相应的初始温度差不得超过 0.1 ℃。

(4) 按下加热器开关，给加热器通以恒定电流(实验过程中，电流不容许变化。此值事先经实验确定)。同时，启动秒表，每隔一分钟测读一个温度，测试 T_1 时为奇数值时刻(1 min、3 min、5 min 等)，按下转换开关测试 T_2 温度，测试 T_2 时为偶数值时刻(2 min、4 min、6 min等)，这样，经过一段时间后(随所测材料而不同，一般为 10～20 min)，系统进入准稳态，"2"端热电势的数值[即式(2.6)中的温差 Δt]几乎保持不变。并记录下加热器的电压值(单位为 V)。

(5) 第一次实验结束，将加热器开关切断，取下试件及加热器，用电扇将加热器吹凉，待其和室温平衡后才能继续做下一次实验。但试件不能连续做实验，必须经过 4 h 以上放置，使其冷却至与室温平衡后，才能再做下一次实验。

(6) 实验全部结束后，必须切断电源，一切恢复原状。

2.2.5 实验数据记录

实验数据记录表如表 2.4 所示。

室温 t_0：______ ℃ 加热器电压 U：______ V

加热器电阻(两个加热电阻的平均值)R：______ Ω

试件截面尺寸 F：______ m^2 试件厚度 δ：______ mm

试件材料密度 ρ：______ kg/m^3 热流密度 q_c：______ W/m^2

表 2.4　实验数据记录表

时间/min	1	2	3	4	5	6	7	8	9	10
冷点温度/℃	"1"									
热点温度/℃	"2"									
时间/min	11	12	13	14	15	16	17	18	19	20
冷点温度/℃	"1"									
热点温度/℃	"2"									

2.2.6　数据处理

(1) 热流密度(W/m^2)：$q_c=\frac{1}{2}\frac{W}{F}=\frac{U^2}{2FR}$；

(2) 准稳态时温差(℃)：$\Delta t=\frac{1}{10}(\sum t_{热}-\sum t_{冷})$；

(3) 准稳态时温升速率(℃/s)：$\frac{dt}{d\tau}=\frac{\Delta t}{60}$；

(4) 导热系数[W/(cm·K)]：$\lambda=\frac{q_c\delta}{2\Delta t}$；

(5) 比热[J/(kg·℃)]：$C=\frac{q_c}{\rho\delta\frac{dt}{d\tau}}$；

(6) 热扩散率(m^2/s)：$\alpha=\frac{\lambda}{\rho c}$。

2.2.7　问题讨论

(1) 在非稳态法测量材料导热性能的实验中，我们使用了哪些假设和近似？这些假设和近似对实验结果有何影响？

(2) 实验中，我们如何确定材料的导热系数？在确定导热系数时，需要注意哪些因素？

(3) 在实验过程中，我们可能会遇到哪些误差来源？如何减少这些误差？

(4) 实验中，我们使用的加热源和测温设备对实验结果有何影响？如何选择适当的加热源和测温设备？

(5) 如何通过改进实验方法或设备来提高实验结果的精度和可靠性？

(6) 在实际应用中，非稳态法和稳态法测量材料导热性能各有什么优缺点？如何选择合适的方法来测量材料的导热性能？

(7) 在实验过程中，我们需要注意哪些安全问题？如何确保实验过程的安全？

(8) 对于不同材料,其导热性能有何不同?这些差异对实验结果和实验方法的选择有何影响?

(9) 如何利用非稳态法测量材料的导热性能来评估材料的热学性能?这对于材料科学和工程领域的研究有何重要意义?

(10) 通过本次实验,你对材料的导热性能有了哪些新的认识和理解?这些认识和理解对你的学习或工作有何帮助?

2.2.8 实验报告要求

将数据表格绘制在实验报告中,并将实验所测数据记录到表格当中,根据数据处理要求进行计算和分析,并把计算的结果填入对应的表格中,对测试结果和计算结果进行误差分析,要求误差分析内容全面,可参考本书 1.1.1 节实验数据误差分析,最终对实验做出总结。

2.3 自然对流横管管外放热系数测试实验

自然对流横管管外放热系数测试装置实验的应用场景非常广泛,它主要应用于建筑、能源、环保等领域的科研、教学和工程实践中。在建筑领域,该实验装置可用于研究建筑外墙、屋顶、窗户等部位的保温性能和热工性能,为建筑设计提供科学依据。例如,在寒冷地区,外墙的保温性能至关重要,通过实验测试外墙的放热系数,可以确定外墙材料的保温效果,为选择合适的保温材料提供数据支持。

在能源领域,该实验装置可用于研究太阳能热水器、太阳能发电系统、地热能利用等新能源技术的热传递性能。例如,在太阳能热水器中,通过实验测试集热管的放热系数,可以评估集热管的热效率,为提高太阳能热水器的性能提供参考。在环保领域,该实验装置可用于研究大气污染物的扩散和传输规律,为环保工程设计提供基础数据。例如,在城市规划中,通过实验测试建筑物对空气流动的影响,可以预测城市中的空气污染物扩散情况,为优化城市规划提供科学依据。

2.3.1 实验目的

(1) 了解空气沿管表面自然对流的实验方法,巩固自然对流相关理论知识;

(2) 测定单管的自然对流放热系数 α;

(3) 根据对自然对流放热的相似分析,整理出准则方程式。

2.3.2 实验原理

实验时,对实验管进行加热,热量是以对流和辐射两种方式散发的,对流换热量为总热

量与辐射换热量之差，即

$$Q_c = Q - Q_r \tag{2.9}$$

而 $Q=W$，

$$Q_c = \alpha F(t_w - t_f) \tag{2.10}$$

$$Q_r = C_0 \varepsilon F\left[\left(\frac{t_w}{100}\right)^4 - \left(\frac{t_f}{100}\right)^4\right] \tag{2.11}$$

所以

$$\alpha = \frac{W}{F(t_w - t_f)} - \frac{C_0 \varepsilon}{(t_w - t_f)}\left[\left(\frac{t_w}{100}\right)^4 - \left(\frac{t_f}{100}\right)^4\right] \tag{2.12}$$

式中 F——表面面积，m^2；

Q——单位时间内总热量，W；

Q_r——单位时间内辐射换热量，W；

Q_c——单位时间内对流换热量，W；

ε——实验管表面黑度；

C_0——黑体辐射系数，为 5.67 $W/(m^2 \cdot K)$；

t_w——管壁平均温度，℃；

t_f——室内空气温度，℃；

α——自然对流换热系数。

根据相似理论，对于自由对流放热，关于努赛尔系数 Nu、格拉晓夫数 Gr、普朗特数 Pr 的函数为

$$Nu = f\ (Gr \cdot Pr)^n$$

可表示成：$Nu = C \cdot (Pr \cdot Gr)^n$，其中，$C$，$n$ 为确定的常数。为了确定上述关系式的具体形式，根据所测数据计算结果求出准则数：

$$Nu = \frac{\alpha d}{\lambda} \tag{2.13}$$

$$Gr = \frac{g\,\Delta t \beta d^3}{\nu^2} \tag{2.14}$$

式中 d——圆管壁面尺寸，m；

λ——空气导热系数，$W/(m \cdot ℃)$；

Δt——温差，$\Delta t = t_w - t_f$；

β——空气膨胀系数，1/K；

ν——空气运动黏度，m^2/s；

Pr——物性参数由定性温度 $\left(\frac{t_w + t_f}{2}\right)$ 从有关书中查出。

改变加热，可求得一组准则数，把几组数据标在对数坐标上，得到以 Nu 为纵坐标，Gr、Pr 为横坐标的一系列点，画一条直线，使大多数点落在这条线上或周围。

根据 $\lg Nu = \lg C + n\lg(Gr \cdot Pr)$，使这条曲线的斜率为 n，截距为 $\lg C$。

2.3.3 实验装置

实验装置由实验管(4 种类型)、支架、测量仪表电控箱等组成(图 2.6)。

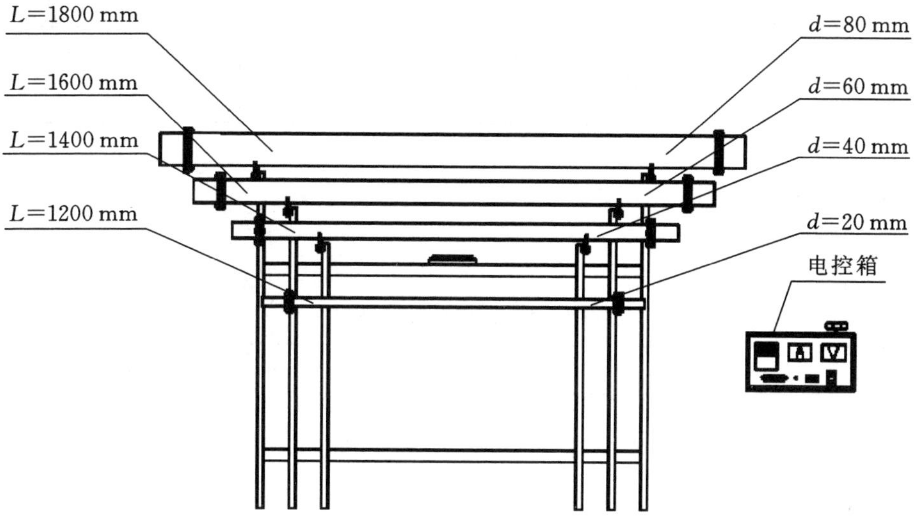

图 2.6 实验装置简图

实验管上有热电偶嵌入管壁，可反映出管壁的温度，由安装在电控箱上的测温数显表通过转换开关读取温度值。电加热功率则可用数显电压表、电流表测定读取并加以计算得出。

2.3.4 实验方法与步骤

(1) 按电路图接好线路，经老师指导检查无误后接通电源。

(2) 调整调压器对实验管进行加热，将管壁温度控制在 100 ℃左右，然后进行如下步骤：ϕ20 实验管调压至 40V 左右，稳定 2 h 左右，温度上下浮动 2 ℃左右，认为实验工况稳定；ϕ38 实验管调压至 60 V 左右，稳定 2 h 左右，温度上下浮动 2 ℃左右，认为实验工况稳定；ϕ63 实验管调压至 100 V 左右，稳定 2 h 左右，温度上下浮动 2 ℃左右，认为实验工况稳定；ϕ76 实验管调压至 150 V 左右，稳定 2 h 左右，温度上下浮动 2 ℃左右，认为实验工况稳定。

(3) 每隔 30 min 记录一次，直到两组数据接近为止。

(4) 取两组接近的数据的平均值，作为计算数据。

(5) 记录温度计表示的空气温度值。

(6) 将调压器调整回零位，切断电源。

2.3.5 实验数据记录

实验数据记录表如表 2.5 所示。

表 2.5 实验数据记录表

管号	室温/℃						电压	电流	管径	管长	黑度
	t_1	t_2	t_3	t_4	t_w	t_f	U/V	I/A	d/mm	L/mm	ε

2.3.6 数据处理

数据处理记录表如表 2.6 所示。

表 2.6 数据处理记录表

t_m	λ	β	ν	Nu	Pr	Gr	$Gr \cdot Pr$	$\lg Nu$	$\lg(Gr \cdot Pr)$

(1) 定性温度：$t_m=\dfrac{t_w+t_f}{2}$

(2) 查询定性温度下相关物性参数：β 为空气体积膨胀系数，$\beta=\dfrac{1}{t_m+273}$；λ 为空气导热系数，单位为 W/(m · ℃)；ν 为空气运动黏度，单位为 m^2/s；以及 Pr 等物性参数。

(3) 计算 $Gr \cdot Pr$。

(4) 单位时间内电器加热量(W)：$Q=IU$。

(5) 计算表面面积(m^2)：$F=\dfrac{1}{4}\pi d^2\times 2+\pi dL$。

(6) 计算自由运动换热系数[W/(m^2 · K)]：

$$\alpha=\frac{W}{F(t_w-t_f)}-\frac{C_0\varepsilon}{(t_w-t_f)}\left[\left(\frac{T_w}{100}\right)^4-\left(\frac{T_f}{100}\right)^4\right]。$$

(7) 用标准公式计算对流换热系数：$\alpha'=0.58\,(Gr \cdot Pr)^{\frac{1}{4}}\dfrac{\lambda}{d}$，求相对误差 $\left|\dfrac{\alpha-\alpha'}{\alpha'}\right|$。

(8) 计算辐射换热量 Q_c 和对流换热量 Q_r[根据式(2.10)和式(2.11)]。

(9) 计算 $Nu=f\,(Gr \cdot Pr)^n$。

(10) 整理准则方程 $\lg Nu=\lg C+n\lg(Gr \cdot Pr)$。求解 C、n 的方法见图 2.7。

2.3.7 问题讨论

(1) 实验过程中，影响横管管外放热系数的关键因素有哪些？请列举并简要分析。

(2) 如何通过实验数据准确计算横管管外放热系数？请提出一种可行的计算方法，并

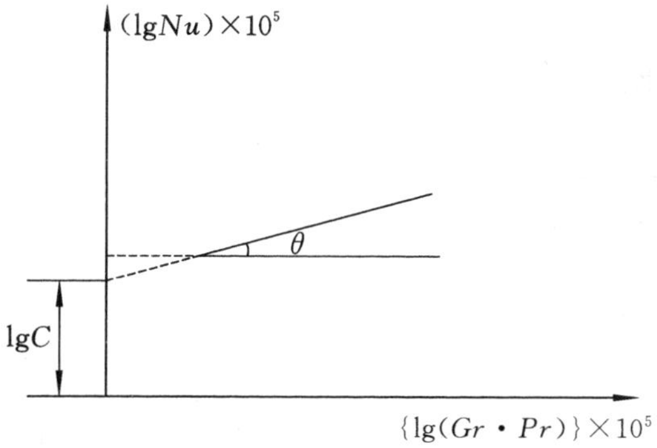

图 2.7 双对数坐标纸上用作图法求 C、n 的方法示意图

说明其优点和局限性。

(3) 实验装置中,如何保证横管管外的自然对流条件?可以采取哪些措施来减少非自然对流对实验结果的影响?

(4) 在实验中,如何控制并测量横管管外的温度分布?有哪些常用的测温方法,并比较它们的优缺点。

(5) 实验结果可能受到哪些系统误差和随机误差的影响?如何对这些误差进行估计和修正?

(6) 为什么要均匀布置多个测点测量管路的壁温?

(7) 本实验计算的格拉晓夫数为多少,能否达到紊流的状态?

2.3.8 实验报告要求

将数据表格绘制在实验报告中,并将实验所测数据记录到表格当中。根据数据处理要求进行计算和分析,并把计算的结果填入对应的表格中。对测试结果和计算结果进行误差分析,要求误差分析内容全面,可参考本书 1.1.1 节实验数据误差分析,最终对实验做出总结。

2.4 中温辐射黑度测试实验

中温辐射黑度测试实验在多个领域具有广泛的应用。在材料科学领域,中温辐射黑度测试被用于评估材料的热辐射性能。这对于高温环境下工作的材料选择至关重要,例如航天器、核反应堆和高温炉等。通过测试材料的黑度,科学家们可以了解材料在特定温度下的辐射特性,从而选择最适合应用的材料。在能源领域,中温辐射黑度测试也扮演着重要角色。例如,在太阳能利用方面,黑度测试可用于评估太阳能集热器的效率。通过测量集热器表面的黑度,可以确定其吸收和转化太阳能的能力,从而提高太阳能的利用率。此外,在燃烧和火力发电过程中,中温辐射黑度测试可用于监测炉膛内的燃烧情况,优化燃烧过程,提高能源利用效率。

2.4.1 实验目的

(1) 巩固辐射导热理论相关知识。
(2) 学会定性地测量中温辐射时物体的黑度 ε。

2.4.2 实验装置

实验装置如图 2.8 所示。其中,热源具有一个测温热电偶,传导腔体有两个热电偶,受体有一个热电偶,它们都可以通过琴键转换开关来切换。

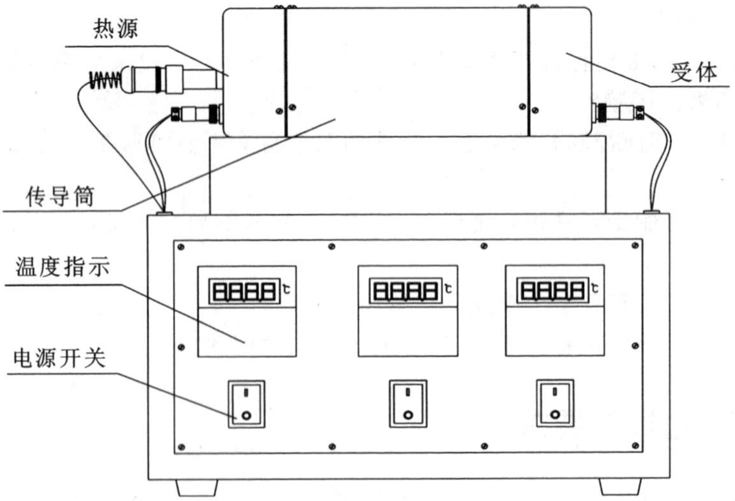

图 2.8 中温法向辐射率测量仪

2.4.3 实验原理

由 n 个物体组成的辐射换热系统(图 2.9)中,利用净辐射法,可以求物体 i 的纯换热量 $Q_{\text{net},i}$。

$$Q_{\text{net},i}=Q_{\text{abs},i}-Q_{\text{e}i}=\alpha_i\sum_{k=1}^{n}\int_{F_k}E_{\text{eff},k}\psi_i(\mathrm{d}k)\mathrm{d}F_k-\varepsilon_i E_{\text{b}i}F_i \tag{2.15}$$

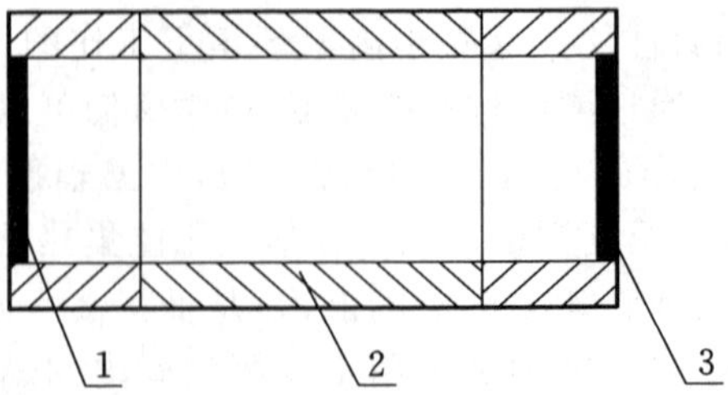

图 2.9 辐射换热简图

1— 热源;2— 传导圆筒;3— 待测物体

式中 $Q_{net.i}$—— 单位时间内 i 面的净辐射换热量,W;

$Q_{abs.i}$—— 单位时间内 i 面从其他表面的吸热量,W;

Q_{ei} —— 单位时间内 i 面本身的辐射热量,W;

ε_i——i 面的黑度;

$\psi_i(dk)$——k 面对 i 面的角系数;

$E_{eff.k}$——k 面有效的辐射力,W/m^2;

E_{bi}——i 面的辐射力,W/m^2;

α_i—— i 面的吸收率;

F_i——i 面的面积,m^2。

根据本实验的设备情况,可以认为:

(1) 传导圆筒 2 为黑体。

(2) 热源 1、传导圆筒 2、待测物体 3 表面上的温度均匀。

因此,式(2.15) 可写成:

$$Q_{net.3} = \alpha_3(E_{b1}F_1\psi_{1.3} + E_{b2}F_2\psi_{2.3} - \varepsilon_3 E_{b3}F_3)$$

因为 $F_1 = F_3$,$\alpha_3 = \varepsilon_3$,$\psi_{3.2} = \psi_{1.2}$,又根据角系数的互换性 $F_2\psi_{2.3} = F_3\psi_{3.2}$,则:

$$\begin{aligned} q_3 &= Q_{net.3}/F_3 = \varepsilon_3(E_{b1}\psi_{1.3} + E_{b2}\psi_{1.2}) - \varepsilon_3 E_{b3} \\ &= \varepsilon_3(E_{b1}\psi_{1.3} + E_{b2}\psi_{1.2} - E_{b3}) \end{aligned} \tag{2.16}$$

由于待测物体 3 与环境主要以自然对流方式换热,因此:

$$q_3 = \alpha_d(t_3 - t_f) \tag{2.17}$$

式中 α_d—— 换热系数;

t_3—— 待测物体(受体) 温度,℃;

t_f—— 环境温度,℃。

由式(2.16)、式(2.17) 得:

$$\varepsilon_3 = \frac{\alpha_d(t_3 - t_f)}{E_{b1}\psi_{1.3} + E_{b2}\psi_{1.2} - E_{b3}} \tag{2.18}$$

当热源 1 和传导圆筒 2 的表面温度一致时,$E_{b1} = E_{b2}$,并考虑到,体系 1、2、3 为封闭系统,则:

$$\psi_{1.3} + \psi_{1.2} = 1$$

由此,式(2.18) 可写成:

$$\varepsilon_3 = \frac{\alpha(t_3 - t_f)}{E_{b1} - E_{b3}} = \frac{\alpha(t_3 - t_f)}{\sigma_b(t_1^4 - t_3^4)} \tag{2.19}$$

式中 σ_b—— 斯蒂芬玻尔茨曼常数,其值为 $5.67 \times 10^{-8}\ W/(m^2 \cdot K^4)$。

对不同待测物体(受体)a、b 的黑度 ε 为:

$$\varepsilon_a = \frac{\alpha_a(t_{3a} - t_f)}{\sigma(t_{1a}^4 - t_{3a}^4)}$$

$$\varepsilon_b = \frac{\alpha_b(t_{3b} - t_f)}{\sigma(t_{1b}^4 - t_{3b}^4)}$$

设 $\alpha_a = \alpha_b$,则:

$$\frac{\varepsilon_a}{\varepsilon_b}=\frac{t_{3a}-t_f}{t_{3b}-t_f}\cdot\frac{t_{1b}^4-t_{3b}^4}{t_{1a}^4-t_{3a}^4}$$

当 b 为黑体时，$\varepsilon_b\approx 1$，上式可写成：

$$\varepsilon_a=\frac{t_{3a}-t_f}{t_{3b}-t_f}\cdot\frac{t_{1b}^4-t_{3b}^4}{t_{1a}^4-t_{3a}^4} \tag{2.20}$$

2.4.4　实验方法和步骤

本实验仪器用比较法定性地测定物体的黑度，具体方法是通过对三组加热器电压的调整(热源一组，传导体二组)，使热源和传导体的测量点恒定在同一温度上，然后分别将“待测”(受体为待测物体，具有原来的表面状态)和“黑体”(受体仍为待测物体，但表面熏黑)两种状态的受体置于恒温条件下，测出受到辐射后的温度，就可按公式计算出待测物体的黑度。

具体步骤如下：

(1) 热源腔体和受体腔体(使用具有原来表面状态的物体作为受体)靠紧传导体。

(2) 接通电源，拉开温度设定旋钮使其设定到实验所需温度，设定完成后推进温度设定旋钮，系统自动跟踪设定温度。

(3) 系统进入恒温后(各测温点基本接近，且在 5 min 内各点温度波动小于 3 ℃)，开始测试受体温度，当受体温度 5 min 内的变化小于 3 ℃ 时，记下一组数据。“待测”受体实验结束。

(4) 取下受体，将受体冷却后，用松脂(带有松脂的松木)或蜡烛将受体熏黑，然后重复以上实验，测得第二组数据。

将两组数据代入 2.4.3 节所述公式即可得出待测物体的黑度 $\varepsilon_{受}$。

2.4.5　实验数据记录

实验测试记录表如表 2.7 所示。

表 2.7　实验测试记录表

第一组	热源/℃	传导 1/℃	传导 2/℃	受体(紫铜)/℃
1				
2				
3				
平均温度/℃				
第二组	**热源/℃**	**传导 1/℃**	**传导 2/℃**	**受体(紫铜熏黑)/℃**
1				
2				
3				
平均温度/℃				

2.4.6 数据处理

根据式(2.20),本实验所用计算公式为:

$$\frac{\varepsilon_{受}}{\varepsilon_0}=\frac{\Delta t_{受}(t_{源}^4-t_0^4)}{\Delta t_0(t'^4_{源}-t_{受}^4)} \tag{2.21}$$

式中 ε_0——相对黑体的黑度,该值可假设为 1;

$\varepsilon_{受}$——待测物体(受体)的黑度;

$\Delta t_{受}$——受体与环境的温差,℃;

Δt_0——黑体与环境的温差,℃;

$t_{源}$——受体为相对黑体时热源的绝对温度,℃;

$t'_{源}$——受体为被测物体时热源的绝对温度,℃;

t_0——相对黑体的绝对温度,℃;

$t_{受}$——待测物体(受体)的绝对温度,℃。

环境的绝对温度为 0,由表 2.8 所示实验数据得:

$$t_0=(110.7+273)\ \text{K} \qquad t_{受}=(75+273)\ \text{K}$$

$$t'_{源}=(234.7+273)\ \text{K} \qquad t_{源}=(234.7+273)\ \text{K}$$

将以上数据代入式(2.21)得:

$$\varepsilon_{受}=\varepsilon_0\,\frac{75+273}{110.7+273}\times\frac{(234.7+273)^4-(110.7+273)^4}{(234.7+273)^4-(75+273)^4}=\varepsilon_0\times 0.78$$

在假设 $\varepsilon_0=1$ 时,受体紫铜的黑度 $\varepsilon_{受}$ 即为 0.78。

表 2.8 实验数据样例

序号	热源/℃	传导 1/℃	传导 2/℃	受体(紫铜)/℃
1	234	234	239	76
2	235	235	238	74
3	235	235	239	75
平均温度/℃	234.7	234.7	238.7	75.0
序号	热源/℃	传导 1/℃	传导 2/℃	受体(紫铜熏黑)/℃
1	234	237	239	111
2	235	238	239	110
3	235	238	239	111
平均温度/℃	234.7	237.7	239.0	110.7

根据本实验的实际情况,我们采用以下实验方案:对同一待测物体(受体),在完全相同条件下,进行两次实验。一次是将待测物体(受体)用松脂(带油脂的松木)或蜡烛熏黑,使它

变为黑体，对它进行实验。一次是不熏黑的情况下进行实验。最后，根据这两次实验所得的两组数据，算出该待测物体的黑度$\varepsilon_{受}$。这里是将熏黑的物体看成黑体。其辐射率ε_0视为1。

2.4.7 注意事项

(1) 热源及传导的温度不宜超过160 ℃。

(2) 每次做原始状态实验时，建议用汽油或95%乙醇将待测物体表面擦净，否则，实验结果将有较大误差。

2.4.8 问题讨论

(1) 在中温辐射黑度测试实验中，哪些因素可能影响测试结果的准确性？如何控制和减少这些因素的影响？

(2) 如何确定中温辐射黑度测试实验中的标准辐射源和测试样品的黑度？是否有可能通过计算或其他方法来验证测试结果？

(3) 中温辐射黑度测试实验的结果在实际应用中有什么作用？例如，在材料科学、能源利用、环境保护等领域中，黑度测试可以为我们提供哪些有用的信息？

(4) 在中温辐射黑度测试实验中，如何选择合适的测试仪器和测试方法？不同的仪器和方法对测试结果有何影响？

(5) 在中温辐射黑度测试实验中，如何保证测试过程的安全性和可靠性？是否存在潜在的风险和挑战？如何应对这些风险和挑战？

(6) 中温辐射黑度测试实验的结果与其他物理和化学性质之间的关系如何？例如，黑度与材料的导热性、热稳定性等之间的关系是什么？

2.4.9 实验报告要求

将数据表格绘制在实验报告中，并将实验所测数据记录到表格当中，根据数据处理要求进行计算和分析，并把计算的结果填入对应的表格中，对测试结果和计算结果进行误差分析，要求误差分析内容全面，可参考本书1.1.1节实验数据误差分析，最终对实验做出总结。

2.5 二氧化碳临界温度的测定

在工业界，二氧化碳临界温度对于化工生产过程中的气体液化、分离和储存等环节至关重要。例如，在石油和天然气行业中，二氧化碳常作为一种重要的工作介质，通过了解其临界温度，工程师们可以更好地设计和优化相关的工艺流程，提高生产效率和产品质量。

此外，在环境保护领域，二氧化碳临界温度的测定实验也有其独特的应用。随着全球气候变化问题日益严峻，减少二氧化碳排放已成为国际社会共同关注的焦点。通过该实验，研究人员可以更加准确地评估二氧化碳在不同环境条件下的稳定性和排放特性，为制定有效的减排措施提供科学依据。

2.5.1 实验目的

(1) 了解 CO_2 临界状态的观测方法，增加对临界状态概念的感性认识。

(2) 加深对课堂所讲的工质热力状态、凝结、气化、饱和状态等基本概念的理解。

(3) 掌握 CO_2 的 p-ν-t 关系的测定方法，学会用实验测定实际气体状态变化规律的方法和技巧。

2.5.2 实验原理

对简单可压缩热力系统，当工质处于平衡状态时，其状态参数 p、ν、t 之间有：

$$F=(p,\nu,t)=0 \quad 或 \quad t=f(p,\nu)$$

本实验是根据上述公式，采用定温方法来测定 CO_2 的 p-ν 之间的关系，从而找出 CO_2 的 p-ν-t 关系。

实验中，由压力计送来的压力油进入高压容器和玻璃杯上半部，迫使水银进入预先装了 CO_2 气体的承压玻璃管，CO_2 被压缩，其压力和容积通过压力计上的活塞杆的进退来调节。温度由恒温器供给的水套里的水温来调节。

实验中 CO_2 的压力，由装在压力计上的压力表读出。温度由插在恒温水套中的热电偶测定。比容首先由承压玻璃管内 CO_2 柱的高度来测量，而后再根据承压玻璃管内径均匀、截面不变等条件换算得出。

2.5.3 实验装置

整个实验装置(图 2.10)由压力计、恒温水槽和实验台本体及其防护罩等三大部分组成。

2.5.4 实验方法与步骤

2.5.4.1 实验要求

(1) 测定 CO_2 的 p-ν-t 关系。在 p-ν 坐标系中绘出低于临界温度($t=20$ ℃)、等于临界温度($t=31.1$ ℃)和高于临界温度($t=40$ ℃)的三条等温曲线，并与标准实验曲线及理论计算值相比较，并分析其存在差异的原因。

(2) 测定 CO_2 在低于临界温度($t=20$ ℃)时饱和温度和饱和压力之间的对应关系，并与图 2.11 中的 t_s-p_s 曲线比较。

(3) 观测临界状态：

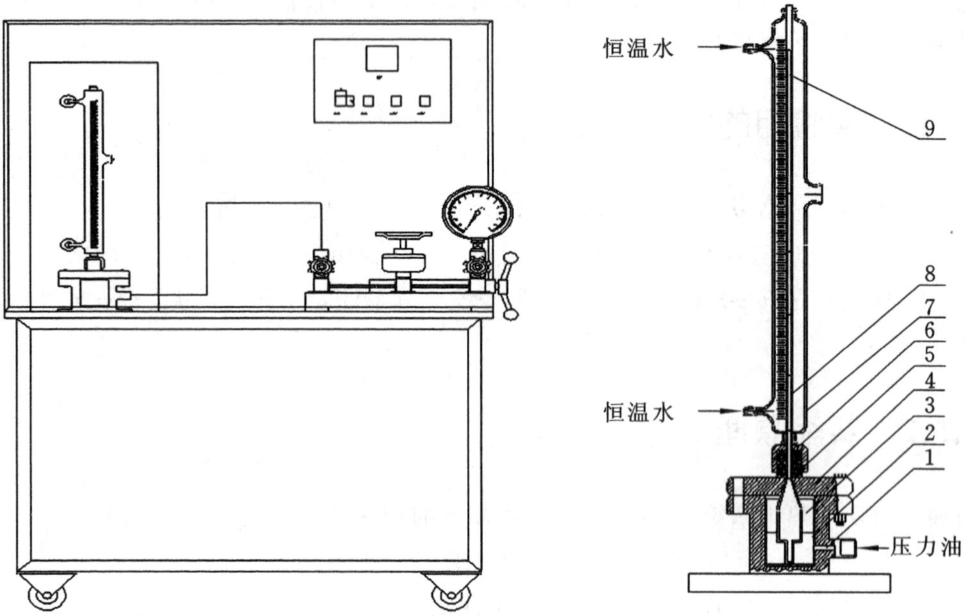

(a)　　　　　　　　　　　　　　(b)

图 2.10　二氧化碳 p-ν-t 关系仪

(a)设备简图;(b)实验台本体

1—高压容器;2—玻璃杯;3—压力油;4—水银;5—密封填料;

6—填料压盖;7—恒温水套;8—承压玻璃管;9—二氧化碳空间

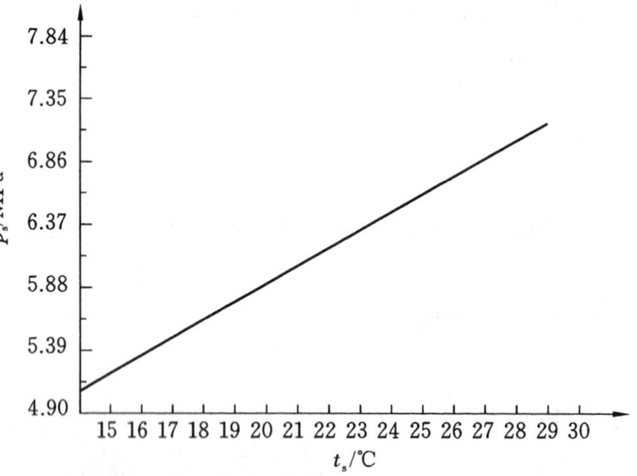

图 2.11　二氧化碳饱和温度和饱和压力关系曲线

① 临界状态附近气液两相模糊的现象。

② 气液整体相变现象。

③ 测定 CO_2 的临界参数(t_c、p_c、ν_c),并将实验所得的 ν_c 值与理想气体状态方程和范德瓦尔方程的理论值相比较,简述其存在差异的原因。

2.5.4.2 实验步骤

(1) 开启实验本体上的日光灯。

(2) 恒温器准备及温度调定。

① 将蒸馏水注入恒温器内,检查并接通电路。开动电动泵,使水循环对流。

② 视水温情况,开、关加热器,当水温未达到设定的温度时,恒温器会按照所设定的温度进行加热直至达到所设定的温度值。

③ 当温度高于实验要求时,打开制冷开关。这时仪表会根据所设定值跟踪调节温度,直至达到实验所要的温度点。

④ 当需要改变实验温度时,重复②至④即可。

(3) 加压前的准备。

因为压力计的油缸容量比主容器容量小,需要多次从油杯里抽油,再向主容器充油,才能在压力表上显示压力读数。压力计抽油、充油的操作过程非常重要,若操作失误,不但加不上压力,还会损坏实验设备,所以,务必认真掌握步骤。其步骤如下:

① 关闭压力表及其进入本体油路的两个阀门,开启压力计上油杯的进油阀。

② 摇退压力计上的活塞螺杆,直至螺杆全部退出。这时,压力计油缸中抽满了油。

③ 先关闭油杯阀门,然后开启压力表和进入本体油路的两个阀门。

④ 摇进活塞螺杆,使本体充油。如此反复,直至压力表上有压力读数为止。

⑤ 再次检查油杯阀门是否关好,压力表及本体油路阀门是否开启。若均已调定后,即可进行实验。

(4) 做好实验的原始记录。

① 设备数据记录:仪器、仪表名称、型号、规格、量程、精度。

② 常规数据记录:室温、大气压、实验环境情况等。

③ 测定承压玻璃管内 CO_2 的质面比常数 K 值。

由于充进承压玻璃管内的 CO_2 质量不便测量,而玻璃管内径或截面面积(A)又不易测准,因而实验中采用间接办法来确定 CO_2 的比容,认为 CO_2 的比容 ν 与其高度是一种线性关系。其方法如下:

a. 已知 CO_2 液体在 20 ℃、9.8 MPa 时的比容 ν(20 ℃、9.8 MPa)$=0.00117\ \mathrm{m^3/kg}$。

b. 实际测定实验台在 20 ℃、9.8 MPa 时的 CO_2 液柱高度 Δh(cm)(注意玻璃水套上刻度的标记方法)。

c. 由 a 可知:因为 ν(20 ℃、9.8 MPa)$=\Delta h \cdot A/m=0.00117\ \mathrm{m^3/kg}$,所以

$$\frac{m}{A}=\frac{\Delta h}{0.00117}=K$$

则任意温度、压力下 CO_2 的比容为:

$$\nu=\frac{\Delta h}{m/A}=\frac{\Delta h}{K} \tag{2.22}$$

式中 K——质面比常数,$\mathrm{kg/m^2}$;

Δh——CO_2 液柱高度,$\Delta h=h-h_0$,cm;

h——任意温度、压力下的水银柱高度,cm;

h_0——承压玻璃管内径顶端刻度,cm。

(5) 测定低于临界温度 $t=20$ ℃时的定温线

① 将恒温器调定在 $t=20$ ℃,并保持恒温。

② 压力从4.5 MPa开始,当玻璃管内水银升起来后,应足够缓慢地摇进活塞螺杆,以保证定温条件。否则,将来不及平衡,使读数不准。

③ 按照适当的压力间隔取 h 值,直至压力 $p=9.8$ MPa。

④ 注意加压后 CO_2 的变化,特别是注意饱和压力和饱和温度之间的对应关系以及液化、气化等现象。要将测得的实验数据及观察到的现象填入表中。

⑤ 测定 $t=20$ ℃时其饱和温度和饱和压力的对应关系。

(6) 测定临界等温线和临界参数,并观察临界现象。

① 按上述方法和步骤测出临界等温线,并在该曲线的拐点处找出临界压力 p_c 和临界比容 ν_c,并将数据填入表中。

② 观察临界现象

a. 整体相变现象

由于在临界点时,气化潜热等于零,饱和气线和饱和液线合于一点,所以这时气、液的相互转变不是像临界温度以下时那样逐渐积累,需要一定的时间,表现为渐变过程,而这时当压力稍变化时,气、液是以突变的形式相互转化。

b. 气、液两相模糊不清现象

处于临界点的 CO_2 具有共同参数(p、ν、t),因而不能区别此时 CO_2 是气态还是液态。如果说它是气体,那么,这个气体是接近液态的气体;如果说它是液体,那么,这个液体又是接近气态的液体。下面,就用实验来证明这个结论。因为这时是处于临界温度下,如果按等温线过程来进行,使 CO_2 压缩或膨胀,那么,管内是什么也看不到的。现在,我们按绝热过程来进行。首先在压力等于7.64 MPa附近突然降压,CO_2 状态点由等温线沿绝热线降到液区,管内 CO_2 出现了明显的液面。这就是说,如果这时管内的 CO_2 是气体,那么,这种气体离液区很接近,可以说是接近液态的气体;在膨胀之后,突然压缩 CO_2 时,这个液面又立即消失了。这就告诉我们,这时 CO_2 液体离气区也是非常接近的,可以说是接近气态的液体。此时的 CO_2 既接近气态,又接近液态,所以可能处于临界点附近。这就是临界点附近,饱和气、液模糊不清的现象。

(7) 测定高于临界温度 $t=40$ ℃时的等温线。

2.5.5 实验数据记录

实验数据记录表如表2.9、表2.10所示。

$h_0=$ ________ cm;

CO_2 在20 ℃、9.8 MPa时 CO_2 液柱高度 $\Delta h=$ ________ cm;

比容 $\nu=0.00117$ m^3/kg,质面比常数 $K=$ ________。

表 2.9 CO_2 等温实验数据记录表

压强 p /MPa	温度											
	20 ℃				31.1 ℃				40 ℃			
	H /cm	Δh /cm	ν /(m³/kg)	现象	H /cm	Δh /cm	ν /(m³/kg)	现象	H /cm	Δh /cm	ν /(m³/kg)	现象
5												
5.3												
5.6												
6												
6.3												
6.7												
7												
7.3												
7.7												
8												
8.3												
8.6												
9												
9.8												

表 2.10 临界比容 ν_c(m³/kg)

标准值	实验值	$\nu_c = Rt_c/p_c$	$\nu_c = 3Rt_c/(8p_c)$
0.00216			

2.5.6 数据处理

(1) 按表 2.9 的数据,在 p-ν 坐标系中画出三条等温线,样例如图 2.12 所示。

(2) 将实验测得的等温线与图 2.12 所示的标准等温线比较,并分析它们之间的差异及其原因。

(3) 将临界比容 ν_c与理论计算值一并填入表 2.10,并分析它们之间的差异及其原因。

2.5.7 问题讨论

(1) 实验中使用的温度计是否精确?如何校准和验证其准确性?

(2) 在实验过程中,温度和压力是如何影响二氧化碳的物态变化的?为什么要在临界

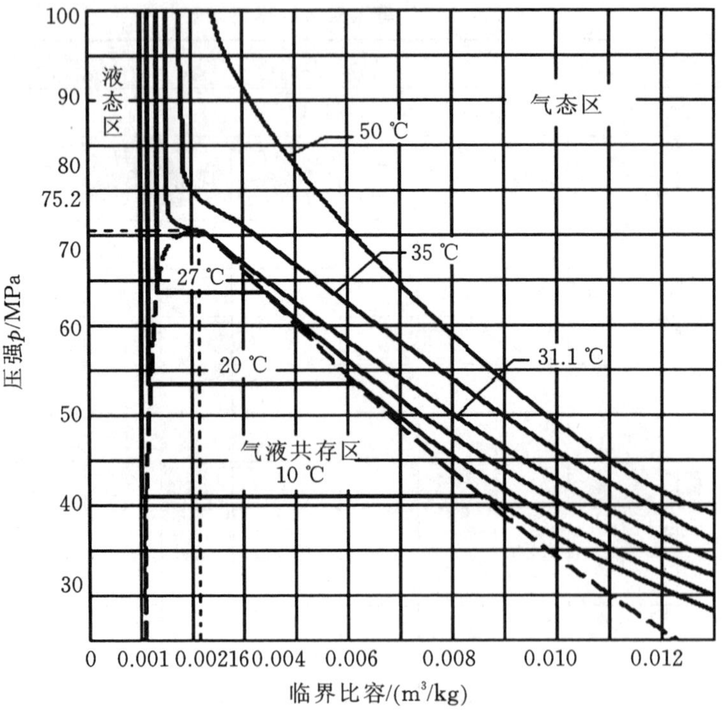

图 2.12　等温线示意图

点上测定这些参数？

（3）实验中使用的压力计是否会受到温度的影响？如何减少这种影响？

（4）实验中，如果观察到二氧化碳的相变点不是非常清晰，可能的原因是什么？如何改进实验以获得更准确的结果？

（5）实验中使用的加热方式是否会影响实验结果？为什么？

（6）在临界点上，二氧化碳的密度和比容会发生怎样的变化？这些变化对于工业应用有什么意义？

（7）实验结果中，临界温度和临界压力的值与理论值是否一致？如果不一致，可能的原因是什么？

（8）在实验过程中，如何保证系统的密闭性？如果系统漏气，将会对实验结果产生怎样的影响？

（9）除了临界温度和临界压力，实验中还可以测定哪些与二氧化碳相变相关的参数？这些参数对于理解二氧化碳的物性有什么帮助？

2.5.8　实验报告要求

将数据表格绘制在实验报告中，并将实验所测数据记录到表格当中，根据数据处理要求进行计算和分析，并把计算的结果填入对应的表格中，对测试结果和计算结果进行误差分析，要求误差分析内容全面，可参考本书 1.1.1 节实验数据误差分析，最终对实验做出总结。

2.6 气体定压比热容的测定

在能源领域，气体定压比热容的测定对于燃气轮机、内燃机等热力设备的性能分析和优化具有重要意义。通过准确测量气体的比热容，可以计算出设备的热效率，从而评估其能源利用效率和节能减排潜力。此外，在太阳能、风能等可再生能源的开发和利用中，气体热性质的测量也有助于优化能量转换和存储系统。气体定压比热容的测定实验在化学工业、能源领域、材料科学和环境科学等多个领域具有广泛的应用价值。通过准确测量气体的比热容，可以为工业生产、能源开发和环境保护等领域提供重要的技术支持和数据支撑。

2.6.1 实验目的

(1) 理解和掌握气体定压比热容的概念及其物理意义。

(2) 学会使用实验装置测量气体的定压比热容。

(3) 通过实验数据的处理和分析，加深对气体热力学性质的理解。

(4) 分析实验中产生误差的原因及减小误差的方法。

2.6.2 实验原理

气体定压比热容定义为

$$c_p = \left(\frac{\partial h}{\partial T}\right)_p \tag{2.23}$$

式中 h—— 气体的焓值，kJ/kg；

T—— 气体的热力学温度，K。

在没有对外界做功的气体的等压流动过程中，$mdh = (\delta Q)_p$，则气体的定压比热容可以表示为

$$c_p = \left(\frac{\partial h}{\partial T}\right)_p = \frac{1}{m}\left(\frac{\partial Q}{\partial T}\right)_p$$

当气体在此等压过程中由温度 T_1 加热至温度 T_2 时，气体在此温度范围内的平均定压比热容值可由下式确定

$$c_{pm} = \frac{1}{T_2 - T_1}\int_{T_1}^{T_2} c_p \mathrm{d}T = \frac{Q_p}{m(T_2 - T_1)} = \frac{Q_p}{m\Delta T} \tag{2.24}$$

式中 Q_p—— 单位时间内气体在定压过程中所吸收的热量，W；

m—— 气体质量流量，kJ/s；

ΔT—— 温升温差，K。

在离室温不远的温度范围内，空气的真实定压比热容与温度的关系可近似认为是线性的，即可近似表示为

$$c_p = a + bT_m \tag{2.25}$$

式中　T_m—— 平均温度，$T_m = \dfrac{T_1 + T_2}{2}$，℃。

据此可以改变 T_1 和 T_2，测定出不同平均温度 T_m 下的定压比热容值，得出定压比热容和温度的关系曲线。

2.6.3　实验装置

测定空气定压比热容的实验装置如图 2.13 所示。风机将一定量的空气连续不断地经湿式流量计送入比热仪本体，比热仪中设有电加热器，空气经加热后又由杜瓦瓶内排出。

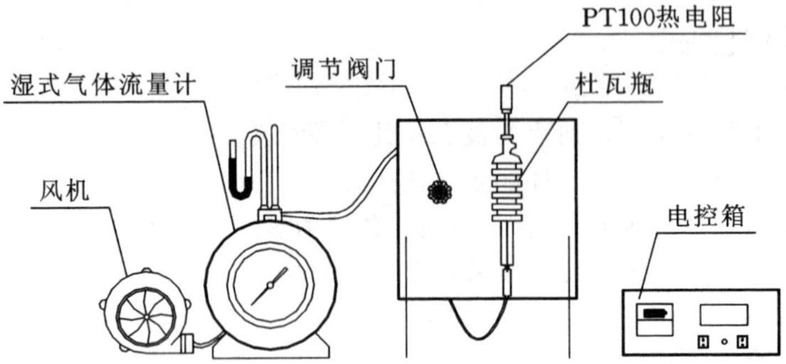

图 2.13　空气定压比热容测定装置

比热仪本体如图 2.14 所示。它是由内外壁镀银的真空杜瓦瓶、电加热器、均流网、绝缘垫、旋流片、混流网等组成。当比热仪出口温度 t_2 稳定时，则可认为电加热器放出的热量全部被流经的气体吸收。电加热器放热量的大小由直流稳压电源进行调节，功率由功率表进行测量。比热仪的进出口分别设有温度计与高精度测温传感器，以测量进口温度 t_1 和出口温度 t_2。空气的流量由湿式流量计进行测量。进入比热仪气流的压力则由流量计出口 U 形差压计进行测量。空气量则由节流阀进行调整。

2.6.4　实验方法与步骤

(1) 接好加热电路和空气流通管路。

(2) 将加热调节旋钮调制在零位，打开风机开关，调整节流阀开度，使空气流量到达规定值附近。

(3) 装上湿式流量计上的温度计和 U 形差压计。

(4) 调整加热器的功率(电压值和电流值)，开始进行加热。

(5) 待比热仪出口温度 t_2 稳定不变后(出口温度在 6 min 之内无变化或有微小起伏即可视为稳定)，记录此工况下的实验数据。

(6) 改变加热器电压(即工况变化)，待 t_2 再次稳定时，记录另一工况下的实验数据。

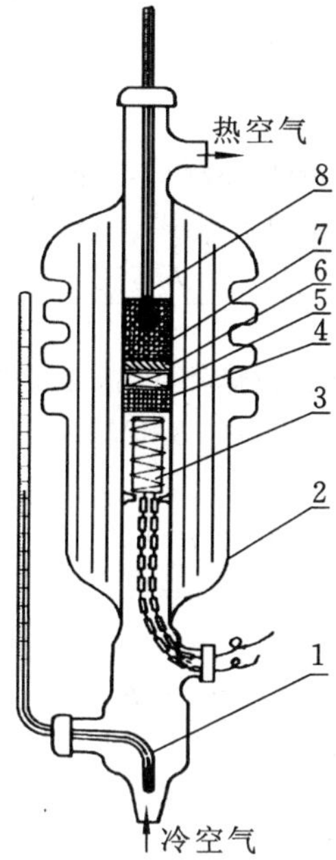

图 2.14　比热仪本体

1— 气体进口温度计；2— 杜瓦瓶；3— 加热丝；4— 均流网；5— 旋流片；6— 绝缘垫；7— 混流网；8— 气体出口温度计

(7) 比热仪出口温度 t_2 最高为 260 ℃。即可测 260 ℃ 以下的气体定压比热容。

注：实验时禁止超过 260 ℃，否则会损坏杜瓦瓶。

(8) 实验结束，先将加热功率下降至零（即断开加热器电源），让风机继续运行 10 ～ 15 min，待比热仪温度降低后再停止风机运行。

2.6.5　实验数据记录

实验数据记录表如表 2.11 所示。

表 2.11　实验数据记录表

序号	参数	公式及符号	单位	工况		
				1	2	3
1	加热器功率	Q	W			
2	大气压力	P_b	Pa			
3	流量计表压	Δh	mmH_2O			
4	10 L 气体流动所用时间	τ	s			
5	比热仪入口干球温度	t_1	℃			
6	比热仪入口湿球温度	t_{1w}	℃			
7	比热仪出口温度	t_2	℃			

2.6.6 数据处理

(1) 根据流量计出口空气的干球温度和湿球温度，确定空气的相对湿度，并根据焓湿图（见附录）确定含湿量 d($g/kg_{干空气}$)，并根据公式计算出水蒸气的容积成分：

$$r_w = \frac{d/622}{1+d/622} \tag{2.26}$$

(2) 电加热器消耗的电功率即为电加热器单位时间放出的热量：

$$Q = 3.6N \tag{2.27}$$

(3) 干空气质量流量：

$$G_g = \frac{pV}{R_g T_0} = \frac{(p_b + p_g)\times(1-r_w)(36/\tau)}{287(t_1+273.15)} \tag{2.28}$$

(4) 水蒸气质量流量：

$$G_w = \frac{pV}{R_w T_0} = \frac{(p_b + p_g)\times r_w(36/\tau)}{461.5(t_1+273.15)} \tag{2.29}$$

(5) 水蒸气吸收的热量：

$$Q_w = G_w \int_{t_1}^{t_2} (0.1101 + 0.0001167t)\,\mathrm{d}t \tag{2.30}$$

(6) 干空气的定压比热容：

$$c_{pm} = \frac{Q_g}{G_g(t_2 - t_1)} = \frac{Q - Q_w}{G_g(t_2 - t_1)} \tag{2.31}$$

式中 N—— 电加热器功率，W；

p_b—— 大气压力值，Pa；

p_g—— 流量计出口表压，Pa；

R_g—— 干空气的气体常数，J/(kg · K)；

R_w—— 水蒸气的气体常数，J/(kg · K)；

t_1—— 比热仪入口干球温度，℃；

t_2—— 比热仪出口干球温度，℃；

Q_g—— 单位时间内干空气吸收的热量，kJ/h；

Q_w—— 单位时间内水蒸气吸收的热量，kJ/h；

Q—— 电加热器单位时间放出的热量，kJ/h；

G_w—— 水蒸气质量流量，kg/h；

G_g—— 干空气质量流量，kg/h；

c_{pm}—— 干空气的定压比热容，kJ/(kg · K)。

(7) 将三种工况下的上述计算结果列入表 2.12 中。

表 2.12 实验结果计算表

工况	$(t_1+t_2)/2$(℃)	c_{pm}[kJ/(kg · K)]
1		
2		
3		

(8) 用作图法确定常数 a、b，其计算方程式则表示空气平均定压比热容与温度的关系(图 2.15)。作图法是以$(t_1+t_2)/2$ 为横坐标，c_{pm} 为纵坐标，则可根据不同温度范围内的平均比热容确定截距 a 和斜率 b，从而得到比热容随温度的变化的计算式。

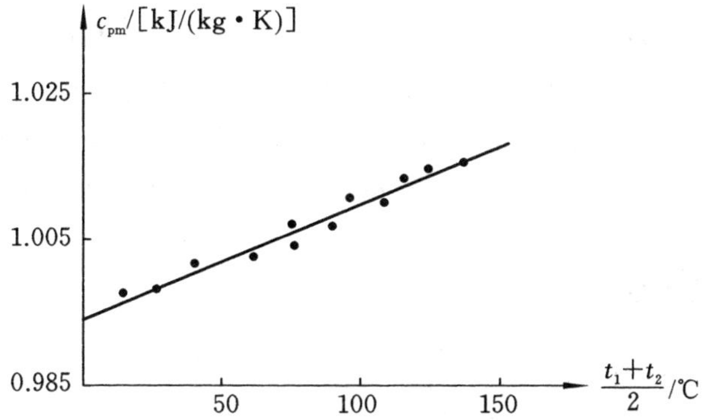

图 2.15　空气平均定压比热容与温度的关系

2.6.7　注意事项

(1) 切勿在无气流通过的情况下使电加热器投入工作，以免引起局部过热而损坏比热仪本体。

(2) 输入电加热器的电压不得超过 220 V，气体出口最高气温 $t_2 \leqslant 300$ ℃。

(3) 加热和冷却要缓慢进行，防止温度计和比热仪本体因温度变化过快而断裂。

(4) 停止实验时，应先切断电加热器，让风机继续运行 15 min 左右(温度较低时可适当缩短)。

2.6.8　问题讨论

(1) 在实验过程中，为什么需要保持气体的压力和体积恒定？这对测量比热容有何影响？

(2) 在实验过程中，如果电加热器的功率不稳定，会对实验结果产生什么影响？

(3) 在实验中，采用了哪些方法来减小实验误差？这些方法是否有效？

(4) 在实验中，可以观察到气体的温度变化与吸收或释放的热量之间存在线性关系。这是否意味着所有物质的温度变化与热量之间都存在线性关系？

2.6.9　实验报告要求

将数据表格绘制在实验报告中，并将实验所测数据记录到表格当中，根据数据处理要求进行计算和分析，并把计算的结果填入对应的表格中，对测试结果和计算结果进行误差分析，要求误差分析内容全面，可参考本书 1.1.1 节实验数据误差分析，最终对实验做出总结。

2.7 静水压力实验

流体静力学是研究流体在静止状态下的平衡规律及其在实际中应用的一门学科。静水压力是均质流体作用于一个物体上的压力，通过静水压力测定实验验证流体静力学基本方程式，加深对静水压强的理解和掌握，提高观察分析问题和学用结合的能力，对于确保供水安全、管道系统的长期稳定运行、保障消防设备正常运行等方面有着至关重要的意义。

2.7.1 实验目的

(1) 掌握用测压管测量流体静压强的技能；

(2) 验证不可压缩流体静力学基本方程；

(3) 测定另一种液体的密度或重度；

(4) 掌握 U 形管和连通管的测压原理，掌握运用等压面概念分析问题的能力，提高解决静力学实际问题的能力。

2.7.2 实验装置

本实验采用静水压强仪，实验设备示意图如图 2.16 所示。

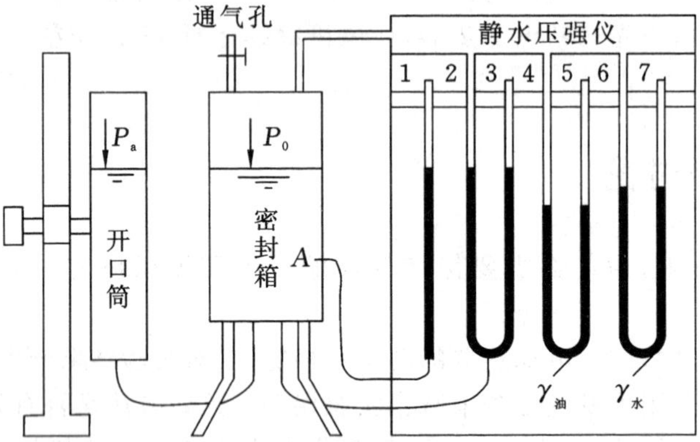

图 2.16 静水压强仪

2.7.3 实验原理

(1) 在重力作用下不可压缩流体静力学基本方程

$$z+\frac{P}{\rho g}=C \text{ 或 } P=P_0+\rho g h=\gamma h \tag{2.32}$$

式中 z——被测点相对基准面的位置高度，cm；

P——被测点的静水压强，Pa；
P_0——密闭水箱中液面的表面压强，Pa；
ρ——液体密度，g/cm^3；
C——常数；
γ——液体重度，N/m^3；
h——被测点液体深度，cm。

(2) 密闭水箱中任一点 A 的绝对压强测定原理

打开通气孔，使密封水箱与大气相通，则密封箱中表面压强 P_0 等于大气压强 P_a。根据等压面原理，那么开口筒水面、密封箱水面及连通管水面均应齐平。

关闭通气孔，将开口筒向上提升到一定高度。水由开口筒流向密封箱，并影响其他测压管。密封箱中空气的体积被压缩而压强增大。待稳定后，开口筒与密封箱两液面的高差即为压强差 $P_0-P_a=\gamma h$，这个水柱高度 h 也等于$\nabla_3-\nabla_2$、$\nabla_1-\nabla_2$及$\nabla_7-\nabla_6$，而 U 形管两液面的压差也应等于 P_0-P_a。

如果将开口筒向下降到一定高度，使其水面低于密封箱中的水面，则密封箱中的水流向开口筒。因此，密封箱中的空气体积增大而压强减小，此时 $P_0<P_a$，待稳定后，其压强差称为真空，以水柱高度表示即为真空度：

$$\frac{P_a-P_0}{\gamma}=\nabla_2-\nabla_3=\nabla_2-\nabla_1=\nabla_6-\nabla_7$$

按照以上原理，可以求得密封箱液体中任一点 A 的绝对压强 P'_A。设 A 点在密封箱水面以下的深度为 h_{0A}：

$$P'_A=P_0+\gamma h_{0A}=P_a+\gamma(\nabla_3-\nabla_2)+\gamma h_{0A} \tag{2.33}$$

(3) 另一种液体密度的测定原理

由于连通管和 U 形管反映着同一的压差，故有：

$$P_0-P_a=\gamma(\nabla_3-\nabla_2)=\gamma'(\nabla_5-\nabla_4)$$

由此可以求得另一种液体的重度 γ'：

$$\gamma'=\gamma\frac{\nabla_3-\nabla_2}{\nabla_5-\nabla_4} \tag{2.34}$$

2.7.4 实验方法与步骤

(1) 设置 $P_a=P_0$条件。打开通气孔，使密封水箱与大气相通，则密封箱中表面压强 P_0 等于大气压强 P_a。观察开口筒水面、密封箱水面及连通管水面是否相平齐。

(2) 设置 $P_0>P_a$条件。关闭通气孔，将开口筒向上提升到一定高度。水由开口筒流向密封箱，并影响其他测压管，密封箱中空气的体积被压缩而压强增大。待稳定后，观察开口筒、密封箱、测压管的位置高度以及 U 形管两液面的压差。将开口筒提升不同高度，重复实验两次。

(3) 设置 $P_0<P_a$条件。如果将开口筒向下降到一定高度，使其水面低于密封箱中的水面，则密封箱中的水流向开口筒。因此，密封箱中的空气体积增大而压强减小，形成真空。

待稳定后，观察开口筒、密封箱、测压管的位置高度以及U形管两液面的压差。将开口筒下降不同高度，重复实验两次。

2.7.5 实验数据记录

实验数据记录如表2.13所示。

表2.13 测压管高度测量记录

名称		测压管液面高度							
液面高程		∇_1	∇_2	∇_3	∇_4	∇_5	∇_6	∇_7	h_{0A}
单位		cm	cm	cm	cm	cm	cm	cm	cm
$P_0>P_a$	1								
	2								
$P_0<P_a$	1								
	2								

2.7.6 数据处理

数据处理如表2.14所示。

表2.14 静水压力数据计算表

序号	项目	$P_0>P_a$		$P_0<P_a$		单位
		1	2	1	2	
1	$\nabla_1-\nabla_2=\nabla_3-\nabla_2=\nabla_7-\nabla_6$					cm
2	$P_0=P_a+\gamma(\nabla_3-\nabla_2)$					Pa
3	$P_A=\gamma[(\nabla_1-\nabla_2)+h_{0A}]$					Pa
4	$P'_A=P_a+P_A$					Pa
5	$P_0-P_a=\gamma(\nabla_3-\nabla_2)=\gamma'(\nabla_5-\nabla_4)$					Pa
6	γ'					N/m^3

举例：

当$P_0>P_a$时，测得实验数据：$\nabla_1=29.3$ cm，$\nabla_2=25.9$ cm，$\nabla_3=29.3$ cm，$\nabla_4=27.4$ cm，$\nabla_5=31.1$ cm，$h_{0A}=6.4$ cm。

(1) $\nabla_1-\nabla_2=\nabla_3-\nabla_2=29.3-25.9=3.4$ cm

(2) $P_0=P_a+\gamma(\nabla_3-\nabla_2)=101325+9800\times3.4\times10^{-2}=101658.2$ Pa

(3) $P_A=\gamma[(\nabla_1-\nabla_2)+h_{0A}]=9800\times(3.4+6.4)\times10^{-2}=960.4$ Pa

(4) $P'_A=P_a+P_A=101325+960.4=102285.4$ Pa

(5) $P_0-P_a=\gamma(\nabla_3-\nabla_2)=\gamma'(\nabla_5-\nabla_4)=9800\times3.4\times10^{-2}=333.2$ Pa

(6) $\gamma' = \gamma \dfrac{\nabla_3 - \nabla_2}{\nabla_5 - \nabla_4} = 9800 \times \dfrac{3.4}{31.1 - 27.4} = 9005\ \text{N/m}^3$

同理计算 $P_0 < P_a$时，静水压力各项数据结果。

2.7.7 注意事项

(1) 首先检查密封箱是否漏气。

(2) 开口筒向上提升时不宜过高，在升降开口筒后，一定要用手拧紧左边的固定螺丝，以免开口筒向下滑动。

2.7.8 问题讨论

(1) 哪几根测压管液面始终与密闭水箱同高？

(2) 测压管 1、3、5、7 液面，是不是等压面，为什么？

(3) 相对压强与绝对压强、相对压强与真空度之间有什么关系？测压管能测量何种压强？

2.7.9 实验报告要求

将数据表格绘制在实验报告中，并将实验所测数据记录到表格当中，根据数据处理要求进行计算和分析，并把计算的结果填入对应的表格中，对测试结果和计算结果进行误差分析，要求误差分析内容全面，可参考本书 1.1.1 节实验数据误差分析，最终对实验做出总结。

2.8 流态、流线演示实验

流态、流线是流体力学中的重要概念，流态描述了流体的运动状态，流线描述了流体在运动过程中的轨迹。流态、流线演示实验是一种常见的实验方法，通过观察流体在特定条件下的流动情况，可以揭示流体流动的规律和特性，这对于在实际工程中计算和评估管路系统、泵、风机等设备中能量消耗，优化设计和设备选择，以及节能减排、降低阻力、提高效率有着重要的作用。通过本实验，可以透过直观可视、生动形象的流场显示现象，加深对流体运动现象的感性认识。

2.8.1 实验目的

(1) 了解微气泡示踪法流动可视化方法。

(2) 观察渠管道流的流动图形、卡门涡街、弯道二次流及突扩、突缩的流线变化等。

(3) 观察绕机翼(大冲角与小冲角)、绕圆柱体(有环量与无环量)等流谱。

2.8.2 实验装置

实验设备及其各部分名称如图 2.17 和图 2.18 所示。该设备以气泡为示踪介质，以透明平板间狭缝流道为流动显示面。在狭缝流道中设有特定边界流场，用以显示内流、外流、射流等多种流动图谱。如图 2.17 所示，水流自蓄水箱经掺气后由水泵驱动流到显示板，再通过两边的回水流道流回到蓄水箱。水流流经显示板时，因掺气夹带的无数小气泡，在仪器内的荧光灯照射和显示面底板的衬托下，发出明亮的折射光，清楚地显示出小气泡随水流流动的图像。由于气泡的粒径大小、掺气量的多少可由掺气量调节阀任意调节，故能调节小气泡使其相对水流流动具有足够的跟随性。显示板设计成多种不同形状边界，整套设备由型号为 ZL-1～ZL-7 的七台独立自循环仪器组成，配以不同的流动显示面(图 2.19)，流动图像可以形象地显示出不同边界，包括分离、尾流、旋涡等多种流动形态及其水流内部质点的运动特性。

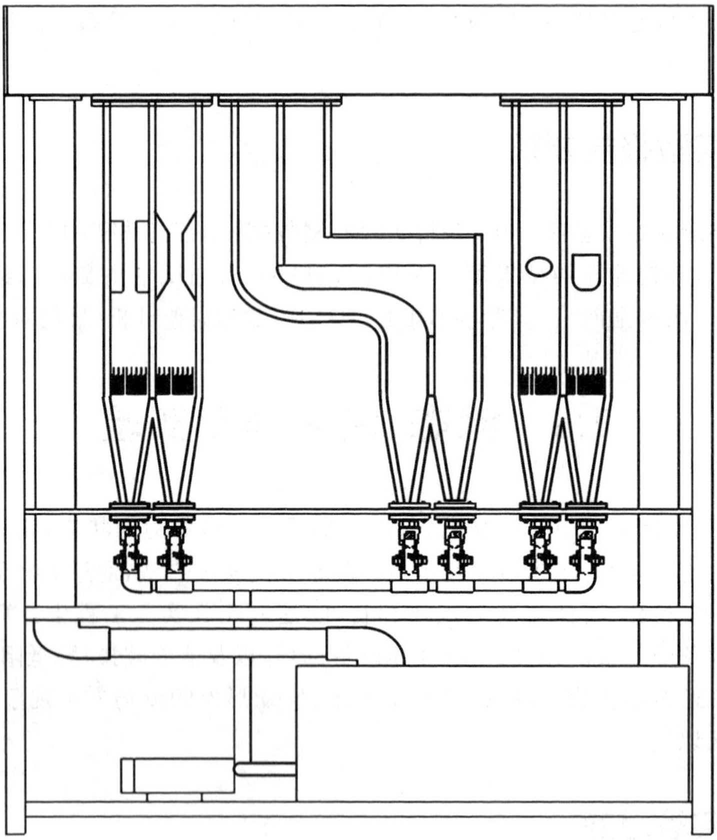

图 2.17 漩涡仪装置示意图

烟气流线仪是一种专门用于烟流显示的设备，如图 2.20 所示。

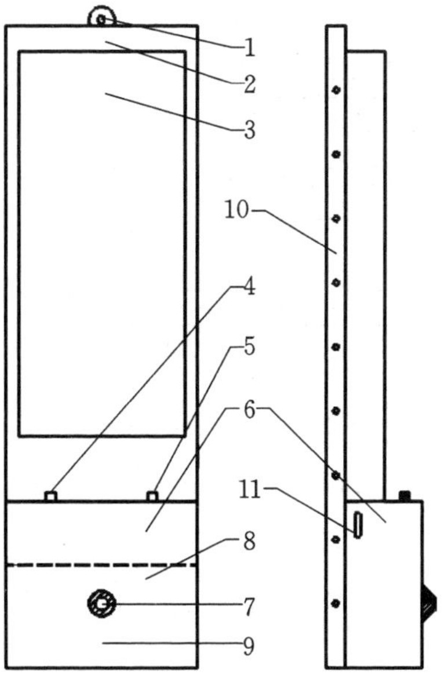

图 2.18 流动现象演示实验设备结构示意图

1—挂孔；2—彩色有机玻璃面罩；3—不同边界的流动显示面；4—加水孔孔盖；5—掺气量调节阀；6—蓄水箱；7—可控硅无级调速旋钮；8—电器、水泵室；9—标牌；10—铝合金框架后盖；11—水位观测窗

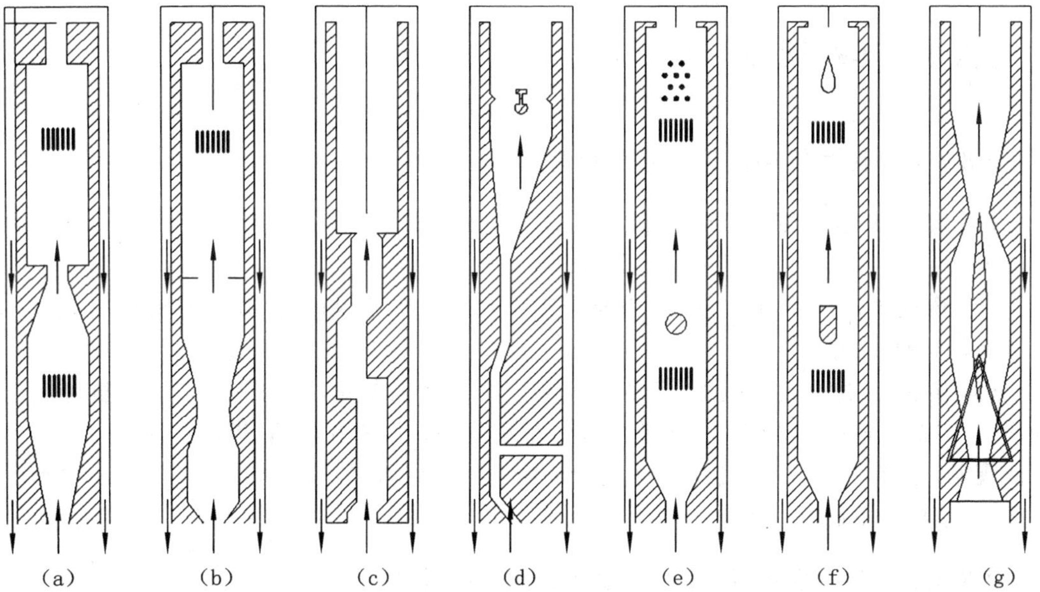

图 2.19 流动现象演示实验设备显示面过流道布置图

(a) ZL-1；(b) ZL-2；(c) ZL-3；(d)ZL-4；(e) ZL-5；(f) ZL-6；(g)ZL-7

烟气流线仪形式是实验段为矩形截面的二元闭口直线式风洞，由于抽风机抽风作用，空气经过铜丝网进入收缩段与稳定段。然后从二元喷管处进入实验段。在喷口处安装梳状管，烟从小管中流入风洞随气流一起流过实验段及模型形成流线谱再从打孔的隔板进入接

收槽，在槽壁上装有抽风的离心风机将烟气抽排出。

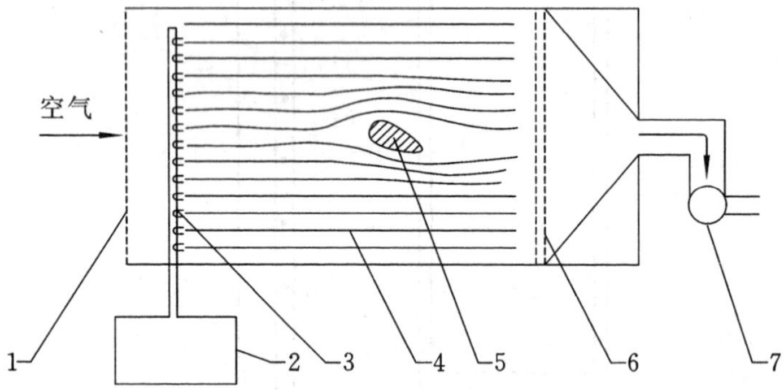

图 2.20　烟气流线仪装置示意图

1,6—整流网；2—发射器；3—梳状导管；4—烟线；5—模型；7—抽风机

烟气流线仪的发烟器是一密封容器，在底部装有电加热器，顶上有注油器，不断供油给发烟器，电炉加热使油进行不完全的燃烧，产生大量的浓烟。在风洞排气管中引一分支到发烟器部分，排出的气由分叉管进入发烟器，使其中压强升高，烟就靠此压强进入梳状管喷出。由此可见输送到梳状管的烟是根据烟风洞中流速而自动调节的。烟从梳状管流出后就变成互相有一定距离的一条条细的流线，这些细的流线在流过实验段全部过程中始终保持着相互间已定距离，遇到模型就形成流线谱。为支撑实验模型并调节位置，在烟风洞下装有可调节机构。

2.8.3　实验原理

2.8.3.1　旋涡仪中流态、流线的观察

(1) 圆柱体，其尾流产生交叉排列，转动方向相反，周期性的旋涡成对出现，是无规则的紊流流动。

(2) 弯道流，当液体流经 90°拐角时会产生二次流和旋涡区，而拐角过渡的管道就不产生旋涡，能量损失小。

(3) 突扩、突缩和逐渐收缩、逐渐扩大流道中流线的变化，突缩流道可以看到流线呈抛物线形，突扩流道可以看到一个大旋涡和一个小旋涡。而逐渐收缩、逐渐扩大流道中流线无扭曲现象，尾流只有一个大旋涡。这组的旋涡有时顺时针转，也可能对称出现，是典型的紊流流动，结构很不稳定。

2.8.3.2　流动现象演示实验设备流态、流线的观察

接通电源，流速调到最大，逆时针关闭掺气量调节阀，等待 1～2 min，待流道内充满水体后，再开启图 2.18 中阀门进行掺气实验。

(1) ZL-1 型流动演示仪[图 2.19(a)]

ZL-1 型流动演示仪用于显示逐渐扩散、逐渐收缩、突然扩大、突然收缩、壁面冲击、直角弯道等平面上的流动图像，模拟串联管道纵剖面流谱。

在逐渐扩散段可看到由边界层分离而形成的旋涡，在靠近上游喉颈处，流速越大，涡旋尺度越小，湍动强度越高；而在逐渐收缩段，流动无分离，流线均匀收缩，无旋涡，由此可知，逐渐扩散段局部水头损失大于逐渐收缩段。

在突然扩大段出现较大的旋涡区；在突然收缩段上，只在死角处和收缩断面的进口附近出现较小的旋涡区。表明突扩段比突缩段有更大的局部水头损失（缩扩的直径比大于0.7时例外），而且突缩段的旋涡主要发生在突缩断面之后，所以水头损失也主要产生在突缩断面之后。

由于本仪器突缩段较短，也可理解为直角进口管嘴的流动。在管嘴进口附近，流线明显收缩，并有旋涡产生，致使有效过流断面减小，流速增大，从而在收缩断面出现真空。

在直角弯道和水流冲击壁面段，也有多处旋涡区出现。尤其在弯道流动中，流线弯曲更剧烈，越靠近弯道内侧流速越小。在近内壁处，出现明显的回流，所形成的回流范围较大。将直角弯道与ZL-2型中圆角弯道流动对比，可以看出圆角弯道旋涡范围较小，流动较顺畅，表明圆角弯道比直角弯道水头损失小。

旋涡的大小和湍动强度与流速有关，这可以通过调节流量来观察对比。当流量减小，渐扩段流速较小，其湍动强度也较小，这时可看到在整个扩散段有明显的单个大尺度旋涡。反之，当流量增大时，单个尺度旋涡随之破碎，形成无数个小尺度的旋涡，流速越高，湍动强度越大，旋涡尺度越小。据此清楚表明：旋涡尺度随湍动强度增大而变小，水质点间的内摩擦加强，水头损失增大。

(2) ZL-2型流动演示仪[图2.19(b)]

ZL-2型流动演示仪用于显示文丘里流量计、孔板流量计、圆弧进口管嘴流量计及壁面冲击、圆弧形弯道等串联流道纵剖面上的流动图像。

由图像可见，文丘里流量计的过流顺畅，流线顺直，无边界层分离和旋涡产生。在孔板前，流线逐渐收缩，汇集于孔板的过流孔口处，孔板后的水流并不是马上扩散，而是继续收缩至最小断面，称为收缩断面。在收缩断面以前，只在拐角处有小旋涡出现。在收缩断面后，水流才开始扩散。扩散后的水流犹如突然扩大管的流动那样，在主流区周围形成强烈的旋涡回流区。由此可知，孔板流量计的过流阻力远比文丘里流量计的大。圆弧进口管嘴流量计入流顺畅，管嘴过流段上无边界层分离和旋涡产生。

由上述内容可以了解三种流量计结构、优缺点及其用途。文丘里流量计由于水头损失小而广泛地应用于工业管道上测量流量。孔板流量计结构简单，测量精度高，但水头损失很大。圆弧形管嘴出流的流量因数（0.9～0.98）大于直角进口管嘴出流的流量因数（约为0.82），说明圆弧形管嘴进口流线顺畅，水头损失小。

利用流量计的过流特点可拓展流量计的用途。例如，孔板作为流量计损失大是缺点，但利用孔板消能又是优点。如黄河小浪底电站，在有压隧洞中设置了五道孔板式消能工。其消能机理就是利用了孔板水头损失大的原理，使泄洪的余能在隧洞中消耗，从而解决了泄洪洞出口缺乏消能条件时的工程问题。又如，应用圆弧形管嘴进口损失小的原理，在工程上设计逐渐收缩的喇叭形取水口，优化取水口体形。

(3) ZL-3型流动演示仪[图2.19(c)]

ZL-3型流动演示仪用于显示30°弯头、直角圆弧弯头、直角弯头、45°弯头及非自由射流等流段纵剖面上的流动图像。

由图像可见，在每一道转弯的后面，都因为边界条件的改变而产生边界层分离，从而产生旋涡。转弯角度不同，旋涡大小、形状各异，水头损失也不一样。在圆弧转弯段，由于受离心力的影响，主流偏向凹面，凸面流线脱离边壁形成回流。该流动还显示局部水头损失叠加影响的图谱。

在非自由射流段，射流离开喷口后，不断卷吸周围的液体，形成两个较大的旋涡，产生强烈的湍动，使射流向外扩散。由于两侧边壁的影响，可以看到射流的“附壁效应”现象，此“附壁效应”对壁面的稳定性有着重要的作用。若把喷口后的中间导流杆当作天然河道里的一侧河岸，则由水流的附壁效应可以看出，主流沿河岸高速流动，该河岸受水流的严重冲刷；而在主流的外侧，水流产生高速回旋，使另一侧河岸也受到局部淘刷；在喷口附近的回流死角处，因为流速小，湍流强度小，则可能出现泥沙的淤积。

(4) ZL-4 型流动演示仪[图 2.19(d)]

ZL-4 型流动演示仪用于显示弯道、分流、合流、YF-溢流阀、闸阀及蝶阀等流段纵剖面上的流动图像。其中 YF-溢流阀固定，为全开状态，蝶阀活动可调。

由图像可见，在转弯、分流、合流等过流段上，有不同形态的旋涡出现。合流旋涡较为典型，明显干扰主流，使主流受阻，在工程上称之为“水塞”现象。为避免“水塞”，给水排水技术要求合流时用 45°三通连接。闸阀半开，尾部旋涡区较大，水头损失也大。蝶阀全开时，过流顺畅，阻力小；半开时，尾涡湍动激烈，表明阻力大且易引起振动。蝶阀通常作检修用，故只允许全开或全关。

YF-溢流阀是压力控制元件，广泛用于液压传动系统。其主要作用是防止液压系统过载，保护泵和油路系统的安全，以及保持油路系统的压力恒定。YF-溢流阀的流动介质通常是油，本装置流动介质是水。该装置能十分清晰地显示阀门前后的流动形态：高速流体经阀口喷出后，在阀芯的大反弧段发生边界层分离，出现一圈旋涡带；在射流和阀道的出口处，也产生一较大的旋涡环带。在阀后，尾迹区大而复杂，并有随机的卡门涡街产生。经阀芯芯部流过的小股流体也在尾迹区产生不规则的左右扰动，调节过流量，旋涡的形态仍然不变。该阀门在工作中，由于旋涡带的存在，必然会产生较激烈的振动，尤其是阀芯反弧段上的旋涡带，影响更大。由于高速湍动流体的随机脉动，引起旋涡区真空度的脉动，这一脉动压力直接作用在阀芯上，引起阀芯的振动，而阀芯的振动又作用于流体的脉动和旋涡区的压力脉动，因而引起阀芯的更激烈振动。这显然是一个很重要的振源，而且这一旋涡环带还可能引起阀芯的空蚀破坏。

(5) ZL-5 型流动演示仪[图 2.19(e)]

ZL-5 型流动演示仪用于显示明渠逐渐扩散，单圆柱绕流、多圆柱绕流及直角弯道等流段的流动图像。圆柱绕流是该型演示仪的特征流谱。

由图像可见，对于单圆柱绕流时流体在驻点的停滞现象、边界层分离状况、分离点位置、卡门涡街的产生与发展过程以及多圆柱绕流时的流体混合、扩散、组合旋涡等流谱，现分述如下。

a. 驻点

观察流经圆柱前驻点的小气泡，可以看出流动在驻点上明显停滞，流速为零，表明在驻点处动能全部转化为压能。

b. 边界层分离

水流在驻点受阻后，被迫向两边流动，此时水流的流速逐渐增大，压强逐渐减小，当水流流经圆柱体的轴线位置时，流速达到最大，压强达到最小；当水流继续向下游流动时，在靠近圆柱尾部的边界上，主流开始与圆柱体分离，称为边界层的分离。边界层分离后，在分离区的下游形成回流区，称为尾涡区。尾涡区的长度和湍动强度与来流的雷诺数有关，雷诺数越大，湍动越强烈。

边界层分离常伴随着旋涡的产生，引起较大的能量损失，增加液流的阻力。边界层分离后会产生局部低压，以至于有可能出现空化和空蚀破坏现象。因此，边界层分离是一个很重要的现象。

c. 卡门涡街

边界层分离以后，如果雷诺数增加到某一数值，就不断交替地在圆柱尾部两侧产生旋涡并流向下游，形成尾流中的两条涡列，一列中某一旋涡的中心恰好对着另外一列中两个旋涡之间的中点，尾流中这样的两列旋涡称为“涡街”，也叫冯·卡门(Von Karman)涡街(简称卡门涡街)。旋涡的能量由于流体的黏性会逐渐消耗掉，因此在流过一定距离以后，旋涡就逐渐衰减而最终消失了。

对卡门涡街的研究，在工程实际中有很重要的意义。卡门涡街可以使柱体产生一定频率的横向振动。若该频率接近柱体的固有频率，就可能产生共振。例如，在大风中电线发出的响声就是由于振动频率接近电线的固有频率，产生共振现象而发出的；潜艇在行进中，潜望镜会发生振动；高层建筑(高烟囱等)、悬索桥等在大风中会发生振动，其根源均出于卡门涡街。为此，在设计中应予重视。

卡门涡街的频率与管流的过流量有关。可以利用卡门涡街频率与流量之间的关系，制成涡街流量计。其方法是在管路中安装一旋涡发生器和检测元件，通过检测旋涡的频率信号，根据频率和流量的关系就可测出管道的流量。

d. 多圆柱绕流

多圆柱绕流被广泛用于热工传热系统的“冷凝器”及其他工业管道的热交换器等。流体流经圆柱时，边界层内的流体和柱体发生热交换，柱体后的旋涡则起混掺作用，然后流经下一柱体，再交换再混掺，换热效果较佳。另外，对于高层建筑群，也有类似的流动图像，即当高层建筑群承受大风袭击时，建筑物周围也会出现复杂的风向和组合气旋，这应引起建筑师的关注。

(6) ZL-6 型流动演示仪[图 2.19(f)]

ZL-6 型流动演示仪用于由下至上依次演示明渠渐扩、桥墩形钝体绕流、流线体绕流、直角弯道和正、反流线体绕流等流段上的流动图谱。

桥墩形柱体为圆头方尾的钝形体，水流脱离桥墩后，在桥墩的后部形成卡门涡街。该图谱说明了非圆柱绕流也会产生卡门涡街，例如，我国自行设计与建造的南京长江大桥在桥墩的施工过程中，方形沉井曾在卡门涡街的影响下产生较大的振动，一度出现重达几千吨的沉井来回飘移摆动的现象，粗达 40 mm 的锚索多次发生绷断多根的险情。对比观察圆柱形绕流与钝体绕流可见：前者的涡街频率 f 在雷诺数 Re 不变时也不变；而后者的涡街频率具有较明显的随机性，即使 Re 不变频率也随机变化。因此说明了圆柱形绕流频率可由公式计算,而非圆柱形绕流频率一般不能计算的原因。

绕流体后的卡门涡街会引起振动,绕流体振动的问题是工程上极为关心的问题。解决绕流体振动、避免共振的主要措施有:改变流速或流向,以改变卡门涡街的频率或频率特性;或者改变绕流体结构形式,以改变绕流体的自振频率,避免共振。

流线体绕流:这是绕流体的最好形式,流动顺畅,形体阻力最小,无旋涡。又从正、反流线体的对比流动显示可见,当流线体倒置时,出现卡门涡街。因此,为使过流平稳,应采用顺流而放的圆头尖尾形(水滴形)流线体。

(7) ZL-7 型流动演示仪[图 2.19(g)]

ZL-7 型流动演示仪是一具"双稳放大射流阀"流动原理显示仪。经喷嘴喷射出的射流可附于任一侧面,即产生射流附壁现象。射流附壁现象主要原因是受射流两侧的压强差作用,附壁一侧流速大、压强低,另一侧压强大。若先附于左壁,则射流右侧压强大于左侧的,如图 2.19(g)所示,射流沿左通道流动,并向右出口输出;当旋转仪器表面控制圆盘,使左气道(图中虚线所示)与圆盘气孔相通时(通大气),因大气压作用,使射流左侧压强大于右侧的,因而被切换至右壁,流体从左出口输出。这时若再转动控制圆盘,使左、右气道均关闭,切断气流,射流仍能稳定于右通道不变。如果把射流当作一个大信号,把气流当作一个小信号,即表明只要射流的附壁一侧获得一个气流小信号(控制信号),便能向另一通道输出一个大信号(射流),且以输出信号的通道位置把脉冲小信号记忆下来。这种射流装置称为双稳放大射流阀。射流控制系统就是由类似的一系列不同功能的射流部件组成的。单稳、双稳、"或门"、"非门"等每个单一功能的射流部件,也称为射流元件。因此,双稳放大射流阀也称为双稳射流控制元件。根据射流的附壁现象可以制作各种射流元件,并可把它们组成自动控制系统或自动监测系统。

2.8.3.3 烟气流线仪中流态、流线的观察

在洁净的空气中引入烟,由肉眼便可以观察到烟流在空气中的流动图案,这就是烟流法。它在流体力学实验中是常用的流动显示技术之一。在定常流动中,流线与迹线相重合,因而气流中烟流的迹线就代表了气流的流线。

研究流体力学不仅要研究流体与物体的相互作用,而且要研究其流动过程的特性。获得流动图像(谱)有助于正确了解绕流过程中的物理现象,据此建立流体力学研究中合理的"模型"。找出某种绕流物体形状的缺点,并对其做适当的修正。流线谱可以看出绕流破坏的实际情况,绕流的破坏会引起空气动力特性恶化,这是应尽量避免的。研究流线谱还便于发现新问题和创造新理论,从理论上来解释发生的现象。

2.8.4 实验步骤

2.8.4.1 旋涡仪的操作步骤

(1) 检查:首先检查各调节阀、进气口是否处于关闭状态。

(2) 启动水泵,逐个开启各调节阀,调节各进气口,使水量和进气量合适。一般应使导

流条中的水流速度均匀分布，气泡分布均匀，气泡大小合适。水流过小：不能产生负压，形不成进气而产生气泡。水流过大：导流条的中心流量大，两侧流量小，不均匀。进气量过小：形成的气泡很少很小，效果不明显。进气量过大：形成的气泡很多很大，效果不好。

(3) 在合适的流量下，分别进行观察、比较、分析。

(4) 分别调节水流大小、进气量大小，观察其内部的变化情况。

(5) 关闭时，先关闭各进气口，再关闭各阀门，再停泵。

(6) 如果想排净流道内的水，可在停泵的状况下，打开各调节阀。

2.8.4.2 烟气流线仪的操作步骤

(1) 熟悉烟风洞构造，装上所需观察模型。

(2) 打开照明及电炉开关，待发烟器中充满浓烟则开动抽风马达形成流线。

(3) 观察流线图像(谱)并绘下图形。

(4) 当发现烟气浓度极大而引起颤动或倾斜时，应及时关闭电炉，避免油被完全燃烧而引起爆炸。

(5) 实验完毕排除烟气，恢复设备至实验前状态。

2.8.5 注意事项

(1) 打开或关闭进水阀门的过程要慢，避免突开突关。

(2) 在合适的进水流量情况下才会出现一些典型的流谱，因此避免进水流量过大或过小。

2.8.6 问题讨论

(1) 在定常流动中，演示设备中的有色线是流线还是迹线?

(2) 叙述卡门涡街形成的过程并分析其产生的原因。

2.8.7 实验报告要求

根据测试结果将流态、流线的图形绘制在实验报告中，对测试结果进行误差分析，要求误差分析内容全面，可参考本书 1.1.1 节实验数据误差分析，最终对实验做出总结。

2.9 点流速测定实验

流速是流体力学中一个重要参数，对于研究流体力学的运动规律和性质具有重要意义，实验室常用毕托管测量流体点流速。毕托管也称皮托管或空速管，它是 1730 年由法国工程师亨利·毕托(Henri Pitot)首创，后来经过 200 多年的技术改进，目前已有几十种形式。毕托管具有结构简单,使用、制造方便,价格便宜,测量精度高,稳定性好,应用广泛等优点,利用毕托管测定点流速能够测得流体总压和静压之差。

2.9.1 实验目的

(1) 通过管嘴淹没出流点流速系数的测量,掌握用毕托管测量点流速的技能。

(2) 了解毕托管的构造和适用性,并检验其测量精度。

(3) 分析管嘴淹没射流的点流速分布及点流速因数的变化规律。

2.9.2 实验原理

毕托管是一种借测量流体总压力与静压力之差值来计算流速的仪器,有两根细管。一管孔口正对液流方向,90°转弯后液流的动能转化为势能;而另一根管开口方向与液流方向垂直,只感应到液体的压力,根据两管液面的压差就可以测出该处的流速。测量范围水流速度为 0.2~2 m/s,气流速度为 1~60 m/s。形状结构如图 2.21 所示。

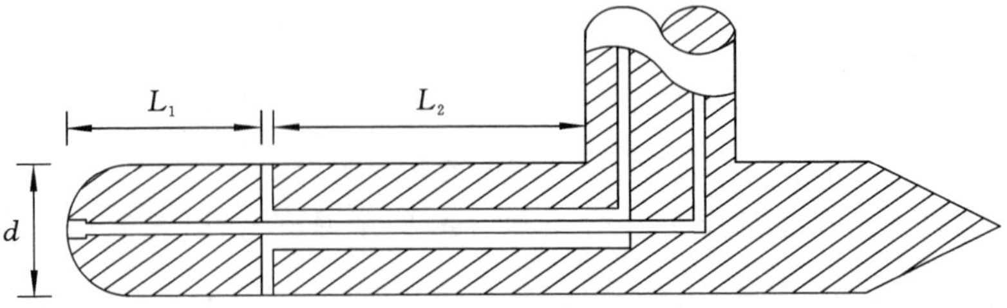

图 2.21 毕托管结构图

毕托管测速原理如图 2.22 所示。它是一根两端开口的 90°弯针管,下端垂直指向上游,另一端竖直,并与大气相通。

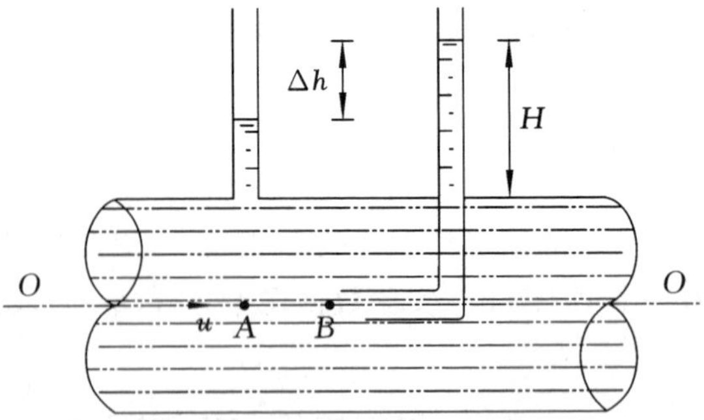

图 2.22 毕托管测速原理图

沿流线取相近两点 A、B,点 A 在未受毕托管干扰处,流速为 u,点 B 在毕托管管口驻点处,流速为零。流体质点自点 A 流到点 B,其动能转化为位能,使竖管液面升高,超出静压强为Δh 水柱高度。列沿流线的伯努利方程,忽略 A、B 两点间的能量损失,有

$$0+\frac{P_1}{\rho g}+\frac{u^2}{2g}=0+\frac{P_2}{\rho g}+0 \tag{2.35}$$

$$\frac{P_2-P_1}{\rho g}=\Delta h \tag{2.36}$$

由此可得

$$u=\sqrt{2g\Delta h} \tag{2.37}$$

考虑到水头损失及毕托管在生产中的加工误差，由上式得出的流速须加以修正。测点的流速表达式为：

$$u=c\sqrt{2g\Delta h}=k\sqrt{\Delta h} \tag{2.38}$$

$$k=c\sqrt{2g} \tag{2.39}$$

式中 u——毕托管测点处的点流速，m/s；

c——毕托管的校正系数；

Δh——毕托管全压水头与静压水头差，m。

$$u=\varphi'\sqrt{2g\Delta H} \tag{2.40}$$

联立式(2.38)、式(2.40)可解得

$$\varphi'=c\sqrt{\Delta h/\Delta H} \tag{2.41}$$

式中 u——测点处流速，由毕托管测定，m/s；

φ'——测点流速系数；

Δh——管嘴的作用水头，m。

2.9.3 实验装置

本实验采用的两种实验装置均可测定点流速，分别是点流速测定装置和数据采集型流体力学综合实验台。

(1) 点流速测定装置

点流速测定装置如图 2.23 所示。经淹没管嘴，将高低水箱水位差的位能转换成动能，并用毕托管测出其点流速值。测压计的测压管 a、b 用以测量低水箱位置水头，测压管 c、d 用以测量毕托管的全压水头和静压水头，水位调节阀用以改变测点的流速大小。

(2) 数据采集型流体力学综合实验台

数据采集型流体力学综合实验台如图 2.24 所示。

点流速实验管如图 2.25 所示：主管长 1100 mm，管内径 14 mm。

2.9.4 实验方法与步骤

2.9.4.1 点流速测定装置实验步骤

(1) 准备实验

① 熟悉实验装置各部分名称、作用性能，搞清构造特征、实验原理。

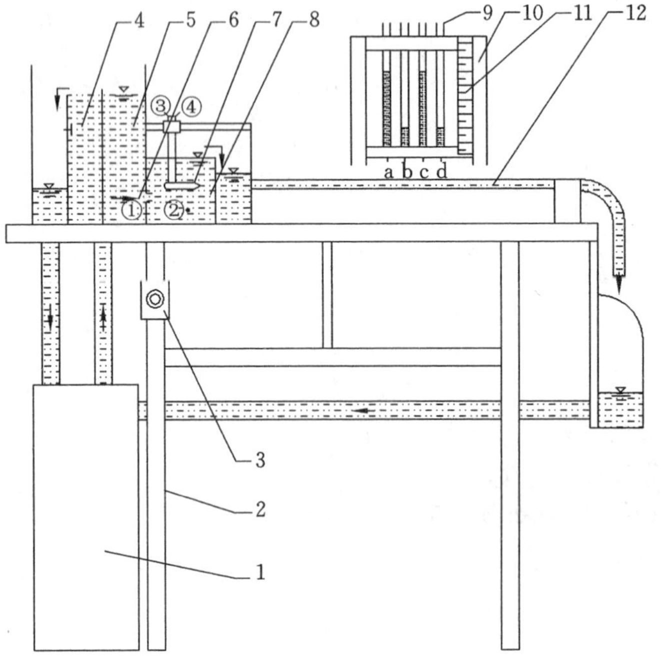

图 2.23　点流速测定装置

1—自循环供水箱；2—实验台；3—可控硅无级调速器；4—水位调节阀；5—恒压水箱与测压点①；6—管嘴；7—毕托管与测压点③、④；8—尾水箱与测压点②；9—测压管 a、b、c、d；10—测压计；11—滑动测量尺；12—上回水管

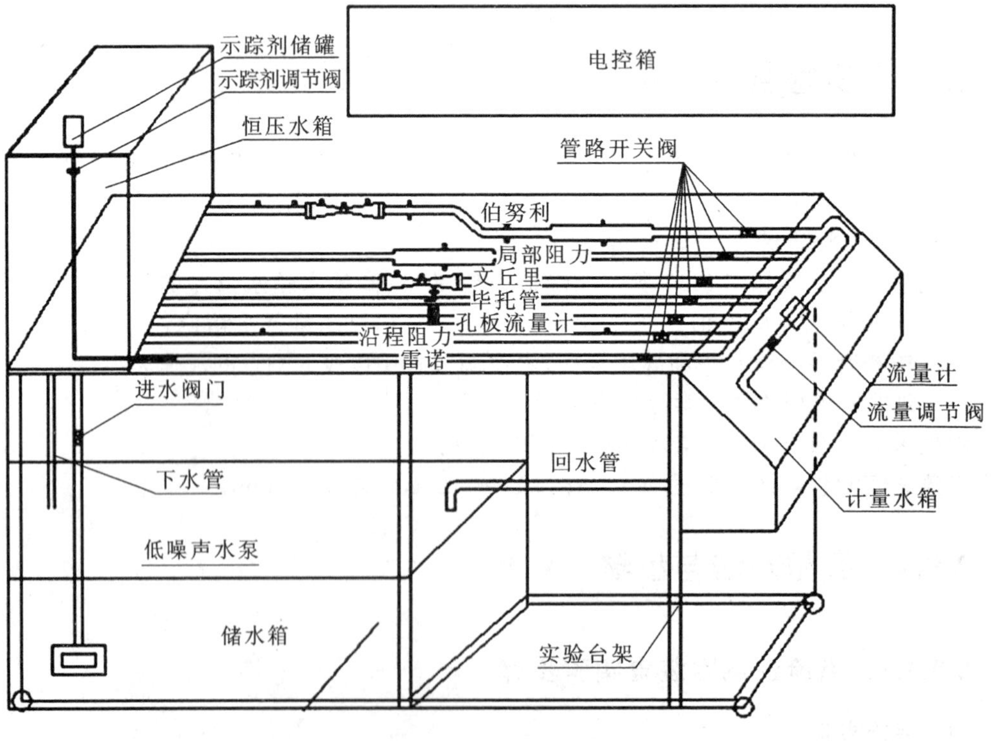

图 2.24　数据采集型流体力学综合实验台

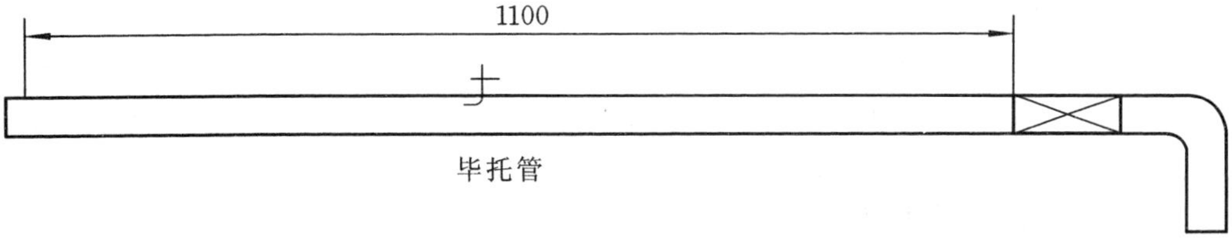

图 2.25 点流速实验管结构示意图

② 用医塑管将上、下游水箱的测点分别与测压计中的测管 a、b 相连通。

③ 将毕托管对准管嘴，距离管嘴出口处约 2 cm，上紧固定。

(2) 开启水泵：将流量调节到最大。

(3) 排气：待上下游溢流后，用吸气球(如医用洗耳球)放在测压管口部抽吸，排除毕托管及各连通管中的气体，检查测压计液面是否齐平，液面不齐平可能是空气没有排尽，必须重新排气。

(4) 测记各有关常数和实验参数，填入实验表格。

(5) 改变流速：使溢流量适中，共可获得三个不同恒定水位与相应的不同流速。改变流速后，按上述方法重复测量。

(6) 完成下述实验项目

① 分别沿垂向和沿流向改变测点的位置，观察管嘴淹没射流的流速分布。

② 在有压管道测量中，管道直径相对毕托管的直径在 6～10 倍时，误差在 2%以上，不宜使用。试将毕托管头部伸入管嘴中，予以验证。

(7) 实验结束时，按上述(3)的方法检查毕托管测压计是否齐平。

2.9.4.2 数据采集型流体力学综合实验台实验步骤

(1) 点击主界面的毕托管实验，进入毕托管实验装置操作界面，如图 2.26 所示。

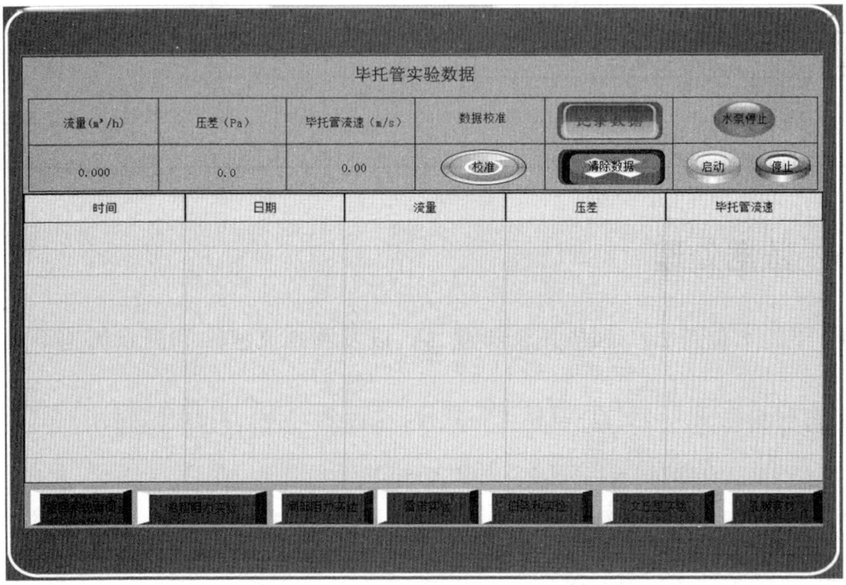

图 2.26 毕托管实验装置操作界面

(2) 打开点击数据校准按钮,对数据进行校准。

(3) 确保流量计的电源接通,观察流量计的显示状况。

(4) 保持其他实验管路开关阀关闭,打开毕托管管路开关阀,打开流量调节阀,并缓慢调节至一定流量,让水流经实验管路。

(5) 观察流量计示数和压差计示数变化;待流量计示数和压差计示数稳定后,点击数据记录按钮记录实验数据。

(6) 逐渐调大流量调节阀,重复步骤(5),总共取 5～10 组数据。

(7) 关闭测试管路的阀门。点击返回系统画面按钮回到主界面。

2.9.5 实验数据记录

点流速测定实验记录和计算表见表 2.15。

校正系数 $c=$ ________,$k=$ ________ $cm^{0.5}/s$。

表 2.15 点流速测定实验记录和计算表

实验次序	上、下游水位差/cm			毕托管水头差/cm			测点流速 u	测点流速系数 φ'
	H_1	H_2	ΔH	h_3	h_4	Δh		
1								
2								
3								
4								
5								
6								
7								
8								
9								
10								

2.9.6 数据处理

计算上、下游水位差 ΔH 和毕托管压差 Δh,以及测点流速 u 和测点流速系数 φ'。

举例:

实验测得数据:$c=0.996$,$H_1=46.3$ cm,$H_2=17.6$ cm,$h_3=45.4$ cm,$h_4=17.5$ cm

(1) $k=c\sqrt{2g}=0.996\times\sqrt{2\times 9.8\times 100}=44.09\ cm^{0.5}/s$

(2) $\Delta H=H_1-H_2=46.3-17.6=28.7$ cm;

(3) $\Delta h=h_3-h_4=45.4-17.5=27.9$ cm;

(4) $u=c\sqrt{2g\Delta h}=0.996\times\sqrt{2\times 9.8\times 27.9\times 0.01}=2.33$ m/s

(5) $\varphi'=c\sqrt{\dfrac{\Delta h}{\Delta H}}=0.996\times\sqrt{\dfrac{27.9}{28.7}}=0.98$

2.9.7 注意事项

(1) 毕托管嘴必须正对流向。

(2) 实验过程中，为防止进气，毕托管不得露出水面。

(3) 恒压水箱内水位要始终保持在溢流状态，确保水头恒定。

(4) 测记各测压管水头值时，要求视线与测压管内液体凹液面最低处相平齐时读数，当测压管中水面上下脉动时，读取平均值。

2.9.8 问题讨论

(1) 用毕托管测流速前为什么要排气？如何排气？

(2) 毕托管水头差 Δh 和上、下游水位差 ΔH 大小关系如何？为什么？

(3) 毕托管的测速范围为 0.2～2 m/s，流速过大或过小都不宜采用，为什么？另外测速时要求探头对正水流方向(轴向安装偏差不大于 10°)，试说明原因。

2.9.9 实验报告要求

将数据表格绘制在实验报告中，并将实验测试数据记录在表格中，根据数据处理要求进行计算和分析，并将计算结果填入对应的表格当中，对测试结果和计算结果进行误差分析，要求误差分析内容全面，可参考本书 1.1.1 节实验数据误差分析，最终对实验做出总结。

2.10 文丘里流量计流量系数校正实验

文丘里流量计是一种常用的管道流量的测量仪，是差压式流量测量仪表，其基本测量原理是以能量守恒定律——伯努利方程和流动连续性方程为基础的流量测量方法。文丘里管由一圆形测量管和置入测量管内并与测量管同轴的特型芯体构成。特型芯体的径向外表面具有与经典文丘里管内表面相似的几何廓形，并与测量管内表面之间构成一个异径环形过流缝隙。流体流经文丘里管的节流过程同流体流经经典文丘里管、环形孔板的节流过程基本相似。文丘里管的这种结构特点，使之在使用过程中不存在类似孔板节流件的锐缘磨蚀与积污问题，并能对节流前管内流体速度分布梯度及可能存在的各种非轴对称速度分布进行有效的流动调整，从而实现高精确度与高稳定性的流量测量。

2.10.1 实验目的

(1) 掌握文丘里流量计的原理及用途。

(2) 学习用水压计测压差和用体积法测流量的实验技能。

(3) 掌握能量方程和连续性方程的使用原则。

(4) 利用测量到的收缩前后两断面 1—1 和 2—2 的测管水头差 Δh,根据理论公式计算管道流量,并与实测流量进行比较,从而对理论流量进行修正,得到流量计的流量系数 μ,即对文丘里流量计作出校定。

2.10.2 实验原理

文丘里流量计应用广泛,它具有以下特点:

(1) 优点:如果能完全按照美国机械工程师协会(American Society of Mechanical Engineers,ASME)标准精确制造,测量精度可以达到 0.5%,但是国产文丘里流量计由于其制造技术问题,精度很难保证。国内有多年经验的技术力量雄厚的仪表厂也只能保证 4%测量精度,对于超临界的工况,这种喉管处的均压环在高温高压下使用是一个很危险的环节,但不采用均压环,就不符合 ISO 5167 标准,测量精度就无法保证,这是高压经典式文丘里制造中的一个矛盾。

(2) 缺点:喉管和进口/出口具有一样的材质,流体对喉管的冲刷和磨损严重,无法保证长期测量精度。结构长度必须按 ISO 5167 规定制造,否则就达不到所需的精度。而由于 ISO 5167 对经典文丘里的严格结构规定,使得它的流量测量范围最大/最小流量比很小,一般为 3~5,很难满足变化幅度大的流量测量。

文丘里流量计用于测量管道中相对稳定流体的流量,常用于测量空气、天然气、煤气、水等流体的流量,如图 2.27 所示,属于压差式流量计,由收缩段、喉管和扩散段三部分安装在需要测定流量的管路上。在收缩段进口断面 1—1 和喉管断面 2—2 上设测压孔,并接上压差计,通过测量两个断面的测管水头差 Δh,就可计算管道的理论流量 Q',再经修正得到实际流量 Q。

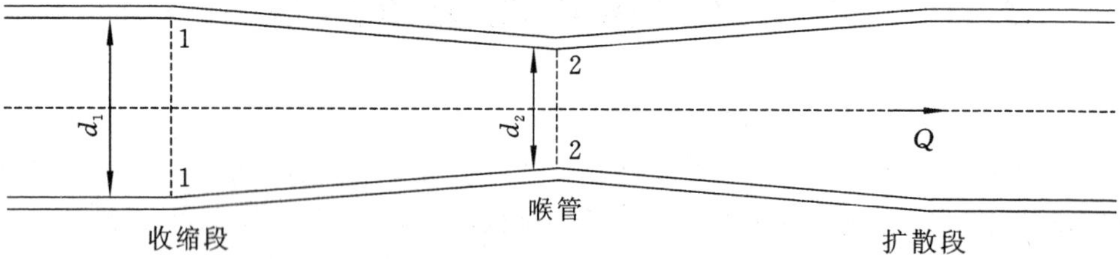

图 2.27 文丘里流量计原理示意图

我们知道,如果能求得任一断面的流速 v,然后乘以面积 A,即可求得流量 Q'。如图 2.27 所示,文丘里管前断面及喉管处的面积分别为 A_1、A_2,只要测得该两处流速 v,便可测得流量 Q'。为此,我们可根据能量方程式和连续性方程式对该两断面建立方程求解。取管轴线为基准,并且不计阻力作用时,列能量方程:

$$0+\frac{P_1}{\gamma}+\frac{v_1^2}{2g}=0+\frac{P_2}{\gamma}+\frac{v_2^2}{2g} \tag{2.42}$$

$$Q=A_1v_1=A_2v_2 \quad 即 \quad v_1\frac{\pi d_1^2}{4}=v_2\frac{\pi d_2^2}{4} \tag{2.43}$$

由式(2.42)、式(2.43)可解得

$$v_1=\sqrt{2g\Delta h}\bigg/\sqrt{\left(\frac{d_1}{d_2}\right)^4-1} \tag{2.44}$$

$$v_2=\frac{1}{\sqrt{1-\left(\frac{d_2}{d_1}\right)^4}}\sqrt{2g\Delta h} \tag{2.45}$$

因此

$$Q'=A_1v_1=\frac{\pi}{4}d_1^2\sqrt{2g\Delta h}\bigg/\sqrt{\left(\frac{d_1}{d_2}\right)^4-1}=k\sqrt{\Delta h} \tag{2.46}$$

$$k=\frac{\pi}{4}d_1^2\sqrt{2g}\bigg/\sqrt{\left(\frac{d_1}{d_2}\right)^4-1} \tag{2.47}$$

式中　Δh——两断面测压管水头差，m；

k——文丘里流量计常数，对给定管径是常数。

实际流量可以通过体积法测得，即用秒表和量筒测单位时间内水的体积，可测得水的实际流量 $Q=V/t$。

然而，由于阻力的存在，实际通过的流量 Q 恒小于实验所测得的流量 Q'。今引入一个无量纲系数 $\mu=Q/Q'$（μ 称为流量系数），流量系数 $\mu<1$，因为流量计流过实际流体时，两断面测管水头差中包括黏性造成的水头损失，这导致计算出的理论流量偏大。此外，对于某确定的流量计，流量系数还取决于流动的雷诺数 Re，但当雷诺数较大（流速较高）时，流量系数基本不变。

$$Re=\frac{v_2d_2}{\mu} \tag{2.48}$$

引入 μ 对计算所得流量值进行修正，即

$$Q=\mu Q'=\mu k\sqrt{\Delta h} \tag{2.49}$$

另由静水力学基本方程可得气-水多管压差计的 Δh 为

$$\Delta h = h_1-h_2 \tag{2.50}$$

在做本实验时，通过实验测得流量 Q' 及水头差 Δh，据此，我们便可以测得此时文丘里管的流量系数 μ。

$$\mu=Q/(k\sqrt{\Delta h}) \tag{2.51}$$

2.10.3　实验装置

本实验采用的两种实验装置均可进行文丘里流量计流量系数的校正实验，分别是文丘里流量计实验装置(图 2.28)和数据采集型流体力学综合实验台。

(1) 文丘里流量计实验装置

本实验采用文丘里实验管，总长 1200 mm，内直径 15 mm，喉部内直径为 10 mm，用有

机玻璃制作，在靠近流量调节阀处安装有总静压测点用以测量实验管内的流量。

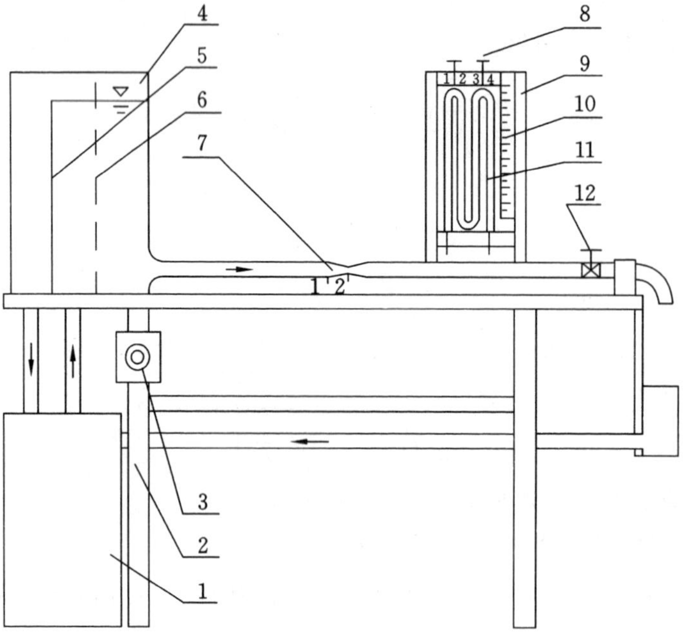

图 2.28 文丘里流量计实验装置图

1—自循环供水器；2—实验台；3—可控硅无级调速器；4—恒压水箱；5—溢流板；6—稳水孔板；7—文丘里实验管段；8—测压计气阀；9—测压计；10—滑尺；11—压差计；12—实验流量调节阀

(2) 数据采集型流体力学综合实验台

数据采集型流体力学综合实验台见图 2.24，本实验所采用实验管见图 2.29。

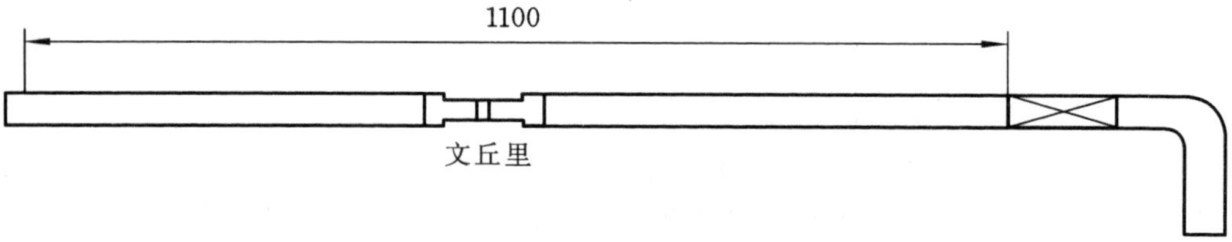

图 2.29 文丘里实验管示意图

实验主管长 1100 mm，管内径 14 mm，文丘里喉径 8 mm。

2.10.4 实验步骤

2.10.4.1 文丘里流量计实验装置实验步骤

(1) 认真阅读实验目的、实验原理和注意事项，了解用压差计测压差来测流量的原理和步骤。记录设备编号、水温及有关常数。

(2) 做好准备工作后，启动水泵给水箱充水并保持溢流状态，使水位恒定。

(3) 检查下游阀门全开时，水压计测管水面是否持平，如不平，则需排气调平。

(4) 实验流量调节：从最大流量开始，顺次减小阀门开度。待水流稳定(水压计液面稳定)后，测读水压计读数及测读流量。按顺序测读 8 个测点以上。

(5) 检查数据记录是否缺漏，是否明显地不合理？若有此情况，进行补正。

(6) 课后整理实验结果，得出流量计在各种流量下的 Δh、$Q_{理}$、$Q_{实}$、Re 和 μ 值，绘制 $Q_{实}$-Δh 的率定关系曲线及 μ-Re 曲线。

2.10.4.2 数据采集型流体力学综合实验台实验步骤

(1) 点击主界面的文丘里实验，进入文丘里实验装置操作界面，如图 2.30 所示。

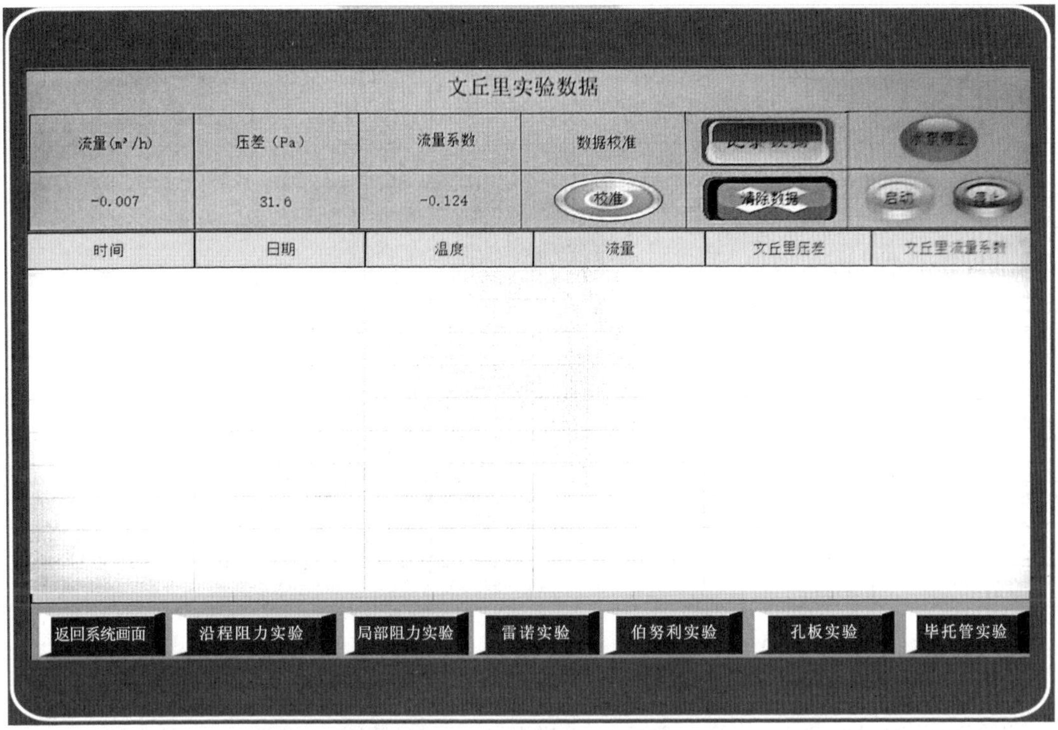

图 2.30 文丘里实验装置操作界面

(2) 点击数据校准按钮，对数据进行校准。

(3) 确保流量计的电源接通，观察流量计的显示状况。

(4) 保持其他实验管路开关阀关闭，打开文丘里实验管路开关阀，打开流量调节阀，并缓慢调节至一定流量，让水流经实验管路。

(5) 观察流量计示数和压差计示数变化；待流量计示数和压差计示数稳定后，点击数据记录按钮记录实验数据。

(6) 逐渐调大流量调节阀，重复步骤(5)，总共取 5～10 组数据。

(7) 关闭测试管路的阀门。点击返回系统画面按钮回到主界面。

2.10.5 实验数据记录

(1) 有关常数:水温 $T=$ ________℃,流速 $v_2=$ ______ cm/s

运动黏度 $\nu=0.01775/(1+0.0337T+0.000221T^2)=$ ________ cm^2/s

进口直径 $d_1=$ ________ cm,喉道直径 $d_2=$ ________ cm

常数 $k=$ ________ $cm^{2.5}/s$

(2) 记录及计算表格

实验数据记录及计算表见表 2.16。

表 2.16 实验数据记录及计算表

次数	测压管读数		Δh (cm)	Re	$Q_{实}$ (cm^3/s)	$Q_{理}$ (cm^3/s)	$\mu=\frac{Q_{实}}{Q_{理}}$
	h_1(cm)	h_2(cm)					
1							
2							
3							
4							
5							
6							
7							
8							
9							
10							

2.10.6 数据处理

根据实验测得的数据,计算管段流动雷诺数 Re、文丘里流量计测得的理论流量 $Q_{理}$ 和管段实际流量 $Q_{实}$,并计算流量系数 μ 对所有流量值进行校正。

举例:

实验测得数据:$h_1=42.2$ cm,$h_2=18.8$ cm,$T=15$ ℃,$d_1=1.5$ cm,$d_2=1.0$ cm,$Q_{实}=186.5\ cm^3/s$。

(1) $\nu=\dfrac{0.01775}{1+0.0337T+0.000221T^2}=\dfrac{0.01775}{1+0.0337\times15+0.000221\times15^2}=0.0114\ cm^2/s$

(2) $k=\dfrac{\dfrac{\pi d_1^2\sqrt{2g}}{4}}{\sqrt{\left(\dfrac{d_1}{d_2}\right)^4-1}}=\dfrac{\dfrac{3.14\times1.5^2\times\sqrt{2\times980}}{4}}{\sqrt{\left(\dfrac{1.5}{1}\right)^4-1}}=38.8\ cm^{2.5}/s$

(3) $\Delta h=h_1-h_2=42.2-18.8=23.4$ cm

(4) $v_2=\frac{1}{\sqrt{1-\left(\frac{d_2}{d_1}\right)^4}}\sqrt{2g\Delta h}=\frac{\sqrt{2\times980\times23.4}}{\sqrt{1-\left(\frac{1}{1.5}\right)^4}}=267\ \text{cm/s}$

(5) $Re=\frac{v_2d_2}{\nu}=\frac{267\times1.0}{0.0114}=23421$

(6) $Q_{理}=k\sqrt{\Delta h}=38.8\times\sqrt{23.4}=187.7\ \text{cm}^3/\text{s}$

(7) $\mu=\frac{Q_{实}}{Q_{理}}=\frac{186.5}{187.7}=0.994$

2.10.7 注意事项

(1) 在实验中,一定要注意用电安全。
(2) 在操作过程中,动作不要过大、过猛,以免损坏仪器。
(3) 使用自动量测系统时,一定要按实验指导老师要求进行操作。
(4) 水位波动时,读取时取均值。
(5) 一定要等到水流稳定后才可读取数据。
(6) 整理资料时,一定要注意单位的统一。
(7) 做完实验后,将量筒、温度计放回原处。

2.10.8 问题讨论

(1) 文丘里的实际流量与理论流量为什么会有差别?这种差别是哪些因素所造成的?
(2) 文丘里流量计的流量系数为什么小于 1.0?
(3) 影响文丘里流量系数 μ 的因素有哪些?

2.10.9 实验报告要求

将数据表格绘制在实验报告中,并将实验测试数据记录在表格中,根据数据处理要求进行计算和分析,并将计算结果填入对应的表格当中,对测试结果和计算结果进行误差分析,要求误差分析内容全面,可参考本书 1.1.1 节实验数据误差分析,最终对实验做出总结。

2.11 雷诺实验

雷诺数是一种用来描述流体流动情况的无量纲数,应用广泛,例如在流体力学、空气动力学、船舶工程和热工学等领域中,通过分析雷诺数的大小,可以预测流体在不同工况下的流动状态和性能,从而对流体流动性能进行预测和优化。在工程设计和流体力学研究中,雷诺数是一个重要参数,对于理解和控制流体的行为具有重要意义。通过雷诺实验,可以区分流体运动状态是层流还是紊流，改变雷诺数大小使流体的运动状态从层流转变到紊流，反映了液流内部结构从量变到质变的一个变化过程。

2.11.1 实验目的

(1) 观察实际流体的两种形态及其转换过程，加深对层流和紊流的认识。
(2) 测定液体(水)在圆管中流动的临界雷诺数，即下临界雷诺数，学会其测定的方法。
(3) 掌握圆管流态(层流、紊流、过渡态)的判别方法。

2.11.2 实验原理

有压管路流体在流动过程中，由于条件的改变(例如，管径改变、温度的改变、管壁的粗糙度改变、流速的改变)会造成流体流态的变化，会出现层流、临界流、紊流等现象(图 2.31)。层流的特点是流体的质点在流动过程中互不掺混，呈线状运动，运动要素不呈现脉动现象。在紊流中流体的质点互相掺混，其运动轨迹是曲折混乱的，运动要素发生脉动现象。

经过大量的实验发现临界流速与过流断面的特征几何尺寸管径 d、流体的动力黏度 μ 和密度 ρ 有关，即 $u_k = f(d,\mu,\rho)$ 。由以上四个量组成一个无量纲数，称为雷诺数 Re，即：

$$Re=\frac{du\rho}{\mu}=\frac{du}{\nu}=\frac{4Q}{\pi d\nu} \tag{2.52}$$

式中 d—— 圆管内径，m；
u——液体流速，m/s；
ρ——流体的密度，kg/m^3；
μ——流体的动力黏度，Pa·s；
ν——流体的运动黏度，m^2/s；
Q——液体流量，m^3/s。

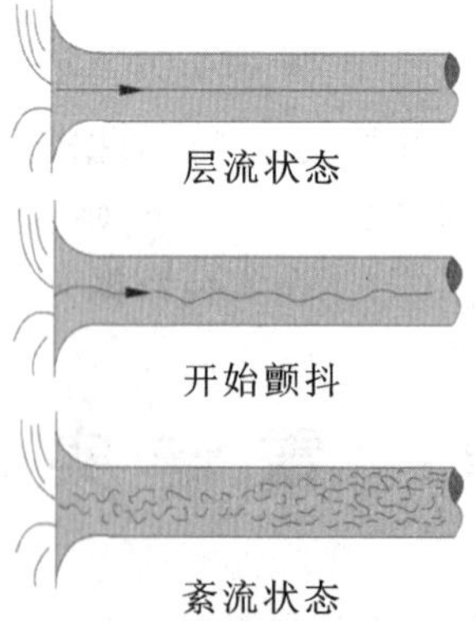

图 2.31 三种流态示意

实际流体的流动会呈现出两种不同的形态：层流和紊流。它们的区别在于：流动过程中流体层之间是否发生混掺现象。在紊流流动中存在随机变化的脉动量，而在层流流动中则没有，如图 2.31 所示。圆管中恒定流动的流态转化取决于雷诺数。雷诺根据大量实验资料，将影响流体流动状态的因素归纳成一个无因次数，称为雷诺数 Re，作为判别流体流动状态的准则。

在本实验中，流体是水。水的运动黏度 ν 与温度 T 的关系可用经验公式计算：

$$\nu=0.01775\times10^{-4}/(1+0.0337T+0.000221T^2) \tag{2.53}$$

式中 ν——水在 T ℃时的运动黏度，m^2/s；

T——水的温度，℃。

判别流体流动状态的关键因素是临界速度。临界速度随流体的黏度、密度以及流道的尺寸不同而改变。流体从层流到紊流的过渡时的速度称为上临界流速，从紊流到层流的过渡时的速度称为下临界流速。

圆管中定常流动的流态发生转化时对应的雷诺数称为临界雷诺数，对应于上、下临界速度的雷诺数，称为上临界雷诺数和下临界雷诺数。上临界雷诺数表示超过此雷诺数的流动必为紊流，它很不确定，跨越一个较大的取值范围。而且极不稳定，只要稍有干扰，流态即发生变化。上临界雷诺数常随实验环境、流动的起始状态不同有所不同。因此，上临界雷诺数在工程技术中没有实际意义。有实际意义的是下临界雷诺数，它表示低于此雷诺数的流动必为层流，有确定的取值。通常均以它作为判别流动状态的准则，即

$Re<2320$ 时，层流；

$Re>2320$ 时，紊流；

该值是圆形光滑管或近于光滑管的数值，工程实际中一般取 $Re=2000$。

实际流体的流动之所以会呈现出两种不同的形态是扰动因素与黏性稳定作用之间对比和抗衡的结果。针对圆管中定常流动的情况，容易理解：减小 d、减小 ν、加大 u 三种途径都是有利于流动稳定的。综合来看，小雷诺数流动趋于稳定，而大雷诺数流动稳定性差，容易发生紊流现象。

由于两种流态的流场结构和动力特性存在很大的区别，对它们加以判别并分别讨论是十分必要的。圆管中恒定流动的流态为层流时，沿程水头损失 h_f 与平均流速成正比，而紊流时沿程水头损失则与平均流速的 1.75～2.0 次方成正比，如图 2.32 所示。

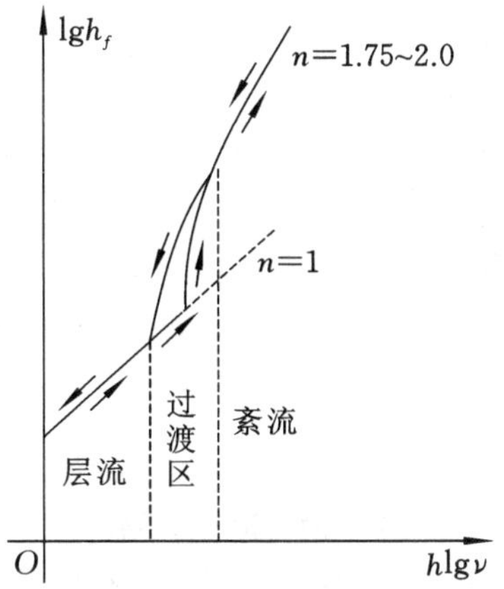

图 2.32 三种流态曲线

通过对相同流量下圆管层流和紊流流动的断面流速分布做比较，可以看出层流流速分布呈旋转抛物面，而紊流流速分布则比较均匀，壁面流速梯度和切应力都比层流时大，如图 2.33 所示。

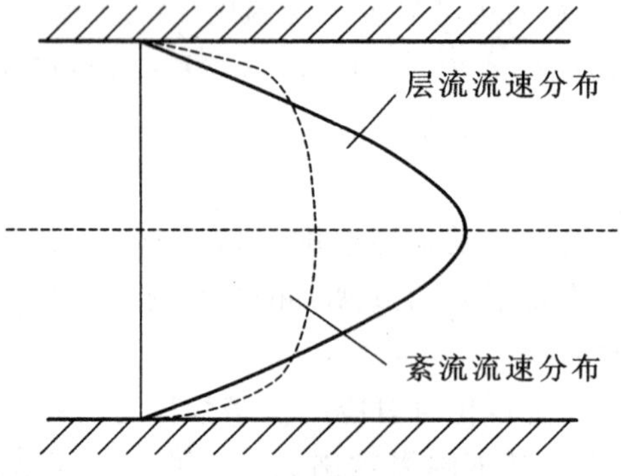

图 2.33 圆管断面流速分布

2.11.3 实验装置

可测定雷诺实验的两种实验设备分别是雷诺实验台和数据采集型流体力学综合实验台。

(1) 雷诺实验台

雷诺实验台结构示意图如图 2.34 所示。恒水位水箱靠溢流来维持不变的水位。在水箱的下部装有水平放置的雷诺实验管，实验管与水箱相通，恒水位水箱中的水可以经过实验管恒定出流，实验管的另一端接有流量计，可用来计量水的流量。在流量计上方装有流量调节阀，流出的水直接回流至水箱。在恒水位水箱的上部装有色液罐，其中的有色液体可经细

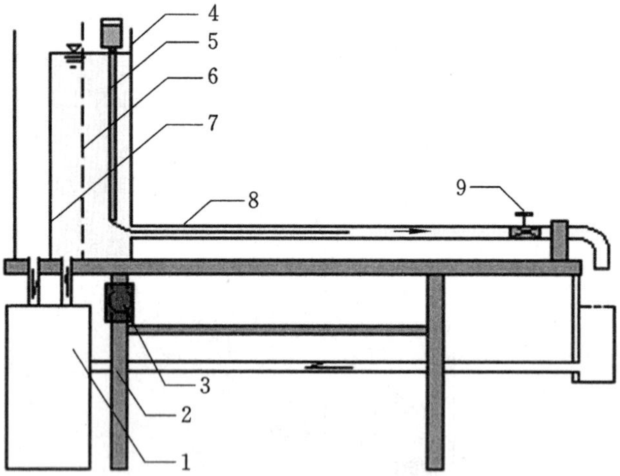

图 2.34 雷诺实验台

1—自循环供水器；2—实验台；3—可控硅无级调速器；4—恒压水箱；5—有色水水管；6—稳水孔板；7—溢流板；8—实验管道；9—实验流量调节阀

管引流到实验管的进口处。色液罐的下部装有调节小阀门,可以用来控制和调节色液液流。雷诺仪还设有储水箱,有水泵向实验系统供水,而实验的回流液体可经集水管回流到储水箱中。

(2) 数据采集型流体力学综合实验台

实验也可采用数据采集型流体力学综合实验台进行测定,结构示意图如图2.24所示。本实验采用实验装置中的雷诺实验管进行实验,雷诺实验管如图2.35所示:主管长1000 mm,管内径14 mm。管道入口处有连接毛细管,上接指示液盒。

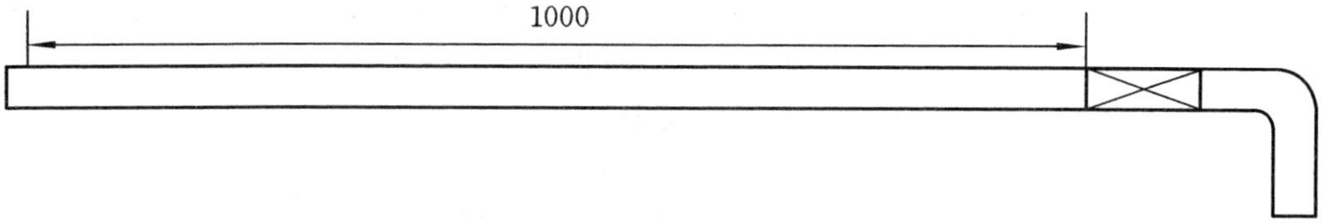

图 2.35　雷诺实验管

2.11.4　实验步骤

2.11.4.1　雷诺实验台操作步骤

(1) 实验前的准备

① 打开进水阀门后,启动水泵,利用手动调节阀门向恒水位水箱加水。

② 在水箱接近放满时,调节阀门,使水箱的水位达到溢流水平,并保持有一定的溢流。

③ 适度打开出水阀门,使实验管出流,此时,恒水位水箱仍要求保持恒水位,否则,可再调节阀门,使其达到恒水位,应一直保持有一定的溢流(注意:整个实验过程中都应满足这个要求)。

④ 测量水温。

(2) 进行实验并观察流态

具体操作如下:

① 微开出水阀门,使实验管中水流有稳定而较小的流速。

② 微开有色液罐下的小阀门,使色液从细管中不断流出,此时,可能看到管中的色液液流与管中的水流同步在直管中沿轴线向前流动,色液呈现一条细直流线,这说明在此流态下,流体的质点没有垂直于主流的横向运动,有色直线没有与周围的液体混杂,而是层次分明地向前流动。此时的流体即为层流。(若看不到这种现象,可再逐渐关小阀门,直到看到有色直线为止)。

③ 逐渐缓慢开大阀门至一定开度时,可以观察到有色直线开始出现脉动,但流体质点还没有达到相互交换的程度,此时,即象征为流体流动状态开始转换的临界状态(上临界点),当时的流速即为临界流速。

④ 继续开大阀门,即会出现流体质点的横向脉动,继而色线会被全部扩散与水混合,此时的流态即为紊流。

⑤ 此后，如果把阀门逐渐关小，关小到一定开度时，又可以观察到流体的流态从紊流转变到层流的临界状态（下临界点）。继续关小阀门，试验管中会再次出现细直色线，流体流态转变为层流。

(3) 测定临界雷诺数 *Re* 数据处理

具体操作如下：

① 开大出水阀门，并保持细管中有色液体流出，使实验管中的水流处于紊流状态，看不到色液的流线。

② 缓慢地逐渐关小出水阀门，仔细观察实验管中的色液流动变化情况，当阀门关小到一定开度时，可看到实验管中色液出口处开始有有色脉动流线出现，但还没有达到转变为层流的状态，此时，即象征为紊流转变为层流的临界状态。

③ 在此临界状态读取流量计的流量，此过程完成后将测试结果记入实验记录表中。分别测量上临界雷诺数和下临界雷诺数各 3 次，并求下临界雷诺数平均值。

2.11.4.2 数据采集型流体力学综合实验台雷诺实验管操作步骤

(1) 点击主界面的雷诺实验，进入雷诺实验装置操作界面，如图 2.36 所示。

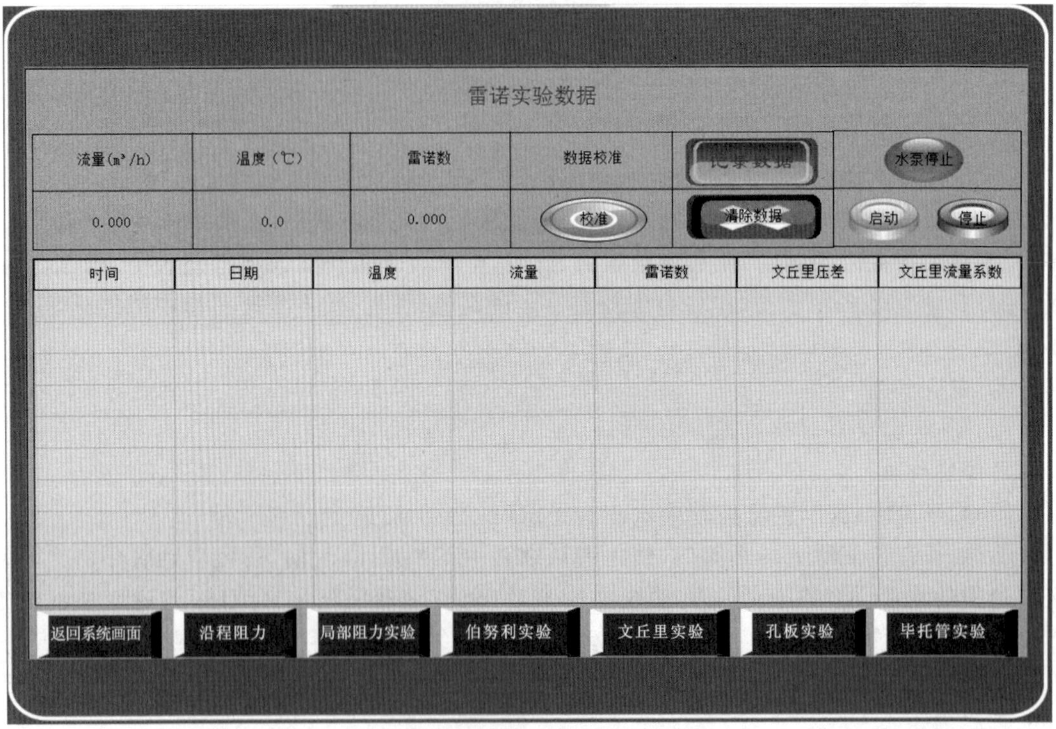

图 2.36 雷诺实验装置操作界面

(2) 确保进水阀打开，点击水泵启动按钮，让恒压水箱充满水并开始溢流。打开流量调节阀，然后依次打开各个管路上的开关阀，排净各个管路中的空气，再关闭各个管路开关阀。

(3) 点击数据校准按钮，对数据进行校准。

注意：校准实验数据需要保证恒压水箱中充满水并开始溢流，管路中充满水且管路开关阀（或者流量调节阀）关闭；其他管路也一样。

（4）接通流量计的电源，观察流量计的显示状况。

（5）保持其他实验管路开关阀关闭，打开雷诺管路开关阀，打开流量调节阀，并缓慢调节至一定流量，让水流经实验管路，排走管路中的气泡。

（6）逐步调小流量调节阀，在指示液盒中加上红墨水，然后缓缓打开指示液调节阀，使指示液进入管路中。此时，可看到实验管中的颜色水细流与管中的水流同步在直管中沿轴线向前流动，色液呈现一条细直流线，这说明在此流态下，流体的质点没有垂直于主流的横向运动，颜色水没有与周围的液体混杂，而是层次分明地向前流动。此时的流体即为层流（若看不到这种现象，可再缓慢调节流量调节阀，直到看到有色直线为止）。

（7）观察管路中的流动现象。点击图 2.36 中的记录数据按钮，记录下实验数据，并记录管路中的流动情况。

（8）逐渐增大流量调节阀的开度，从小到大缓慢调整流量，在临界流速时（即流态开始转换时），可以观察到有色线开始出现脉动，但流体质点还没有达到相互交换的程度，此时，即象征为流体流动状态开始转换的临界状态（上临界点），此时的流速即为上临界流速。重复步骤（7），记录流量计示数、温度计示数与管路中的流动情况。

在调节临界雷诺数的时候，为尽量减少波动，可以适当关小进水阀，让恒压水箱中的水缓慢溢出。在后续增大流量的时候，要适当调大进水阀。

（9）继续增加流量调节阀开度，重复步骤（7），并记录实验数据和实验现象；总共取大约10 组数据。

（10）本组实验结束，关闭指示液调节阀。点击返回系统画面按钮，回到图 2.36 所示主界面。

2.11.5 实验数据记录

雷诺实验数据记录表见表 2.17。

实验管内径 $d=$ ________ cm；水温 $T=$ ________ ℃。

表 2.17 雷诺实验数据记录表

次数	体积 V/mL	t/s	Q/(m^3/s)	临界流速 u/(m/s)	临界雷诺数 Re
1					
2					
3					
1′					
2′					
3′					

2.11.6 数据处理

根据实验所得数据(临界流速 u 和临界雷诺数)计算流量,并计算下临界雷诺数的平均值$\overline{Re_{C下}}$。

举例:

实验测得数据:水温 $T=23.6$ ℃,实验管段直径为 1.4 cm,体积 $V=1400\ \text{cm}^3$,$t=60$ s。

(1) $Q=\dfrac{V}{t}=\dfrac{1400}{60}=23.33\ \text{cm}^3/\text{s}$;

(2) $u=\dfrac{Q}{A}=\dfrac{Q}{\frac{1}{4}\pi d^2}=\dfrac{23.33}{\frac{1}{4}\times 3.14\times 1.4^2}=15.16\ \text{cm/s}$;

(3) $\nu=\dfrac{0.01775}{1+0.0337T+0.000221T^2}=\dfrac{0.01775}{1+0.0337\times 23.6+0.000221\times 23.6^2}=0.0092\ \text{cm}^2/\text{s}$;

(4) $Re_{C下}=\dfrac{ud}{\nu}=\dfrac{15.16\times 1.4}{0.0092}=2307$

将计算所得的三个下临界雷诺数求平均值即可得$\overline{Re_{C下}}$,同理可计算上临界雷诺数。

2.11.7 注意事项

(1) 在实验的整个过程中,要求稳压水箱始终保持少量溢流。

(2) 实验过程中不要使实验桌产生晃动,不要震动水管,以防水流受到影响。

(3) 当实验进行到过渡区和层流时,要特别注意阀门的调节幅度一定要小,以减小流量及压差的变化间隔。

(4) 调整流量时,一定要慢,且要单方向调整(即从大到小或从小到大),不能忽大忽小。

(5) 判断临界流速时,一定要准确,即要准确找到流态转变的状态。

(6) 测定下临界雷诺数时务必先增大流量,确保流态处于紊流状态。之后,逐渐减小阀门开度,当有色线摆动时应停止调节阀门开度,等待 1 min 后观察有色线形态,然后继续微调,再等待 1 min,直到有色线刚好为直线时才是紊流变到层流的下临界状态。注意等待时间要足够,微调幅度要小,否则测不到临界值。

(7) 实验过程中用的是延时消色的红墨水,其为加入酚酞粉末的碱液,可自行配置;配置方法如下:配置浓度大约为 0.1 mol/L(或者质量浓度大约为 1%)的碳酸钠溶液 250 mL;将配好的溶液倒入烧杯,并加入适量酚酞粉末(大约为 1 g,或者酚酞酒精饱和溶液为 1 mL),用玻璃棒搅拌均匀,即可得到红墨水。实验过程中对红墨水的浓度精度要求不高,可无需容量瓶,直接用烧杯配置。

(8) 指示液管路中如果存在有空气,可能导致指示剂液体无法流出,为保证指示液流出,可用连接有毛细管的洗耳球吸取一部分指示液,直接挤进示踪剂管路中,待指示液管路中空气被排干净后,指示液即可自动流出。

(9) 指示液盒中的溶液可以在短期内持续使用,但如果长期不用,需要将里面的液体排出。具体方法是:在截止阀关闭的状态下,用洗耳球将红墨水储罐中的液体吸出,然后加入清水,如果此时红墨水储罐中的液体变成了较浅的红色,则继续用洗耳球吸出并继续加入清水,直到储罐中颜色消失为止;然后打开截止阀,让储罐中的水慢慢排出,进入充满水的实验管路,被清水冲走。最后,当储罐中没有液体时,再关闭潜水泵,将系统中的水排出。

2.11.8 问题讨论

(1) 为什么调整流量时,一定要慢,且要单一方向调整?

(2) 为什么认为上临界雷诺数无实际意义,而采用下临界雷诺数作为层流与紊流的判断依据? 实测下临界雷诺数为多少?

(3) 临界雷诺数与哪些因素有关? 为什么上临界雷诺数和下临界雷诺数不一样?

(4) 破坏层流的主要物理原因是什么?

2.11.9 实验报告要求

将数据表格绘制在实验报告中,并将实验测试数据记录在表格中,根据数据处理要求进行计算和分析,并将计算结果填入对应的表格当中,对测试结果和计算结果进行误差分析,要求误差分析内容全面,可参考本书 1.1.1 节实验数据误差分析,最终对实验做出总结。

2.12 能量方程实验

1726 年,瑞士科学家丹尼尔·伯努利(Daniel Bernoulli)通过无数次实验,发现了“边界层表面效应”:流体速度加快时,物体与流体接触的界面上的压力会减小,反之压力会增加。为纪念他的贡献,这一发现被称为“伯努利效应”。伯努利效应适用于包括气体在内的一切流体,是流体做稳定流动时的基本现象之一,反映出流体的压强与流速的关系,即在水流或气流里,如果速度大,压强就小,如果速度小,压强就大。1738 年,在伯努利最重要的著作《流体动力学》中,他将这一理论公式化,提出了流体动力学的基本方程,后人称之为“伯努利方程”,也称为“能量方程”,他利用伯努利方程实验、伯努利原理、能量守恒定律解决了流体的流动问题,这对流体力学发展起到了至关重要的推动作用。本实验通过流体静力学基本方程、理想流体和实际流体的伯努利方程来揭示实验过程中的能量守恒和转换规律,从而使读者学习能量方程在实际生活和工程中的应用。

2.12.1 实验目的

(1) 观察流体流经能量方程实验管的能量转化情况,对实验中出现的现象进行分析,加深对能量方程的理解。

(2) 掌握一种测量流体流速的方法。

(3) 验证静压原理、能量方程。

2.12.2 实验原理

不停运动着的一切物质，所具有的能量也在不停转化。在转化过程中，能量只能从一种形式转化为另一种形式，即遵守能量守恒定律。流体和其他物质一样，也具有动能和势能两种机械能，流体的动能与势能之间，机械能与其他形式的能量之间，也可互相转化，其转化关系同样遵守能量转换守恒定律。

(1) 验证静压原理

启动水泵，等水灌满管道后，关闭供水和尾部两端阀门，这时观察能量方程实验管上各个测压管的液柱高度相同，这是因为实验管内的水没有流动，也就没有流动损失，因此静水头的连线为一平行于基准线的水平线，即在静止不可压缩均布重力流体中，任意点单位重量的位势能和压力势能之和保持不变，并且测点的高度和测点的前后位置无关。

(2) 理想不可压缩流体

当理想不可压缩流体在重力场中沿管线作定常流动时，流体的流动遵循伯努利能量方程。即

$$z+\frac{P}{\gamma}+\frac{u^2}{2g}=\text{常数} \tag{2.54}$$

式中 z——位置水头，表示单位重量流体从某一基准面算起的势能，m(H_2O)；

$\frac{P}{\gamma}$——压力水头，表示单位重量流体的压力势能，m(H_2O)；

$\frac{u^2}{2g}$——速度水头，表示单位重量流体的动能，m(H_2O)。

(3) 实际流体的伯努利能量方程

实际流体都是有黏性的，因此在流动过程中由于摩擦而造成能量损失。此时的能量方程变为：

$$z_1+\frac{P_1}{\gamma}+\frac{u_1^2}{2g}=z_2+\frac{P_2}{\gamma}+\frac{u_2^2}{2g}+h_w \tag{2.55}$$

其中能量损失 h_w 是由流体沿程阻力损失 h_f 和局部阻力损失 h_j 两部分组成。

本实验就是通过观察和测量对流体在静止与流动时上述的能量转化与守恒定律的验证。

(4) 测速：能量方程实验管上的每一组测压管都相当于一个毕托管，可测得管内任一点的流体点速度(图 2.37)，本实验台已将测压管开口位置设在能量方程实验管的轴心，故所测得压强为轴心处的，即可测得最大速度。

轴心速度：

$$u=\sqrt{2g\Delta h} \tag{2.56}$$

式中 Δh——任一断面毕托管与静压测点之间压差，m。

平均流速：

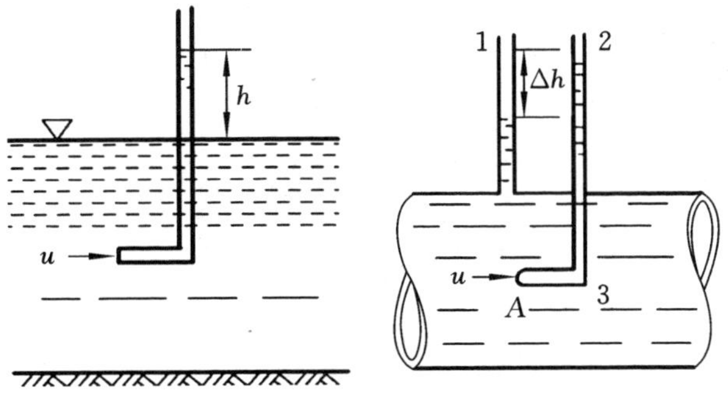

图 2.37 毕托管测速原理

$$v=\frac{Q}{A} \tag{2.57}$$

式中 A——实验断面面积，cm^2；

Q——根据体积法用计量水箱所测流量，cm^3/s。

根据以上公式计算某一工况各测点处的轴心速度和平均流速，填入表格，可验证出连续性方程。对于不可压缩流体稳定的流动，当流量一定时，管径粗的地方流速小，细的地方流速大。

2.12.3 实验装置

本实验可采用的两种实验设备均可测定能量方程实验，分别是数据采集型流体力学综合实验台和伯努利方程仪。

(1) 数据采集型流体力学综合实验台

本实验所采用的设备如图 2.24 所示，实验所采用的伯努利管如图 2.38 所示。

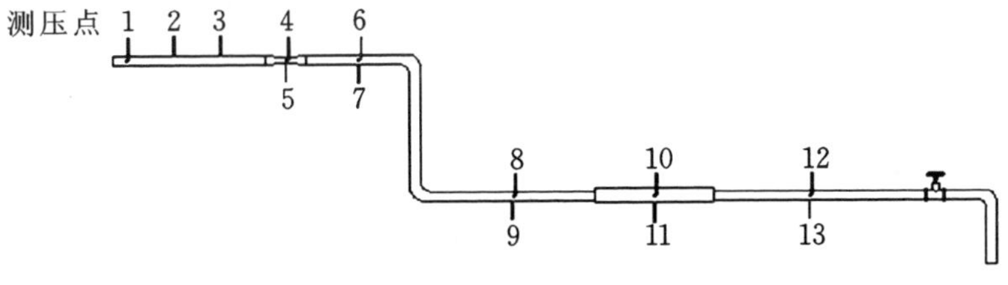

图 2.38 伯努利管测压点分布图

主管长 1200 mm，管内径 14 mm，扩大管内径 28 mm，文丘里喉径 8 mm。

(2) 伯努利方程仪

实验装置如图 2.39 所示，在实验桌上方放有稳压水箱、实验管路(图 2.40)、毕托管、测压管、压差板、控制阀门和计量水箱。实验桌的侧下方则放置有供水箱及水泵。

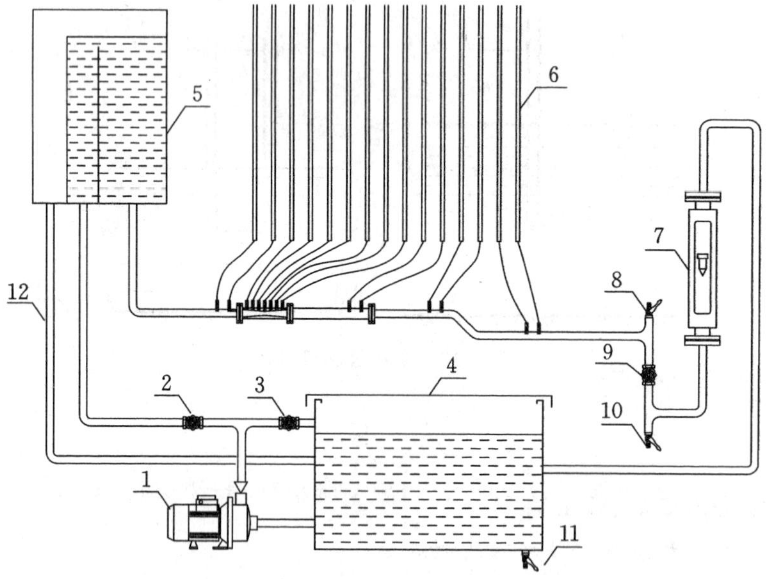

图 2.39　伯努利方程仪示意图

1—水泵；2—进水阀；3—放水阀；4—自循环供水箱；5—高位水箱；6—测压排；7—转子流量计；8—排气阀；9—流量调节阀；10，11—泄水阀；12—溢流管

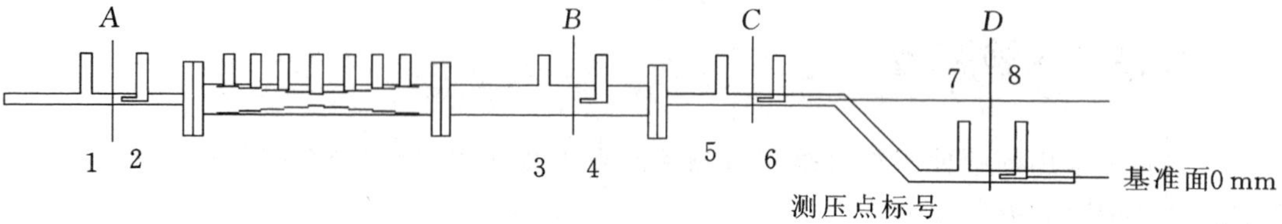

图 2.40　实验管路示意图

2.12.4　实验步骤

2.12.4.1　伯努利方程仪操作步骤

（1）熟悉实验设备，分清哪些测压管是普通测压管，哪些是毕托管测压管，以及两者功能的区别。

（2）接通电源，将水泵插座插在插孔上，开启水泵及水泵上水管进水阀，观察到高位水箱水位高于溢流板，水流处于溢流状态，水箱水位不变，即实现恒压供水。

（3）排气：打开实验管段上的流量调节阀门，通过水流将管路内的空气带走。排净管内空气后，将流量调节阀门关闭，并观察各个测压管内液柱高度是否相平齐，如果各个测压管内液柱高度不相等，则可能是管路内局部堵塞，有气泡或者漏水等问题，需要再次排查并解决，调节完成后，在实验管段流量调节阀关闭的情况下，各个测压管上数值应相同。

（4）打开出水阀门，观察并思考测压管线和总水头线的变化趋势及位置水头、压强水头相互之间的关系，观察当流量增加或减少时测压管水头变化情况。

(5) 调节流量至最大值、最小值及中间值 3 次，待流量稳定后，每次测量并记录不同管径测压管的读数，同时用秒表，采用体积法测流量。

2.12.4.2 数据采集型流体力学综合实验台操作步骤

(1) 点击主界面的伯努利实验，进入伯努利实验装置操作界面，如图 2.41 所示。

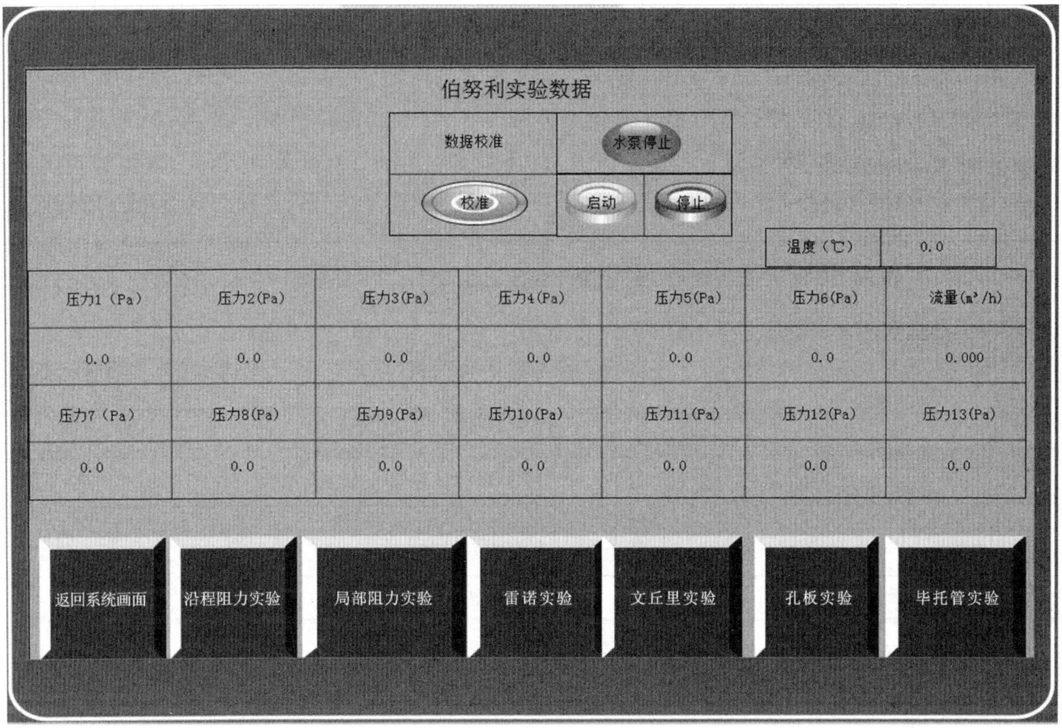

图 2.41 伯努利实验装置操作界面

(2) 点击数据校准按钮，对数据进行校准。

注意：伯努利管在管路充满水且管路开关阀关闭的状态下，校准后的压力为 4500.0 Pa。

(3) 确保流量计的电源接通，观察流量计的显示状况。

(4) 保持其他实验管路开关阀关闭，打开伯努利管管路开关阀，打开流量调节阀，并缓慢调节至一定流量，让水流经实验管路。如果局部管处出现气泡，可以拧开铜螺母，排出气体后再关闭(图 2.42)。

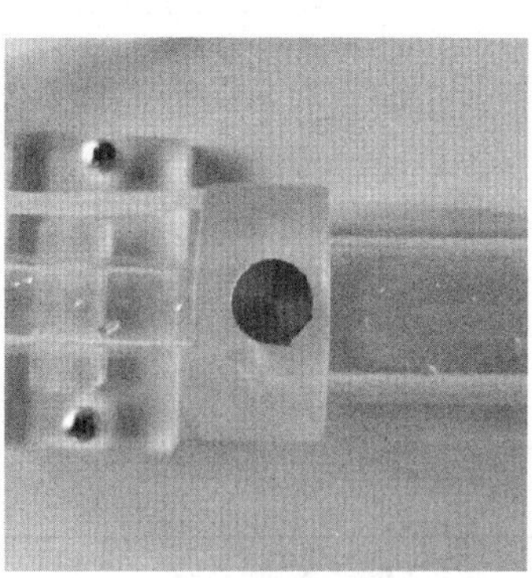

图 2.42 铜螺母排气示意图

(5) 观察流量计示数和压差计示数变化；待流量计示数和压差计示数稳定后，观察各个测压点的压力对比，并将操作界面上的阻力系数与理论值做对比。

(6) 关闭测试管路的阀门。点击返回系统画面按钮回到主界面。

(7) 关闭泵开关，排空恒压水箱中的水，切断电源。

(8) 如果该实验设备较长时间不再次使用,需要将蓄水箱中的水排空。

2.12.5 实验数据记录

实验数据记录如表 2.18、表 2.19、表 2.20 所示。

相关常数:细管径 d_1=________;粗管径 d_2=________

表 2.18 测压管水头值(m)

测定编号		1	3	5	7	体积 V/cm^3	t/s	$Q/(cm^3/s)$
实验次数	(1)							
	(2)							
	(3)							

表 2.19 总水头值(m)

测定编号		2	4	6	8
实验次数	(1)				
	(2)				
	(3)				

表 2.20 流速水头(m)

实验次数	断面	d /cm	Q $/(cm^3/s)$	压差 Δh /cm	轴心速度 u /(cm/s)	平均流速 $\overline{u}$ /(cm/s)	$\frac{\overline{u}^2}{2g}$
(1)	A						
	B						
	C						
	D						
(2)	A						
	B						
	C						
	D						
(3)	A						
	B						
	C						
	D						

2.12.6 数据处理

根据实验测定数据计算流量 Q、压差 Δh、轴心速度 u、平均速度 $\overline{u}$、流速水头 $\frac{\overline{u}^2}{2g}$。

举例：

实验测得数据：$d_1=1.4$ cm，$d_2=2.5$ cm，$V=700$ cm^3，$t=5.16$ s，$h_1=37.2$，$h_2=41.4$，$h_3=28.9$，$h_4=29.5$，$h_5=23.8$，$h_6=29.4$，$h_7=18.5$，$h_8=24.4$。

(1) $Q=\dfrac{V}{t}=\dfrac{700}{5.16}=135.66\ \text{cm}^3/\text{s}$；

(2) $\Delta h=h_2-h_1=41.4-37.2=4.2$ cm；

(3) $u=\sqrt{2g\Delta h}=\sqrt{2\times 9.8\times 100\times 4.2}=90.7$ cm/s；

(4) $\overline{u}=\dfrac{Q}{\frac{1}{4}\pi d^2}=\dfrac{4\times 135.66}{3.14\times 1.4^2}=88.2$ cm/s；

(5) $\dfrac{\overline{u}^2}{2g}=\dfrac{88.2^2}{2\times 9.8\times 100}=3.97$ cm

2.12.7 注意事项

(1) 流量不要太大，以免有些测压管水位过低，影响读数，甚至导致管道吸进空气，影响实验。

(2) 流量调节阀打开时要保证测压管液面在标尺刻度范围内。

(3) 一定要在水流恒定后才能测量。

(4) 流速较大时，测压管水位有波动，读数时要读取均值。

(5) 实验时一定要注意安全用电。

(6) 实验结束后，一定要关闭电源，拔掉电源插头。

2.12.8 问题讨论

(1) 为什么总水头线是逐渐下降的？而测压管水头线则不是，有时还会上升？

(2) 为什么流体断面轴心流速大于平均流速？

(3) 比较测压管所测总水头线和用平均流速算出的总水头线之间的大小，分析水流在直道和弯道处测压管水头在各个部位的大小情况。

2.12.9 实验报告要求

将数据表格绘制在实验报告中，并将实验测试数据记录在表格中，根据数据处理要求进行计算和分析，并将计算结果填入对应的表格当中，用坐标纸绘制最大流量下的总水头线和测压管水头线。对测试结果和计算结果进行误差分析，要求误差分析内容全面，可参考本书

1.1.1 节实验数据误差分析，最终对实验做出总结。

2.13 动量方程实验

动量是物体运动的基本性质之一，它描述了物体在运动过程中的惯性和力的作用。动量方程是运用牛顿第二定律和动量守恒定律推导出来的重要公式，可以用来解释和预测物体的运动状态。动量方程在水利、航天、工业等工程方面都有应用，特别是在分析和解决流体运动中的问题方面有着至关重要的作用，比如，水力真空喷射泵的实际应用，通过动量定理，从理论和实践上论证了泵低位安装和高位安装的优劣。本实验旨在通过实际操作和数据采集，验证动量方程的正确性，并探究不同因素对物体动量的影响。

2.13.1 实验目的

(1) 了解活塞式动量方程实验原理、构造。

(2) 测定管嘴喷射水流对平板的冲击力，将测出的冲击力和计算出的冲击力进行比较，测得动量修正系数，验证不可压缩流体恒定总流的动量方程。

2.13.2 实验装置

(1) 实验装置示意图(图 2.43)

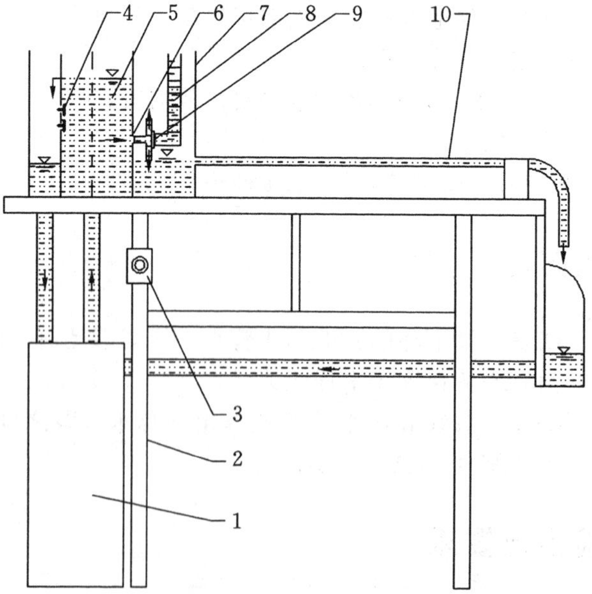

图 2.43 动量方程实验装置图

1—自循环供水器；2—实验台；3—可控硅无级调速器；4—水位调节阀；5—恒压水箱；6—管嘴；7—集水箱；8—带活塞的测压管；9—带活塞和翼片的抗冲平板；10—上回水管

(2) 装置结构

自循环供水装置由离心式水泵和蓄水箱组合而成。水泵的开启、流量大小的调节均由调速器控制。水流经供水管供给恒压水箱,溢流水经回水管流回蓄水箱。流经管嘴的水流形成射流,冲击带活塞和翼片的抗冲平板,以与入射角成 90°的方向离开抗冲平板。抗冲平板在射流冲力和测压管中的水压力作用下处于平衡状态。活塞形心处水深为 h,可由测压管测得,由此可求得射流的冲力,即动量力 F。冲击后的弃水经集水箱汇集后,再经上回水管流出,最后经漏斗和下回水管流回蓄水箱。

本动量方程实验仪改变了传统加重物的测量方法,而代之以作用于活塞上的水压力来抗衡射流对平板冲击所产生的动量力,将动量力的测量转换为流体内点压强的测量。它还具有能使水压力自动与动量力相平衡以及有效消除活塞滑动摩擦力的特殊结构。

为了自动调节测压管内的水位,使带活塞的平板受力平衡并减小摩擦阻力对活塞的影响,本实验装置应用了自动控制的反馈原理和动摩擦减阻技术,其构造及受力情况如图 2.44 所示。

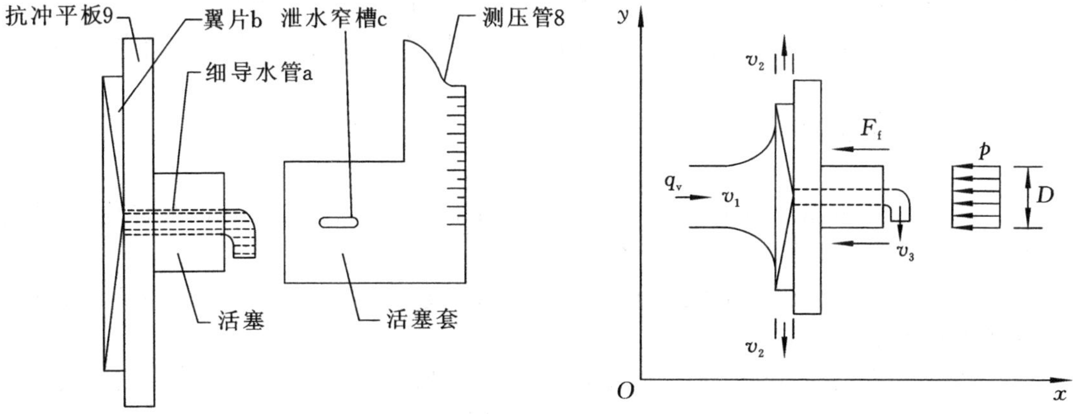

图 2.44 活塞构造与受力分析

(a)活塞构造分析图;(b)活塞受力分析示意图

带活塞和翼片的抗冲平板和带活塞套的测压管如图 2.44(a)所示,该图是活塞退出活塞套时的分部件示意图。活塞中心设有一细导水管 a,进口端位于平板中心,出口端伸出活塞头部,出口方向与轴向垂直。在平板上设有翼片 b,活塞套上设有泄水窄槽 c。在平衡过程中,活塞需要做轴向移动,翼片 b 在水流的冲击下带动活塞旋转,因而克服了活塞在沿轴向滑移时的静摩擦力,提高了测力机构的灵敏度,本装置还采用了双平板狭缝出流方式,精确地引导射流的出流方向使之垂直于来流方向,以确保 $v_{2x}=0$。

2.13.3 实验原理

恒定总流动量方程为

$$F=\rho Q(\beta_2 v_2-\beta_1 v_1) \tag{2.58}$$

取脱离体如图 2.44(b)所示，因滑动摩擦阻力水平分力小于 0.5%F，可忽略不计，故 x 方向的动量方程可化为

$$F_x = -P_c A = -\rho g h_c \frac{\pi}{4} D^2 = \rho Q(0-\beta_1 v_{1x}) \tag{2.59}$$

即

$$\beta_1 \rho Q v_{1x} - \frac{\pi}{4} \rho g h_c D^2 = 0 \tag{2.60}$$

式中 h_c——作用在活塞形心处的水深，cm；

D——活塞的直径，cm；

Q——射流的流量，cm^3/s；

v_{1x}——射流的速度，cm/s；

β_1——动量修正系数。

实验中，在平衡状态下，只要测得流量 Q 和活塞形心水深 h_c，将给定的管嘴直径 d 和活塞直径 D 代入式(2.60)，便可验证动量方程，并率定射流的动量修正系数 β_1 值。其中，测压管的标尺零点已固定在活塞圆心处，因此液面标尺读数，即为作用在活塞圆心处水深。

2.13.4 实验步骤

(1) 准备：检查自循环系统供电电源、供水箱水位，熟悉实验装置各部分名称、结构特征、作用性能，记录有关常数。

(2) 开启水泵：打开调速器开关，水泵启动 2～3 min 后，短暂关闭 2～3 s，利用回水排除离心式水泵内滞留的空气。

(3) 调整测压管位置：待恒压水箱满顶溢流后，松开测压管固定螺丝，调整方位，要求测压管垂直、螺丝对准十字中心，使活塞转动松快。然后旋转螺丝固定好。

(4) 测读水位：标尺的零点已固定在活塞圆心的高度上。当测压管内液面稳定后，记下测压管内液面的标尺读数，即 h 值。

(5) 测量流量：利用体积时间法，在上回水管的出口处测量射流的流量，测量时间要求 15 s 以上。可用塑料桶等容器，通过活动漏斗接水，再用量筒测量水体积(亦可采用重量法测量)。

(6) 改变水头重复实验：逐次打开不同高度上的溢水孔盖，改变管嘴的作用水头。调节调速器，使溢流量适中，待水头稳定后，按步骤(3)至步骤(5)重复进行实验。

2.13.5 实验数据记录

记录有关常数，测量记录表及计算表如表 2.21 所示。

管嘴内径 d=________cm，活塞直径 D=________cm。

表 2.21 动量方程实验数据测量记录表及计算表

测次	体积 V /cm^3	时间 t /s	管嘴作用水头 H_0/cm	活塞作用水头 h_c/cm	流量 Q /(cm^3/s)	流速 v /(cm/s)	动量修正系数 β_1
1							
2							
3							
4							
5							
6							

2.13.6 数据处理

根据实验数据，求流量 Q、流速 v、动量修正系数 β_1。

2.13.7 注意事项

若活塞转动不灵活，会影响实验精度，需在活塞与活塞套的接触面上涂抹 4B 铅笔芯。

2.13.8 问题讨论

(1) 实测平均值 β_1 与公认值(β=1.02～1.05)是否符合？试分析原因。

(2) 带翼片的平板在射流作用下获得力矩，这对分析射流冲击无翼片的平板沿 x 方向的动量方程有无影响？为什么？

2.13.9 实验报告要求

将数据表格绘制在实验报告中，并将实验测试数据记录在表格中，根据数据处理要求进行计算和分析，并将计算结果填入对应的表格当中，对测试结果和计算结果进行误差分析，要求误差分析内容全面，可参考本书 1.1.1 节实验数据误差分析，最终对实验做出总结。

2.14 沿程水头损失实验

在固体边界平直的水道中，单位重量的液体自一断面流至另一断面所损失的机械能就叫作该两断面之间的水头损失，这种水头损失是沿程都有，并且随着长度而增加的，所以叫作沿程水头损失。研究沿程水头损失对于提高流体输送效率、降低维护成本、减少能量消耗以及优化设计方案等方面具有重要的工程意义。沿程水头损失实验可以测定流体在不同管道内流动时的沿程阻力系数。通过在不同直径和长度的管道中流动相同流体，测量流体在管道中的压降和流量，从而计算出沿程阻力系数。这个实验可以帮助我们了解流体在管道中的流动规律，包括流速分布、摩擦阻力等因素对流体流动的影响。通过实验数据的分析，我们可以得到不同管道尺寸下的沿程阻力系数，并进一步研究流体在管道中的流动特性。

2.14.1 实验目的

(1) 测定流体在不同雷诺数情况下，管流的沿程水头损失 h_f和沿程阻力系数 λ。

(2) 分析圆管恒定流动的水头损失规律，λ 随雷诺数 Re 变化规律。

(3) 验证沿程水头损失 h_f与断面平均流速 v 的关系。

2.14.2 实验原理

对于通过同一管径中的恒定水流应用伯努利方程

$$z_1+\frac{p_1}{\gamma}+\frac{\alpha u_1}{2g}=z_2+\frac{p_2}{\gamma}+\frac{\alpha u_2}{2g}+h_w \tag{2.61}$$

在等径管流中 $u_1=u_2$

$$h_w=\left(z_1+\frac{p_1}{\gamma}\right)-\left(z_2+\frac{p_2}{\gamma}\right) \tag{2.62}$$

即两断面间的单位能量损失可用两断面间的测管水头差求得。根据叠加原理

$$h_w=h_f+h_m \tag{2.63}$$

$$h_w=\lambda\frac{L}{d}\frac{u^2}{2g}+\xi u^2/(2g) \tag{2.64}$$

式中 h_f——沿程水头损失，m；

h_m——局部水头损失，m。

如管路中两断面间只有沿程水头损失，则

$$h_w=h_f=\lambda\frac{L}{d}\frac{u^2}{2g} \tag{2.65}$$

依此可求沿程阻力系数 λ。

对于圆管层流运动：

$$\lambda=\frac{64}{Re} \tag{2.66}$$

2.14.3 实验装置

本实验可采用的两种实验设备均可测定沿程水头损失，分别是沿程水头损失实验装置和数据采集型流体力学综合实验台。

(1) 沿程水头损失实验装置(图 2.45)

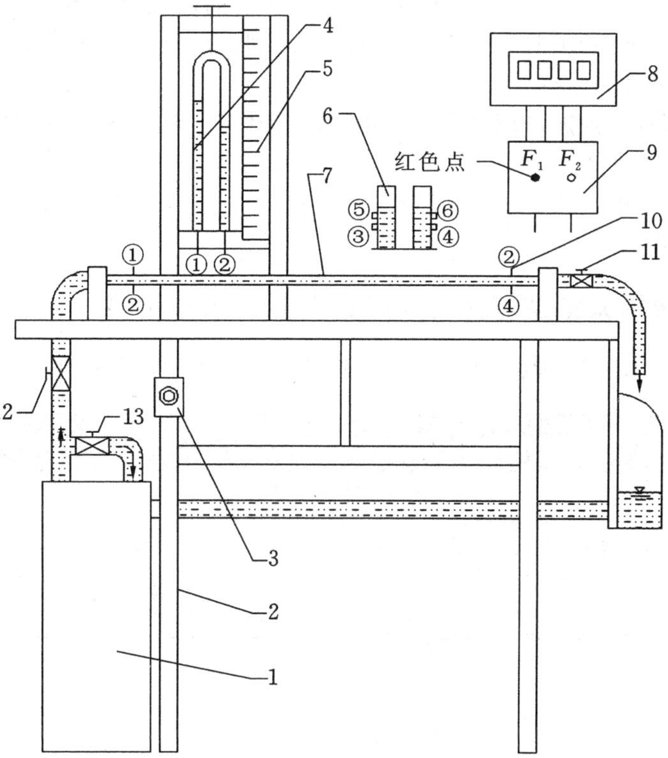

图 2.45 沿程水头损失实验装置图

1—自循环供水箱;2—实验台;3—回水管;4—压差计;5—滑动测量尺;6—稳压筒;7—实验管道;8—压差电测仪;9—压差传感器;10—测压点;11—流量调节阀;12—供水管及供水阀;13—旁通管和旁通阀

(2) 数据采集型流体力学综合实验台

实验装置如图 2.24 所示,本实验采用的沿程阻力管如图 2.46 所示。

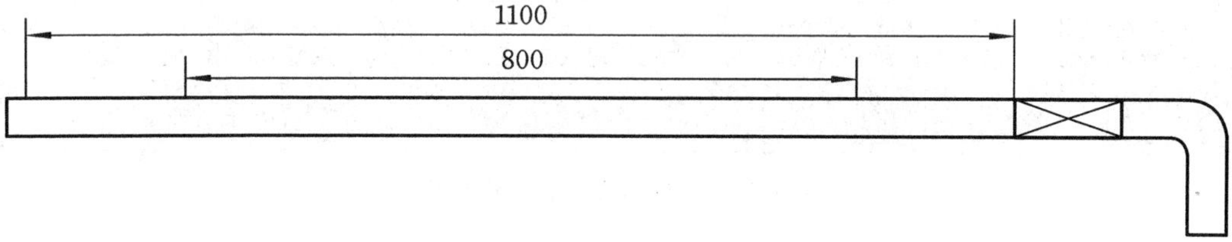

图 2.46 沿程阻力管示意图

主管长 1100 mm,两测压点间距 800 mm,连接着压差传感器,管内径 14 mm。

2.14.4 实验步骤

2.14.4.1 沿程水头损失实验装置实验步骤

(1) 记录有关常数:管段长 L、管径 d、水温等。

(2) 排除测压管路中的气泡，打开实验管上的流量调节阀，通过水流将管路中的空气带走。排净管内的空气，关闭流量调节阀，观察比压计液面高度是否相平齐，如果各测点数值不同，全开流量调节阀，打开比压计顶部气阀排气。调节完成时，在流量调节阀关闭的条件下，比压计内液面相平齐。

(3) 打开沿程管上的流量调节阀，将阀调至最大定作第一测点，待水流稳定后，记录比压计的读数及流量的读数。

(4) 然后将阀顺时针依次旋小，重复实验 9 次，每次调节流量均需 2～3 min 稳定时间，流量越小稳定时间越长。

2.14.4.2 数据采集型流体力学综合实验台实验步骤

(1) 点击主界面的沿程阻力实验，进入沿程阻力实验操作界面，如图 2.47 所示。

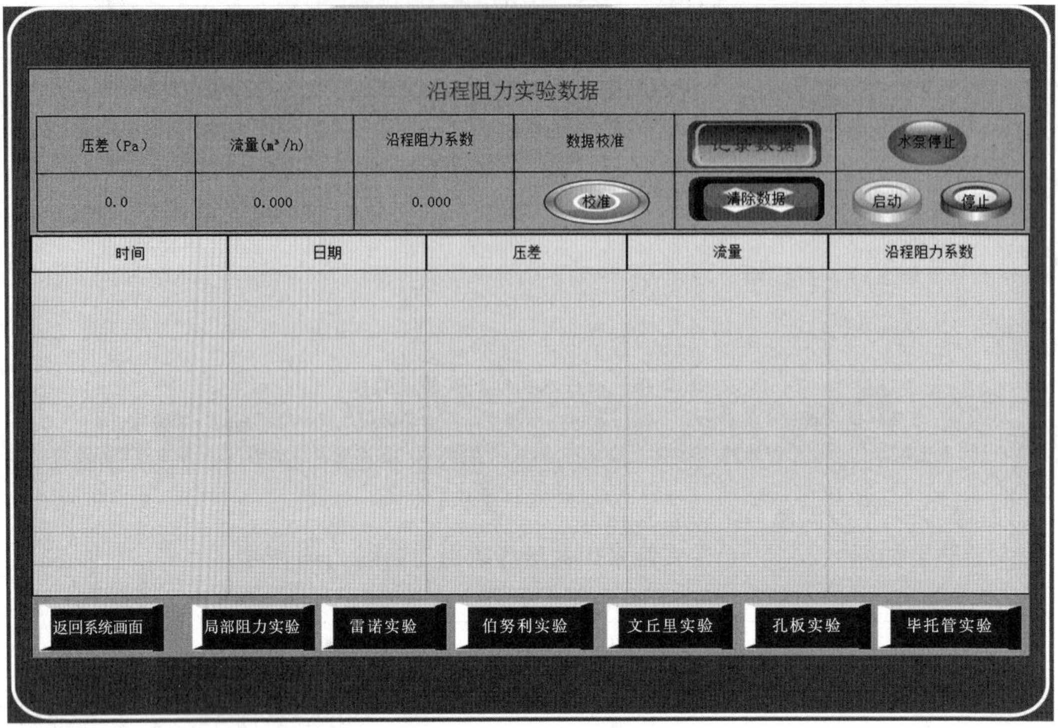

图 2.47 沿程阻力实验操作界面

(2) 点击数据校准按钮，对数据进行校准。

(3) 确保流量计的电源接通，观察流量计的显示状况。

(4) 保持其他实验管路开关阀关闭，打开沿程阻力管路开关阀，打开流量调节阀，并缓慢调节至一定流量，让水流经实验管路。

(5) 观察流量计示数和压差计示数变化；待流量计示数和压差计示数稳定后，点击记录数据按钮记录实验数据。

(6) 逐渐调大流量调节阀，重复步骤(5)，总共取 5～10 组数据。

(7) 关闭测试管路的阀门；点击返回系统画面按钮回到主界面。

2.14.5 实验数据记录

实验数据记录见表 2.22。

实验管段 $L=$________cm；管径 $d=$________mm；水温 $T=$________℃。

表 2.22 沿程水头损失数据记录和计算表

次数	内容					
	Q/(L/s)	h_1/mm	h_2/mm	Δh/mm	h_f/m	λ	Re
1							
2							
3							
4							
5							
6							
7							
8							
9							

2.14.6 数据处理

根据测定的实验数据，计算沿程水头损失 h_f、沿程阻力系数 λ 和 Re。

举例：

实验测得数据：$L=120$ cm，管径 $d=1.5$ cm，水温 $T=21.0$ ℃，$Q=572.2$ L/h，$h_1=41.5$ cm，$h_2=34.9$ cm。

(1) $h_f=\Delta h=h_1-h_2=41.5-34.9=6.6$ cm；

(2) $u=\dfrac{Q}{A}=\dfrac{4Q}{3.6\pi d^2}=\dfrac{4\times 572.2}{3.6\times 3.14\times 1.5^2}=89.90$ cm/s；

(3) $\lambda=\dfrac{h_f}{\dfrac{Lu^2}{2gd}}=\dfrac{6.6}{\dfrac{120\times 89.90^2}{2\times 1.5\times 980}}=0.02$；

(4) $\nu=\dfrac{0.01775}{1+0.0337T+0.000221T^2}=\dfrac{0.01775}{1+0.0337\times 21.0+0.000221\times 21.0^2}=9.83\times 10^{-3}$ cm²/s；

(5) $Re=\dfrac{ud}{\nu}=\dfrac{89.90\times 1.5}{9.83\times 10^{-3}}=13718$。

2.14.7 注意事项

(1) 恒压水箱内水要求始终保持在溢流状态，确保水头恒定。

(2) 测记各测压管水头值时,要求视线与测压管内液面相平。

(3) 压差下降要均匀,便于曲线的绘制,提高实验精度。

(4) 水位波动时,要读取平均值。

(5) 整理资料时,一定要注意单位的统一。

2.14.8 问题讨论

(1) 为什么压差计的水柱差就是沿程水头损失?如果实验管道安装得不水平,是否影响实验结果?

(2) 对同一管道中不同液体进行实验,当流速相同时,其沿程水头损失是否相同?雷诺数相同时,其沿程水头损失是否相同?

(3) 同一流体流经两个管径和管长均相同而当量粗糙度不相同的管道时,若流速相同,其沿程水头损失是否相同?

2.14.9 实验报告要求

将数据表格绘制在实验报告中,并将实验测试数据记录在表格中,根据数据处理要求进行计算和分析,并将计算结果填入对应的表格当中,绘制沿程阻力系数 λ 与雷诺数 Re 的关系曲线,对测试结果和计算结果进行误差分析,要求误差分析内容全面,可参考本书 1.1.1 节实验数据误差分析,最终对实验做出总结。

2.15 局部水头损失实验

局部水头损失是指由局部边界急剧改变导致水流结构改变、流速分布改变并产生旋涡区而引起的水头损失。局部水头损失一般发生在急变流区域,例如,管道进口、突然扩大、突然收缩、弯管、阀门等处,尽管产生的原因各异,但是其物理原因都是液体存在黏滞性,任何断面形状的改变,都将引起流速的重新分布,改变了流体的流速。局部水头损失实验是一种能够反映管道内水头损失大小的实验装置,为提高大型水工程结构的效率、正确选择动力设备和输送设备满足工程需求提供科学依据。通过本实验可以了解局部水头损失的原理和计算方法,为管道的优化和改进提供参考依据,进一步提高管道的安全性和经济性。

2.15.1 实验目的

(1) 测定圆管突然扩大的局部水头损失,掌握管流局部水头损失 h_j 和局部阻力系数 ζ 的测定方法。

(2) 验证圆管突然扩大、突然缩小局部水头损失的理论公式。

2.15.2 实验装置

本实验可采用的两种实验设备均可测定局部水头损失，分别是数据采集型流体力学综合实验台和局部水头损失实验装置。

(1) 数据采集型流体力学综合实验台

实验装置如图 2.24 所示，本实验采用的局部阻力管如图 2.48 所示。主管长 1100 mm，管内径 14 mm，扩大管内径 28 mm。

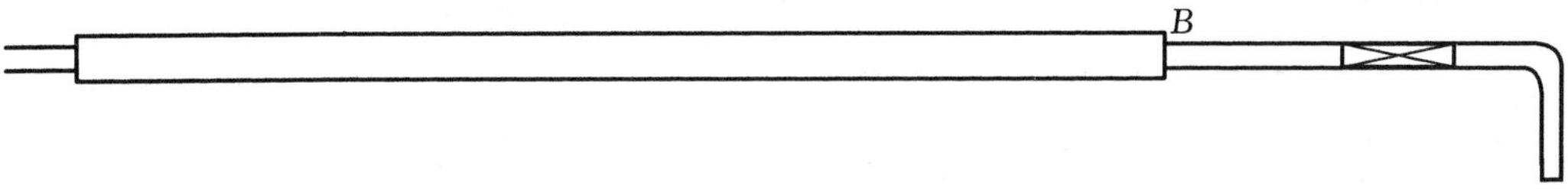

图 2.48 局部阻力管实验示意图

(2) 局部水头损失实验装置(图 2.49)

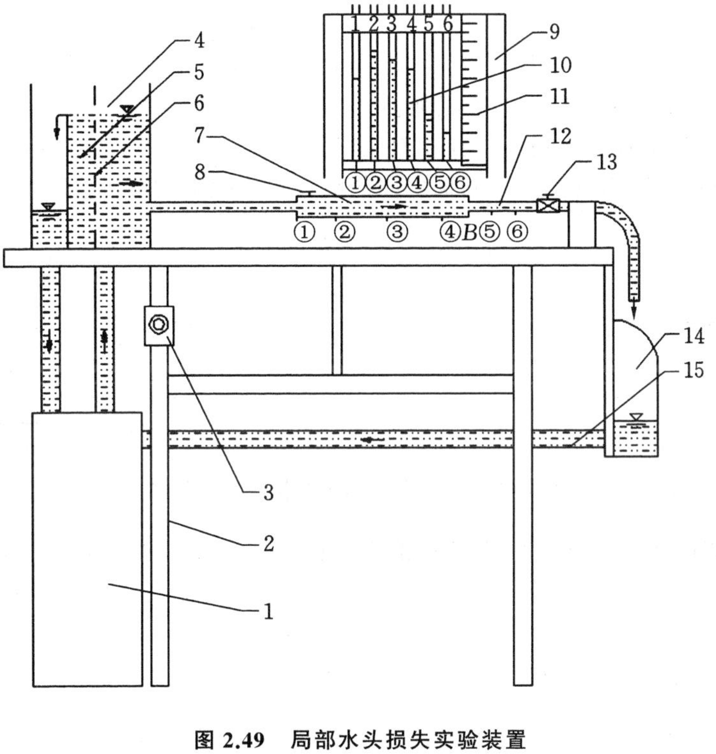

图 2.49 局部水头损失实验装置

1—自循环供水器；2—实验台；3—可控硅无级调速器；4—恒压水箱；5—溢流板；6—稳水孔板；7—圆管突然扩大；8—气阀；9—测压计；10—测压管①～⑥；11—滑动测量尺；12—圆管突然收缩；13—实验流量调节阀；14—回流接水斗；15—下回水管

2.15.3 实验原理

本实验的局部阻力源自管道截面面积的突然扩大和突然缩小。突然扩大损失是指流道截面突然变大，流线不能突然转折而必须做逐步扩大运动，突扩区域由于液流倒流形成旋涡区，产生能量损失，旋涡是造成能量损失的关键。突然缩小损失是指流道截面突然缩小，流线不能突然转折造成流股收缩，突缩区域的后部形成局部脱流和附壁，在突缩管路中存在加速收缩流和扩散减速流，两者都会产生局部阻力。在实际管流中，由于管径的变化或结构局部的突变，使流动结构重新调整，并产生旋涡，使能量产生损失。管道直径的突然扩大或缩小、闸门、急弯、岔口等情况，如图 2.50 所示。

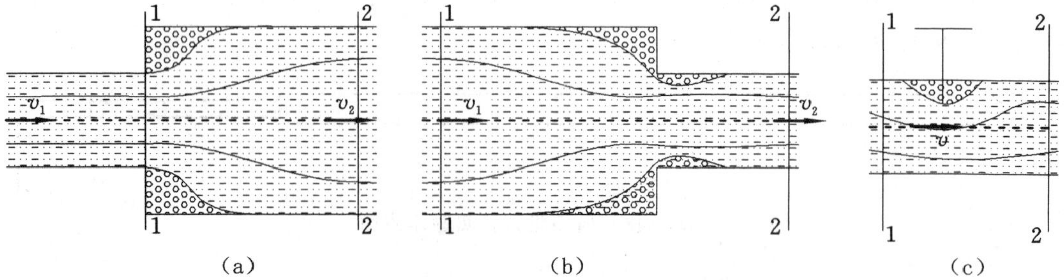

图 2.50 局部水头损失示意图

(a) 突扩；(b) 突缩；(c) 闸门

对于突扩管，本次实验采用三点法计算局部水头损失，如图 2.51 所示，其中测点①位于突扩界面处，用以测量小管道出口端压强值。测点①、②间距是测点②、③间距的一半，因此，由于相同管道的沿程压力损失与其长度成正比，所以测点①断面到测点②断面之间的沿程水头损失是测点②断面到测点③断面之间的沿程水头损失的一半，即：

$$h_{f1-2}=\frac{1}{2}h_{f2-3} \tag{2.67}$$

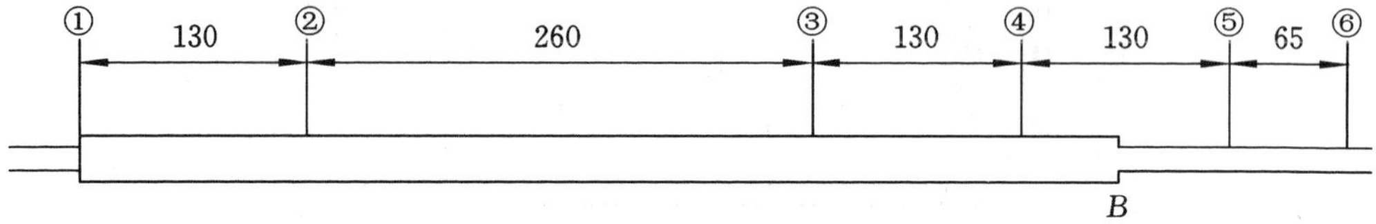

图 2.51 突扩管、突缩管测量装置示意图

由能量方程可知，管流突然扩大的局部水头损失即是图中①断面到②断面的实际压力水头损失：

$$z_1+\frac{P_1}{\rho g}+\frac{\alpha u_1^2}{2g}=z_2+\frac{P_2}{\rho g}+\frac{\alpha u_2^2}{2g}+h_{je}+h_{f1-2} \tag{2.68}$$

$$\begin{aligned}h_{je}&=z_1+\frac{P_1}{\rho g}+\frac{\alpha u_1^2}{2g}-\left(z_2+\frac{P_2}{\rho g}+\frac{\alpha u_2^2}{2g}+\frac{1}{2}h_{f2-3}\right)\\&=\frac{P_1-P_2-\frac{1}{2}(P_2-P_3)}{\rho g}+\frac{\alpha}{2g}\left[\left(\frac{4Q}{\pi d_1^2}\right)^2-\left(\frac{4Q}{\pi d_2^2}\right)^2\right]\end{aligned} \tag{2.69}$$

突扩管阻力系数实测值：

$$\zeta_e=\frac{h_{je}}{\alpha u_1^2/(2g)}=h_{je}\times\frac{2g}{\alpha}\times\left(\frac{\pi d_1^2}{4Q}\right)^2 \tag{2.70}$$

突扩管阻力系数理论值：

$$\zeta'_e=\left(1-\frac{A_1}{A_2}\right)^2=\left(1-\frac{d_1^2}{d_2^2}\right)^2 \tag{2.71}$$

式中 h_{f1-2}，h_{f2-3}——断面①、②之间的沿程压力损失和断面②、③之间的沿程压力损失（用水柱高表示），m；

z_1，z_2——截面①、截面②管平均高度（本实验装置中二者相等），m；

α——流体压缩系数，水的压缩系数默认取1；

u_1，u_2——水流在截面①、截面②的平均流速，m/s，可由流量计算得出；

P_1，P_2，P_3——截面①、截面②、截面③的测压点的压力示数，Pa；

ρ——流体密度，kg/m^3；

h_{je}——突扩管实际压力损失（用水柱高表示），m；

A_1，A_2——截面①、截面②的面积，m^2；

d_1，d_2——截面①、截面②的直径（本实验装置中分别为0.014 m与0.028 m），m；

Q——液体流量（由流量计测量并换算得出），m^3/s。

对于突缩管，本实验装置采用四点法计算，B点为突缩断面，点③、④两点之间的距离是④、B两点之间的距离的2倍，B、⑤两点之间的间距与⑤、⑥两点间的间距相等，故按长度比例换算得出：

$$h_{f4-B}=\frac{1}{2}h_{f3-4} \tag{2.72}$$

$$h_{fB-5}=h_{f5-6} \tag{2.73}$$

由测点④断面、测点⑤断面两断面的能量方程：

$$z_4+\frac{P_4}{\rho g}+\frac{\alpha u_4^2}{2g}=h_{f4-B}+h_{js}+h_{fB-5}+z_5+\frac{P_5}{\rho g}+\frac{\alpha u_5^2}{2g} \tag{2.74}$$

$$\begin{aligned}h_{js}&=\left(z_4+\frac{P_4}{\rho g}+\frac{\alpha u_4^2}{2g}\right)-\left(\frac{1}{2}h_{f3-4}+h_{f5-6}+z_5+\frac{P_5}{\rho g}+\frac{\alpha u_5^2}{2g}\right)\\&=\frac{P_4-P_5-\frac{1}{2}(P_3-P_4)-(P_5-P_6)}{\rho g}+\frac{\alpha}{2g}\left[\left(\frac{4Q}{\pi d_4^2}\right)^2-\left(\frac{4Q}{\pi d_5^2}\right)^2\right]\end{aligned} \tag{2.75}$$

$$\zeta_s=\frac{h_{js}}{\alpha u_5^2/(2g)}=h_{js}\times\frac{2g}{\alpha u_5^2}=h_{js}\times\frac{2g}{\alpha}\times\left(\frac{\pi d_5^2}{4Q}\right)^2 \tag{2.76}$$

突缩管阻力系数理论值：

$$\zeta'_e=\frac{1}{2}\left(1-\frac{A_5}{A_4}\right)=\frac{1}{2}\left(1-\frac{d_5^2}{d_4^2}\right) \tag{2.77}$$

式中 h_{f3-4}，h_{f5-6}——断面③、④之间的沿程压力损失和断面⑤、⑥之间的沿程压力损失（用水柱高表示），m；

z_4，z_5——测压点④、⑤所在截面的平均高度（本实验装置中二者相等），m；

α——流体压缩系数，水的压缩系数默认取1；

u_4，u_5——水流在截面④、截面⑤的平均流速，m/s，可由流量计算得出；

P_3，P_4，P_5，P_6——截面③、截面④、截面⑤、截面⑥的测压点的压力示数，Pa；

ρ——流体密度，kg/m^3；

h_{js}——突缩管实际压力损失(用水柱高表示),m;

A_4,A_5——截面④、截面⑤的面积,m^2;

d_4,d_5——截面④、截面⑤的直径(本实验装置分别为 0.028 m 与 0.014 m),m;

Q——液体流量,m^3/s,由流量计测量并换算得出。

2.15.4 实验步骤

2.15.4.1 局部水头损失实验装置操作步骤

(1) 排气。启动水泵,待恒压水箱溢流后,关闭实验流量调节阀,打开气阀排除管中滞留的气体。排气后关闭气阀,检查测压管各管的液面是否齐平,若不平,可打开流量调节阀数次进行排气,直至齐平。

(2) 打开流量调节阀到一定值,待水流稳定后,各测压管的读数采用体积法测流量的方法,用秒表测量时间,用量筒测量体积。

(3) 逐渐增大阀门开启度,减小流量,再次测量,一般测量 6 个工况点。

(4) 检查数据无误后,关闭电源,收拾实验桌。

2.15.4.2 数据采集型流体力学综合实验台局部水头损失测定步骤

(1) 点击主界面的局部阻力实验,进入局部阻力实验装置操作界面,如图 2.52 所示。

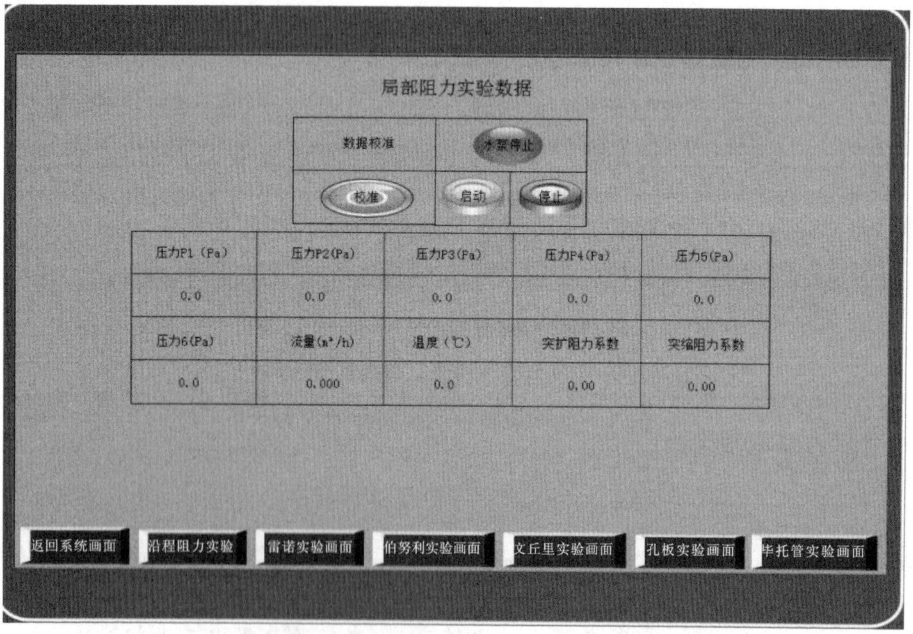

图 2.52 局部阻力实验装置操作界面

(2) 打开点击数据校准按钮,对数据进行校准。

注意:局部阻力管在管路充满水且管路开关阀关闭的状态下,校准后的压力为 4500.0 Pa。

(3) 确保流量计的电源接通,观察流量计的显示状况,由于本实验采用超声波流量计,当管道中有空气时，超声波流量计会显示流量为零的情况，为保证实验数据准确，实验管段流量采用体积法测量。

(4) 保持其他实验管路开关阀关闭，打开局部阻力管管路开关阀，打开流量调节阀，并缓慢调节至一定流量，让水流经实验管路，观察压差计示数变化；待压差计示数稳定后，记录各测压点读数、时间和量筒内水的体积，计算流量、流速。

(5) 逐渐关小阀门，减小管道流量，再次测量，一般记录 6 个工况。

(6) 观察各个测压点的压力对比，并将操作界面上的阻力系数与理论值做对比。

(7) 关闭测试管路的阀门。点击返回系统画面按钮回到主界面。

2.15.5 实验数据记录

实验数据记录表如表 2.23、表 2.24 所示。

突然扩大前管径 d_1=________； 断面面积 A_1=________；

突然扩大后管径 $d_2=d_3$=________； 断面面积 $A_2=A_3$=________；

突然缩小前管径 d_4=________； 断面面积 A_4=________；

突然缩小后管径 d_5=________； 断面面积 A_5=________。

表 2.23 局部水头损失数据记录表

实验次序	各测点压力/Pa						流速的计算			
	P_1	P_2	P_3	P_4	P_5	P_6	体积 V/cm^3	时间 t/s	流量 $Q/(\text{cm}^3/\text{s})$	流速 u/(cm/s)
1										
2										
3										
4										
5										
6										

表 2.24 局部水头损失和局部阻力系数计算表

局部阻力形式	实验次序	流量 Q /(cm^3/s)	前断面		后断面		$h_{j实}$ /cm	$\zeta_{实}$	$\zeta_{理}$
			$\frac{u^2}{2g}$/cm	总水头 h /cm	$\frac{u^2}{2g}$/cm	总水头 h /cm			
突然扩大	1								
	2								
	3								
	4								
	5								
	6								

续表 2.24

局部阻力形式	实验次序	流量 Q /(cm³/s)	前断面		后断面		$h_{j实}$ /cm	$\zeta_{实}$	$\zeta_{理}$
			$\frac{u^2}{2g}$/cm	总水头 h /cm	$\frac{u^2}{2g}$/cm	总水头 h /cm			
突然缩小	1								
	2								
	3								
	4								
	5								
	6								

2.15.6 数据处理

计算管道流量、突扩和突缩断面的流速、断面前后动能、总水头、实测水头损失、实测局部阻力系数、理论局部水头损失。

举例：

实验测得数据：细管径 $d_1=d_5=1.4$ cm，粗管径 $d_2=d_3=d_4=2.8$ cm，温度 $T=17$ ℃，$P_1=4913.8$ Pa，$P_2=4851.6$ Pa，$P_3=4817.8$ Pa，$P_4=4785.4$ Pa，$P_5=4898.7$ Pa，$P_6=4764.5$ Pa，$V=1000$ mL，$t=15.2$ s。

(1) $Q=\frac{V}{t}=\frac{1000}{15.2}=65.8\ \text{cm}^3/\text{s}$

(2) 突然扩大前断面：$u_{前}=\frac{Q}{A}=\frac{65.8}{\frac{\pi}{4}\times 1.4^2}=42.74$ cm/s

(3) 突然扩大后断面：$u_{后}=\frac{Q}{A}=\frac{65.8}{\frac{\pi}{4}\times 2.8^2}=10.69$ cm/s

(4) 前断面：$\frac{u_{前}^2}{2g}=\frac{42.74^2}{2\times 9.8}=93.20$ cm

(5) 前断面总水头：$h_{前}=\frac{P_2-P_1}{\rho g}+\frac{u_{前}^2}{2g}=\frac{4851.6-4913.8}{100\times 100\times 9.8}+93.20=93.1994$ cm

(6) 后断面：$\frac{u_{后}^2}{2g}=\frac{10.69^2}{2\times 9.8}=5.83$ cm

(7) 后断面总水头：$h_{后}=\frac{P_2-P_1}{\rho g}+\frac{u_{后}^2}{2g}=\frac{4851.6-4913.8}{100\times 100\times 9.8}+10.69=10.6894$ cm

(8) $$h_{j实}=\frac{P_4-P_5-\frac{1}{2}(P_3-P_4)-(P_5-P_6)}{\rho g}+\frac{\alpha}{2g}\left[\left(\frac{4Q}{\pi d_4^2}\right)^2-\left(\frac{4Q}{\pi d_5^2}\right)^2\right]$$

$$=\frac{4785.4-4898.7-\frac{1}{2}(4817.8-4785.4)-(4898.7-4764.5)}{100\times100\times9.8}+(93.20-5.83)$$

$$=87.0957\ \text{cm}$$

(9) $\zeta_{实}=\frac{h_{j实}}{\alpha u_1^2/(2g)}=\frac{87.0957}{93.20}=0.9345$

(10) $\zeta_{理}=1-\frac{d_1^2}{d_2^2}=1-\frac{1.4^2}{2.8^2}=0.75$

2.15.7 注意事项

(1) 排气正确完成的特征是下游阀门全关时，比压计各个测压管水面处于同一水平面上，否则需要排气调平。

(2) 每次改变流量，测量必须在水流恒定后方可进行。

(3) 实验点的压差值不宜太接近。适当减小流量，需要稳定 2～3 min 后测量在新工况下的实验结果。

(4) 由于装置较大，为了提高测量的精度和效率，每组实验最好由两名同学一起完成，分别负责比压计读数及在量水箱处调节阀门与测量实际流量。

(5) 注意爱护秒表等设备。

(6) 实验结束后，关闭电源开关，拔掉电源插头，并使实验装置的 4 组并联循环系统的阀门均处于打开状态。

(7) 实验操作时不要用力过猛，以免损坏仪器。

(8) 读数时，测压管水头液面可能会有脉动，注意读取平均值。

2.15.8 问题讨论

(1) 结合实验成果，分析比较突扩与突缩在相应条件下的局部损失大小。

(2) 结合实验中的水力现象，分析局部阻力损失机理，产生突扩与突缩局部阻力损失的主要因素，以及怎样减小局部阻力损失。

(3) 将实验测量得到的 ζ 值和理论公式计算值（突扩）与经验公式值（突缩）相比较，并对结果做出分析。

(4) 管径粗细相同、流量相同的条件下，试问 $d_1/d_2(d_1>d_2)$ 在何范围内圆管突然扩大的水头损失比突然缩小的大？

2.15.9 实验报告要求

将数据表格绘制在实验报告中，并将实验测试数据记录在表格中，根据数据处理要求进行计算和分析，并将计算结果填入对应的表格当中，对测试结果和计算结果进行误差分析，要求误差分析内容全面，可参考本书 1.1.1 节实验数据误差分析，最终对实验做出总结。

2.16 孔口、管嘴各项系数测定实验

孔口和管嘴出流无论是在自然界和日常生活中，还是在实际工程中都有广泛的应用。例如，水利工程中的各种闸门，给排水和消防工程中的水龙头、水栓，各类柴油机和汽轮机使用的喷嘴，汽轮机的汽化器，各种车辆的减震器等。孔口、管嘴出流问题是一个受多种因素影响的较为复杂的流体力学问题，测定其各项系数对于实际工程具有重要意义。

2.16.1 实验目的

(1) 观察典型孔口和管嘴自由出流的水力现象与圆柱管嘴的局部真空现象。

(2) 测定孔口、管嘴自由出流的各项系数：收缩系数 ε，流量系数 μ，流速系数 φ 和阻力系数 ζ。

(3) 分析不同出口形状的管嘴(圆柱形管嘴、锥形管嘴)对出流能力的影响，以及孔口与管嘴过流能力不同的原因。

2.16.2 实验设备

如图 2.53 所示，实验设备的稳压水箱侧壁上设置有圆形孔口以及圆柱形管嘴，箱内有整流板、溢流板以保持水头恒定，在孔口和管嘴上安装门盖以控制出流。在圆柱形管嘴收缩断面处设测压管以观察真空现象并测量真空值。

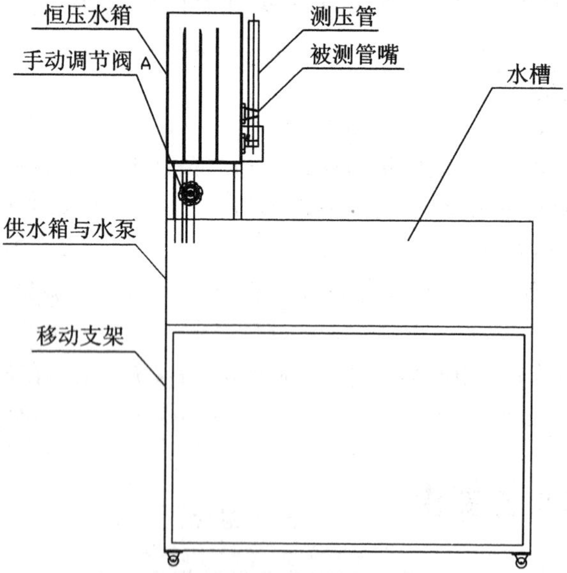

图 2.53 孔口管嘴实验仪

2.16.3 实验原理

(1) 孔口出流(图 2.54):对于 $d/H<0.1$ 的小孔口,当其完全收缩时,由于水流惯性作用,在离孔口约 $d/2$ 的 C—C 断面处,水股断面收缩到最小,该收缩断面 A_c 与孔口断面面积 A 的关系为 $A_c=\varepsilon A$,其中 ε 称为收缩系数。

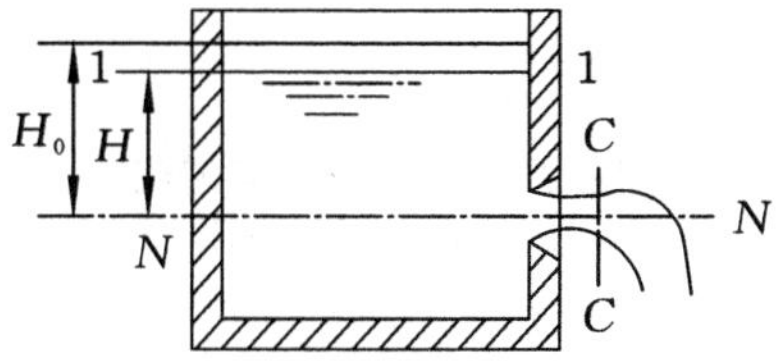

图 2.54 孔口出流原理图

对水面 1—1、收缩断面 C—C 列能量方程式,可得

$$H_0=(1+\zeta_c)\frac{v_c^2}{2g} \tag{2.78}$$

$$v_c=\frac{1}{\sqrt{1+\zeta_c}}\sqrt{2gH_0} \tag{2.79}$$

令:$\varphi=\dfrac{1}{\sqrt{1+\zeta_c}}$,

$$v_c=\varphi\sqrt{2gH_0} \tag{2.80}$$

式中 v_c——孔口出流收缩断面上的流速,m/s;

φ——孔口流速系数,根据实测,$\zeta_c=0.06$;

H_0—— 孔口的作用水头,m。

孔口的出流量:

$$Q=A_c v_c=A_c\varphi\sqrt{2gH_0} \tag{2.81}$$

$$\mu=\varepsilon\varphi \tag{2.82}$$

$$Q=\mu A\sqrt{2gH_0} \tag{2.83}$$

式中 Q——孔口出流的流量,m^3/s;

μ——孔口的流量系数;

A——孔口面积,m^2。

(2) 管嘴出流(图 2.55):当器壁较厚或孔口上加接短管并且器壁厚度或管长相当于孔口直径的 3～4 倍时,则称作管嘴,也叫作厚壁孔口。这种出流现象称作管嘴出流。在管嘴内存在一收缩断面 C—C,液流在随后扩大时,将出现旋涡区,常称这种收缩为内部收缩。在水面 1—1 与管嘴出口断面 2—2 处列能量方程得:

$$H_0=(1+\zeta)\frac{v_2^2}{2g} \tag{2.84}$$

由此得管嘴出流的速度:

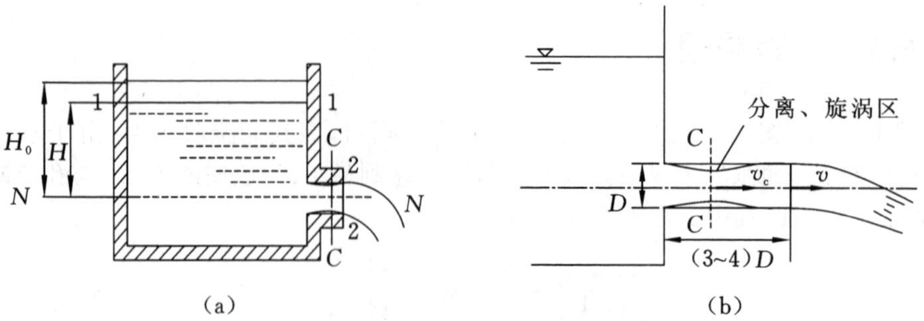

图 2.55 管嘴出流原理图

(a) 管嘴出流示意图;(b) 管嘴出流现象示意图

$$v=v_2=\frac{1}{\sqrt{1+\zeta}}\sqrt{2gH_0} \tag{2.85}$$

令:$\varphi=\frac{1}{\sqrt{1+\zeta}}$,代入上式后得:

$$v=\varphi\sqrt{2gH_0} \tag{2.86}$$

式中 v——管嘴出流的流速,m/s;

H_0——管嘴的作用水头,m;

φ——管嘴的流速系数。

由于 $\zeta=0.5$,

$$Q=\mu A\sqrt{2gH_0} \tag{2.87}$$

式中 Q——管嘴出流的流量,m^3/s;

μ——管嘴的流量系数;

A——管嘴的过流面积,m^2;

H_0——管嘴的作用水头,m。

对于圆柱形外管嘴,由于出口断面没有收缩,因此流量系数等于流速系数。即 $\mu=\varphi=0.82$,通过实验,可测量出圆柱形外管嘴在 $C—C$ 处出现端面收缩,而产生真空。真空度能够达到作用水头的 75%,这相当于把作用水头增大 75%,因此管嘴出流的流量大于孔口出流的流量。

2.16.4 实验步骤

(1) 记录有关常数,如孔口与管嘴的直径、出口中心高等。各孔口、管嘴用橡皮塞塞紧。

(2) 打开水泵开关,使恒压水箱充满水,至溢流后,再打开孔口,待水面稳定后,观察各种薄壁孔口出流水股的收缩现象,测量出流收缩断面尺寸,测记孔口收缩断面的直径(重复测量 3 次),计算收缩断面面积。采用同样的方法测定各管嘴出流,测量孔口收缩管嘴的作用水头,一般应测 3~5 次,并取其平均值。

测量孔口收缩断面直径的方法:用孔口两边的移动触头。先松动螺丝,移动一边触头将其与水股切向接触,并旋紧螺丝,再移动另一边触头,使其与水股切向接触,并旋紧螺丝。再将旋板开关以顺时针方向关上孔口，用卡尺测量触头间距，即为射流直径。实验时将旋板置于不工作的孔口或管嘴上，尽量减少旋板对工作孔口、管嘴的干扰。

(3) 记录孔口与管嘴出流的流量和作用水头，并重复测三次或三次以上。

(4) 根据实测数据，计算各项系数。

(5) 关闭水泵，清理实验桌面及场地。

2.16.5 实验数据计算和处理

孔口管嘴实验数据记录与计算表见表 2.25。

表 2.25 孔口管嘴实验数据记录与计算表

项目	圆孔口		直管嘴		锥管嘴	
管径 d/cm						
液面读数 H_1/cm						
位置高度 z/cm						
V/cm^3						
t/s						
$Q/(cm^3/s)$						
$Q_{平均}/(cm^3/s)$						
作用水头 H_0/cm						
d_c/cm			—		—	
ε			1		1	
φ						
μ						

2.16.6 数据处理

计算孔口、直管嘴、锥管嘴出流的作用水头 H_0、流量 Q、收缩系数 ε、流量系数 μ、流速系数 φ 和阻力系数 ζ。

举例：

实验测得数据：孔口直径 $d=1.5$ cm，液面读数 $H_0=39.6$ cm，位置高度 $z=0$，体积 $V_1=1850$ mL，$V_2=1600$ mL，时间 $t_1=4.54$ s，$t_2=4.37$ s，收缩直径 $d_c=1.45$ cm。

(1) 孔口作用水头 $H_0=H-z=39.6-0=39.6$ cm；

(2) $Q_1=\dfrac{V_1}{t_1}=\dfrac{1850}{4.54}=407.49\ cm^3/s$；

(3) $Q_2=\dfrac{V_2}{t_2}=\dfrac{1600}{4.37}=366.13\ cm^3/s$；

(4) $Q_{平均}=\frac{Q_1+Q_2}{2}=\frac{407.49+366.13}{2}=386.81\ \mathrm{cm^3/s}$；

(5) $\varepsilon=\frac{A_c}{A}=\frac{d_c^2}{d^2}=\frac{1.45^2}{1.5^2}=0.93$

(6) $\mu=\frac{Q_{平均}}{A\sqrt{2gH_0}}=\frac{386.81}{\frac{3.14\times1.5^2}{4}\times\sqrt{2\times980\times39.6}}=0.79$

(7) $\varphi=\frac{\mu}{\varepsilon}=\frac{0.79}{0.93}=0.85$

2.16.7 注意事项

(1) 实验顺序为先管嘴后孔口，每次塞橡皮塞前，先用旋板将进口盖好，以免水花溅开；关闭孔口时旋板的旋转方向为顺时针，否则水易溅出。

(2) 实验时将旋板置于不工作的管嘴上，避免旋板对工作孔口、管嘴的干扰。不工作的孔口、管嘴应用橡皮塞塞紧，防止渗水。

2.16.8 问题讨论

(1) 当水头 H 有变化时，孔口流出的流量、收缩、流速及阻力等各项系数及管嘴流出的流量及阻力等各项系数是否变化？为什么？

(2) 孔口出流的流量系数的影响因素有哪些？

(3) 管嘴出流的流量系数的影响因素有哪些？

2.17 孔板流量计实验

孔板流量计是一种节流装置，节流装置又称为差压式流量计，是由一次检测件（节流件）和二次装置（差压变送器和流量显示仪）组成，广泛应用于气体、蒸汽和液体的流量测量，如差压变送器、温度变送器和压力变送器等。

此外，为了提高测量精度和稳定性，孔板流量计通常会配备一些辅助设备，将标准孔板与多参数差压变送器（或温度交送器及压力变送器）配套组成高量程比的差压流量装置，这些设备可以对流体进行更全面的监测和控制，可测量气体、蒸汽、液体等的流量，广泛应用于石油、化工、冶金、电力、供热、供水等领域的过程控制和测量，从而确保测量结果的准确性和可靠性。

2.17.1 实验目的

(1) 了解孔板流量计工作原理；

(2) 测定孔板流量计流量系数 α。

2.17.2 实验原理

2.17.2.1 孔板流量计的结构原理

孔板流量计是一种常用的计量工具,它是一种差压流量计,基于伯努利定理进行流量测量。其工作原理是当流体流经不同截面面积的管道时,流速快的地方压力低,反之亦然。具体来说,孔板流量计通过在管道内安装一个具有特定形状和尺寸的孔板来产生压差。当流体通过孔板时,由于流通面积突然变小,导致流速增加、静压降低,在节流件前后便产生了压差。这个压差与流量之间存在一定的关系,因此可以通过测量压差来确定流体的流量。孔板流量计广泛应用于工程实际、科研工作和实验室中,其原理示意图如图 2.56 所示。

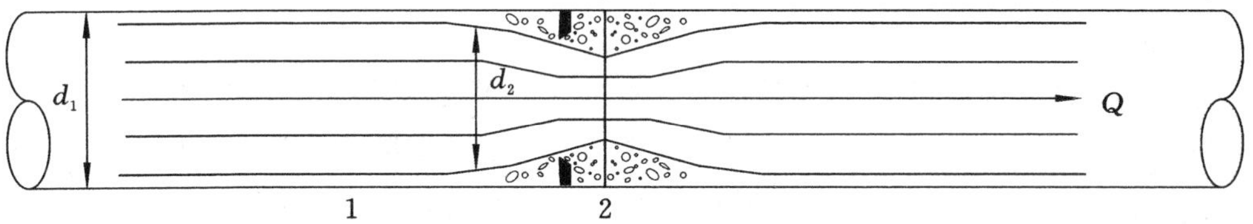

图 2.56 孔板流量计原理示意图

水流通过孔板前后产生压差,其差值随着流量而变,根据压差大小,即可求得通过的流量。孔板流量计的计算公式都为经验公式。

孔板流量计的孔板系数计算公式:

$$Q=\alpha Q'=\alpha\times\frac{\pi}{4}d^2\times\varepsilon\times\sqrt{\frac{2\Delta P}{\rho}} \tag{2.88}$$

式中 Q——液体实际流量,m^3/s;

Q'——理想流量,m^3/s;

α——孔板流量计的孔板系数;

d——节流管内径,m,本装置孔板孔径为 0.007 m;

ΔP——压差,Pa;

ε——流速膨胀校准系数,对于不可压缩流体,$\varepsilon=1$;

ρ——流体密度,kg/m^3。

2.17.2.2 孔板流量计的特点

(1) 标准节流是通用的,并得到了国际标准组织的认可,无须实流校准,即可用在流量传感器中。

(2) 结构简单,牢固,性能稳定可靠,价格低廉。

(3) 应用范围广,包括全部单相流体(液、气、蒸汽)、部分混相流,一般生产过程的管径、工作状态(温度、压力)皆可以测量。

(4) 检测件和差压显示仪表可分别由不同厂家生产,便于专业化规模生产。

(5) 测量的重复性、精确度在流量传感器中属于中等水平,由于众多因素的影响错综复杂,精确度难以提高。

(6) 范围度窄,由于流量系数与雷诺数有关,一般范围度仅(3:1)~(4:1)。

(7) 有较长的直管段长度要求,一般难以满足。尤其对于较大的管径,问题更加突出。

(8) 压力损失大。

(9) 孔板以内孔锐角线来保证精度,因此传感器对腐蚀、磨损、结垢、脏污敏感,长期使用精度难以保证,需每年拆下强检一次。

(10) 采用法兰连接,易产生跑、冒、滴、漏问题,大大增加了维护工作量。

2.17.3 实验装置

本实验采用数据采集型流体力学综合实验台进行测定,结构示意图如图 2.24 所示。本实验采用实验装置中的孔板流量计实验管进行实验,孔板流量计实验管如图 2.57 所示,主管长为 1100 mm,管内径为 14 mm,孔板流量计孔径为 7 mm。

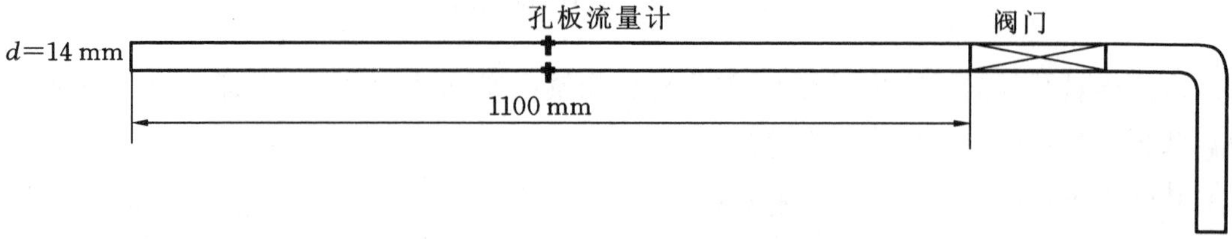

图 2.57 孔板流量计实验管

2.17.4 实验步骤

2.17.4.1 实验准备工作

(1) 认真阅读实验指导书,熟悉实验装置各部分的名称、作用性能和孔板的构造特征,以及实验原理。并测记各有关的常数和实验参数,填入实验表格。

(2) 接通电源,并将水泵插座插在实验台插孔上,在系统界面选择孔板实验进入孔板实验界面,打开水泵开关,此时也可再进行一次压力校正和流量校正。

(3) 点击实验界面上的水泵控制(水泵开关按钮显示绿色为启动,红色为停止)即开启水泵以及水泵上水管和上水阀,可以观察到自循环供水器内水位高过溢流板后,水箱水位不变,即实现恒压供水。

(4) 排气:打开实验管上的流量调节阀门,通过水流将管路内的空气带走。排净管内空气后，将流量调节阀关闭并观察各个压力点数值是否相同，如果各个测压点数值不同则可能是管路内局部堵塞，有气泡或者漏水等问题，需再次排查并解决，调节完成时，在实验管上的流量调节阀均关闭的情况下，各个测压点的数值应相同。

2.17.4.2 实验操作步骤

(1) 点击主界面的孔板实验，进入孔板实验装置操作界面，如图 2.58 所示。

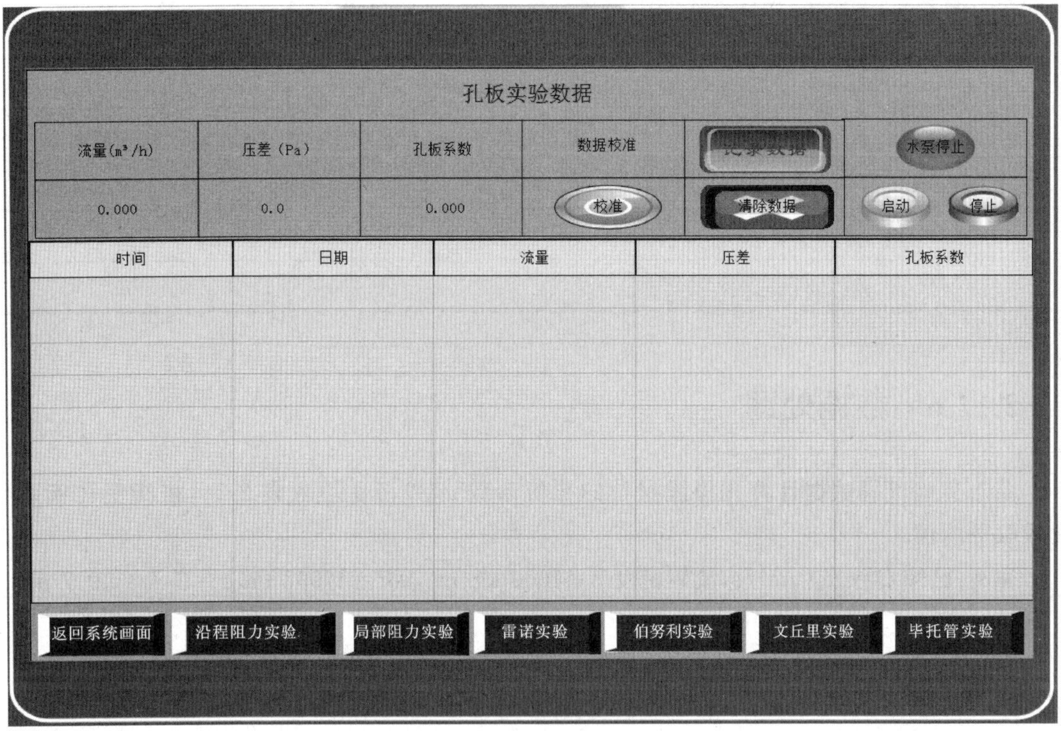

图 2.58 孔板实验装置操作界面

(2) 点击数据校准按钮，对数据进行校准。

(3) 确保流量计的电源接通，观察流量计的显示状况。

(4) 保持其他实验管路开关阀关闭，打开孔板流量计管路开关阀，打开流量调节阀，并缓慢调节至一定流量，让水流经实验管路。

(5) 观察流量计示数和压差计示数变化；待流量计示数和压差计示数稳定后，点击数据记录按钮记录实验数据。

(6) 逐渐调大流量调节阀，重复步骤(5)，总共取 5～10 组数据。

(7) 关闭测试管路的阀门。点击返回系统画面按钮回到主界面。

2.17.5 实验数据记录

实验数据记录见表 2.26。

实验管内径 $d=$________m；水温 $t=$________℃。

表 2.26 孔板流量计实验数据计算表

实验次序	$Q/(m^3/h)$	$\Delta P/Pa$	孔板系数 α
1			
2			
3			
4			
5			

2.17.6 数据处理

根据实验所得数据计算孔板流量计的孔板系数 α，并将 α 填入表 2.26，将所得孔板系数最后取平均值。

举例：已知 $Q=150\ cm^3/s$，流体密度 $\rho=1000\ kg/m^3$，$\Delta P=17997\ Pa$，$\varepsilon=1$，$d=0.007\ m$。

由 $Q=\alpha\times\frac{\pi}{4}d^2\times\varepsilon\times\sqrt{\frac{2\Delta P}{\rho}}$ 得到，

$$\alpha=\frac{4Q}{\pi\varepsilon d^2}\sqrt{\frac{\rho}{2\Delta P}}=\frac{4\times150\times10^{-6}}{3.14\times1\times0.007^2}\times\sqrt{\frac{1000}{2\times17997}}=0.65$$

流量系数 α 最后取平均值。

2.17.7 注意事项

(1) 改变流量时，需待开关改变后，水流稳定至少 2 min，方可记录。

(2) 调节进水阀门和出水阀门时一定要配合好，出水阀门一般情况下应全开，只有当右测压管中水位低到看不见，才稍关小，使水位上升至适当的位置。

(3) 实验操作时，动作一定要轻，不要用力过猛，以免损坏仪器。

(4) 压差下降要均匀，提高实验精度。

(5) 整理资料时，一定要注意单位的统一。

(6) 实验时一定要注意用电安全和节约用水。

2.17.8 问题讨论

(1) 分析在实验中保持水流稳定的重要性。

(2) 在实验中影响孔板流量计流量大小的因素有哪些？哪个影响因素最敏感？

(3) 在实际生产应用中孔板流量计有哪些优缺点？

(4) 结合实验现象分析孔板流量计的工作原理。

2.17.9 实验报告要求

将数据表格绘制在实验报告中，并将实验所测数据记录到表格当中，根据数据处理要求进行计算和分析，并把计算的结果填入对应的表格中，对测试结果和计算结果进行误差分析，要求误差分析内容全面，可参考本书 1.1.1 节实验数据误差分析，最终对实验做出总结。

3 专业实验

3.1 离心泵性能曲线的测定

离心泵作为流体输送系统中的核心装置，其工作效果和稳定性直接影响着流体输送的效率和安全性。离心泵性能曲线的测定包含多个重要指标的测量和分析，如流量、扬程、效率、功率等。通过调整进口压力、阀门开启度等操作参数，可以模拟不同工况下离心泵的运行状态。因此，进行离心泵性能曲线的测定实验既可以为离心泵的设计和优化提供参考依据，也可以为实际应用中的运行和维护提供科学依据。

3.1.1 实验目的

(1) 了解离心泵性能。

(2) 了解、学习离心泵性能曲线的测定方法。

(3) 熟悉离心泵操作方法及性能曲线的应用，绘制离心泵特性曲线（H-Q 扬程和流量曲线，N-Q 功率和流量曲线，η-Q 效率曲线）。

3.1.2 实验设备

泵性能实验装置如图 3.1 所示。

3.1.3 实验原理和方法

(1) H-Q 扬程和流量曲线

取离心泵进口真空表和出口压力表处为 1、2 两截面，列机械能衡算方程：

$$z_1+\frac{P_1}{\rho g}+\frac{u_1^2}{2g}+H=z_2+\frac{P_2}{\rho g}+\frac{u_2^2}{2g} \tag{3.1}$$

若泵进口流体速度相差不大，则速度平方差可忽略，则有

$$H=z_2-z_1+\frac{(P_2-P_1)}{\rho g}+\frac{u_2^2-u_1^2}{2g} \tag{3.2}$$

式中 z_1，z_2——分别为真空表、压力表的安装高度，m，令 $H_0=z_2-z_1$，表示泵出口和进口的位差，本实验为 0.235 m；

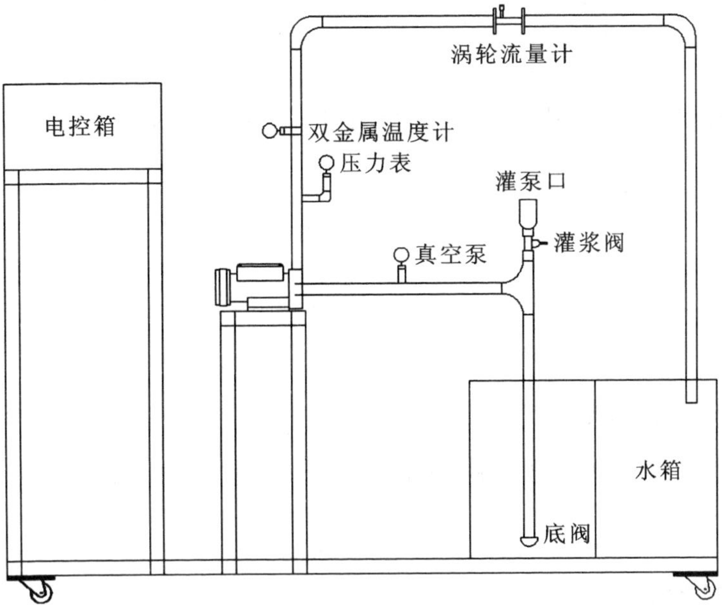

图 3.1　泵性能实验装置(一)

ρ——流体密度,kg/m^3;

g——重力加速度,m/s^2;

P_1,P_2——分别为泵进口的真空度和泵出口的表压,Pa;

u_1,u_2——分别为泵进口、出口流体的速度,m/s,本实验中由于泵进出口管路管径相同,故可默认 u_1、u_2 相等;

ΔP——泵的出口和进口之间的压差,Pa。

利用进出水阀门调节流量,测定 H、Q 的数值。Q 用转子流量计测量;H 也可由下式计算。

$$H=M+V+Z+\frac{V_2^2-V_1^2}{2g} \tag{3.3}$$

式中　M——压力表读数(化成水柱高度),m;

V——真空表读数(化成水柱高度),m;

Z——压力表至真空表接出点之间的高度,m。

V_2,V_1——泵进出口流体速度,一般进口和出口管径相同,$D_2=D_1$,$V_2=V_1$,所以

$$\frac{V_2^2-V_1^2}{2g}=0 \tag{3.4}$$

逐次改变进出口阀门的开度,测得不同的 Q 值和其相应的水头 H 值,在 H-Q 坐标系中得出相应的若干测点,将这些点光滑地连接起来,即得水泵 H-Q 的曲线。

(2) N-Q 功率和流量曲线

测定泵在不同流量 Q 时的输入功率为 N(N 为电机的输出功率),绘制 N-Q 曲线。

本设备在电功率表上直接测得电机的输出功率,那么从 $Q=0$ 开始,可得到不同的流量

Q 值，对应不同的扬程 H，将这些点光滑地连接起来，即为水泵的 H-Q 曲线。根据不同流量时的功率 N，绘制 N-Q 曲线。

(3) η-Q 效率曲线

利用 H-Q 曲线、N-Q 曲线，任取一个 Q 值可以得出相应的 H 和 $N_{轴}$ 值，由此可以求得该流量下的相应效率 η 值：

$$\eta=\frac{\gamma \cdot Q \cdot H}{10^3 \times N_{轴}} \times 100\% \tag{3.5}$$

式中 γ——水的重度，N/m^3；

H——扬程，m；

Q——流量，m^3/s；

$N_{轴}$——轴功率，kW。

取若干个 Q 值，并求得相应的 H 值和 $N_{轴}$ 值，即可算出相应 η 值，在 η-Q 坐标系中可光滑地连出泵的 η-Q 效率曲线。

3.1.4 实验步骤

(1) 实验前准备：记录装置的常数 Z 值；接上电源，为水箱加水。

(2) 开动电机，使水泵运转，此时进出口阀门关闭，为空载状态，测读压力表读数 M_0、真空表读数 V_0 及功率表读数。

(3) 略开进出水阀门水泵开始给水，并利用转子流量计计量在此工况下的流量 Q。

(4) 逐次调节进出水阀门，重复上述步骤，测读相应的 M、V、N 和 Q。

(5) 根据测试数据，在坐标系中标出实验点，最后光滑地绘制出 H-Q、N-Q 和 η-Q 曲线（可以在一张图上绘出）。

3.1.5 实验记录

实验数据可记录在表 3.1 中：Z=______m。

表 3.1 离心泵特性曲线数据计算表

序号	M/MPa	V/MPa	N/kW	Q/(m^3/h)	备注
1(空载)					
2					
3					
4					
5					
6					

3.1.6 实验数据处理

记录下每次实验的数据并结合式(3.3)、式(3.5)计算出 H、η，将计算步骤写入报告册。根据计算结果绘制出离心泵的性能曲线图（H-Q 扬程和流量曲线，N-Q 功率和流量曲线，η-Q效率曲线）

例如，实验测得数据：$Z=0.32\ \text{m}$；压力表 $M=0.24\ \text{MPa}$，真空表 $V=-0.004\ \text{MPa}$，$N_{轴}=660\ \text{W}$，$Q=1.11\ \text{m}^3/\text{h}$。

(1) $H=M+V+Z=24-0.4+0.32=23.92\ \text{m}$；

(2) $\eta=\dfrac{\gamma\cdot Q\cdot H}{N_{轴}}\times100\%=\dfrac{9800\times1.11\times23.92}{3600\times660}\times100\%=10.95\%$。

3.1.7 注意事项

(1) 泵启动前，需要保持其出口阀关闭，泵启动后再打开；泵关闭前，也需要先关闭其出口阀。离心泵不可闭阀运转太长时间，故闭阀启动后需及时打开阀门，运转过程中关闭出口阀后需及时停泵。

(2) 如本次实验与下次实验间隔时间较长，需要将系统中的水排空。本次实验全部结束后，下次实验需要重新灌泵。

3.1.8 问题讨论

(1) 离心泵启动前为什么要灌泵排气?

(2) 离心泵为什么要闭阀启动?

(3) 离心泵发生汽蚀的原因是什么? 离心泵汽蚀有哪些危害?

3.1.9 实验报告要求

(1) 列出原始数据和计算结果，并以其中一组数据为例，写出详细计算过程。

(2) 在合适的坐标系中标绘离心泵的特性曲线。

(3) 根据实验所得到的曲线分析扬程、轴功率、效率随流量的变化规律，对实验结果进行分析对比，分析实验中的误差来源。

3.2 离心泵串并联实验

离心泵串并联实验旨在研究离心泵系统在不同工况下的运行特性和性能。串联和并联是常见的泵组合方式。串联是指将两个或多个离心泵依次安装在管道中，泵后的出口连接到下一个泵的进口，形成一个泵串联的系统。这种方式能够增加系统的扬程和压力，提高流量传输能力。并联是指将两个或多个离心泵同时安装在管道中，各泵的进口和出口连接在一起，形成一个泵并联的系统。这种方式能够增加系统的流量和传输能力，提高工作效率。离心泵串并联实验对于深入了解离心泵的运行规律和优化设计具有重要意义。

3.2.1 实验目的

(1) 了解离心泵串并联工作时的运行特点。

(2) 掌握离心泵串并联运行性能的测定。

(3) 熟悉离心泵串并联运行的应用，绘制离心泵特性曲线[$(H\text{-}Q)_{\mathrm{I}+\mathrm{II}}$ 扬程和流量曲线]。

3.2.2 实验设备

泵性能实验装置如图 3.2 所示。

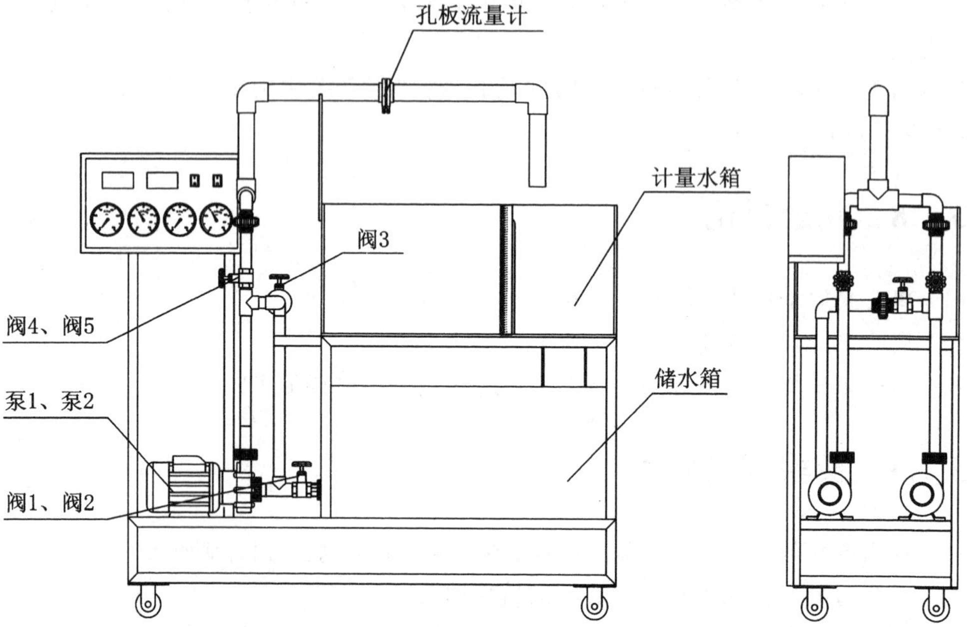

图 3.2 泵性能实验装置(二)

3.2.3 实验原理

在实际生产中，有时单台泵无法满足生产要求，需要几台泵组合运行。组合方式可以有串联和并联两种方式。下面讨论的内容限于多台性能相同的泵的组合操作。基本思路是：多台泵无论怎样组合，都可以看作是一台泵，因而需要找出组合泵的特性曲线。

3.2.3.1 离心泵并联

当用单泵不能满足工作需要的流量时，可采用两台泵（或两台以上）的并联工作方式，如图3.3所示。离心泵Ⅰ和泵Ⅱ并联后，在同一扬程（压头）下，其流量 $Q_{并}$ 是这两台泵的流量之和，$Q_{并}=Q_{Ⅰ}+Q_{Ⅱ}$。

并联后的系统特性曲线，就是在各相同扬程下，将两台泵特性曲线 $(Q\text{-}H)_{Ⅰ}$ 和 $(Q\text{-}H)_{Ⅱ}$ 上的对应的流量相加，得到并联后的各相应合成流量 $Q_{并}$，最后绘出 $(Q\text{-}H)_{并}$ 曲线如图3.4所示。实线为并联后的总特性曲线 $(Q\text{-}H)_{并}$，根据以上所述，在 $(Q\text{-}H)_{并}$ 曲线上任一点 M，其相应的流量 Q_M 是对应具有相同扬程的两台泵相应流量 Q_A 和 Q_B 之和，即 $Q_M=Q_A+Q_B$。

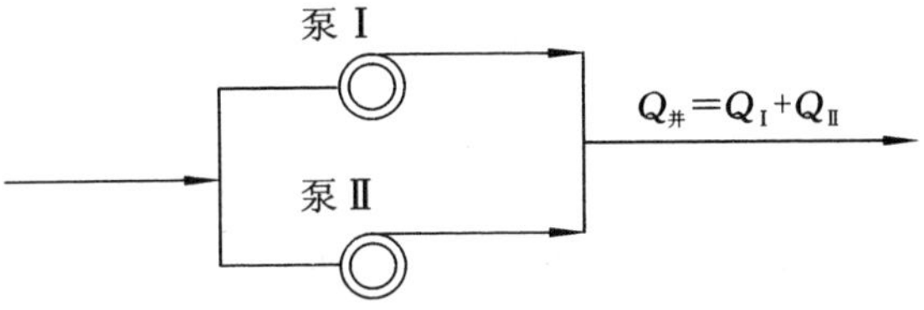

图3.3 泵的并联工作

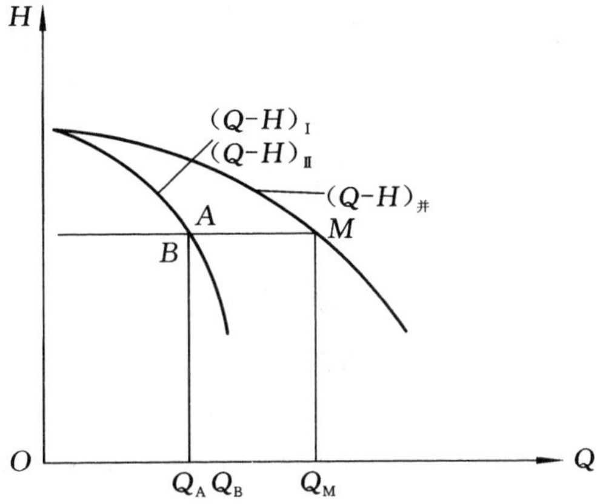

图3.4 两台性能曲线相同的泵的并联特性曲线

上文所述的是两台性能不同的泵的并联，而在工程实际中，普遍遇到的情况是同型号和同性能泵的并联。$(Q\text{-}H)_{Ⅰ}$ 和 $(Q\text{-}H)_{Ⅱ}$ 特性曲线相同，在图上彼此重合，并联后的总特性曲线为 $(Q\text{-}H)_{并}$。本实验台就是两台相同性能的泵的并联。

进行教学实验时，可以分别测绘出单台泵Ⅰ和泵Ⅱ工作时的特性曲线 $(Q\text{-}H)_{Ⅰ}$ 和 $(Q\text{-}H)_{Ⅱ}$，把它们合成为两台泵并联的总特性曲线 $(Q\text{-}H)_{并}$。再将两台泵并联运行，测出并联工况下的某些实际工作点，并与总特性曲线上相应点相比较。

3.2.3.2 离心泵串联

当单台泵工作不能提供所需要的扬程时，可用两台泵（或两台以上）的串联方式工作。离心泵串联后，通过每台泵的流量 Q 是相同的，而合成压头是两台泵的压头之和。串联后的系统总特性曲线，是在同一流量下把两台泵对应扬程叠加起来就可得出泵串联的相应合成压头，从而可绘制出串联系统的总特性曲线 $(Q\text{-}H)_{串}$，如图3.5所示。串联特性曲线 $(Q\text{-}H)_{串}$ 上的任一点 M 的压头 H_M，为对应于相同流量 Q_M 的两台单泵Ⅰ和Ⅱ的压头 H_A 和 H_B 之和，即 $H_M=H_A+H_B$。

实验时，可以分别测绘出单台泵泵Ⅰ和泵Ⅱ的特性曲线 $(Q\text{-}H)_{Ⅰ}$ 和 $(Q\text{-}H)_{Ⅱ}$，并将它们合成为两台泵串联的总特性曲线 $(Q\text{-}H)_{串}$，再将两台泵串联运行，测出串联工况下的某些实际工作点并与总特性曲线的相应点相比较。

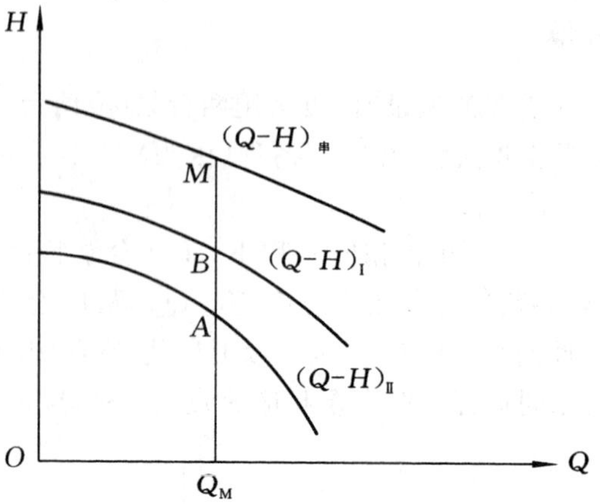

图 3.5　离心泵串联曲线

泵的扬程用下式计算：

$$H = z_2 - z_1 + \frac{(P_2 - P_1)}{\rho g} + \frac{u_2^2 - u_1^2}{2g} \tag{3.6}$$

式中　ρ——流体密度，kg/m^3；

g——重力加速度，m/s^2；

P_1,P_2——泵初始进口的真空度和泵最后出口的表压，Pa；

z_1,z_2——真空表、压力表的安装高度，m，本实验装置可取 $z_2-z_1=0.235$ m。

3.2.4　实验步骤

3.2.4.1　两台泵并联工况下特性曲线$(Q\text{-}H)_{并}$的测定

(1) 保持阀门 3 关闭，打开阀门 1、2，启动离心泵 1、2，打开阀门 4、5，观察设备运转情况；

(2) 开始实验，实验时，先关闭阀门 5，调节阀门 4 至流量计示数为 1 m^3/h，然后再逐步打开阀门 5，调节至流量为 2 m^3/h，读取并记录相应数据(主要获取的实验参数为：流量 Q、泵 1 进口压力 P_1、泵 1 出口压力 P_2、泵 2 进口压力 P_3、泵 2 出口压力 P_4)。

(3) 逐步调节阀门 4 至流量计示数为 3 m^3/h，然后再逐步调节阀门 5，调节至流量为 4 m^3/h，读取记录相应数据。

注意：离心泵并联的流量范围应该在 1～9 m^3/h。

(4) 记录 5～10 组数据后，可以停泵(需先关泵出口阀，再关泵)。

3.2.4.2　两台泵串联工况下特性曲线$(Q\text{-}H)_{串}$的测定

(1) 保持阀门 1、5 关闭，阀门 2、3 全开，启动离心泵 1、2，打开阀门 4，观察设备运转情况。

(2) 开始实验：实验时，逐渐关小阀门 4 以改变流量，待各仪表读数显示稳定后，读取并记录相应数据(主要获取实验参数为:流量 Q、泵 2 进口压力、泵 1 出口压力)。

注意:离心泵串联的流量在 2~7 m^3/h 之间为宜。

(3) 记录 5~10 组数据后,可以停泵(需先关泵出口阀,再关泵)。

(4) 实验结束,可以停泵(需先关泵出口阀,再关泵)。

(5) 实验结束后,切断电源。

3.2.5 实验记录

实验数据可记录在表 3.2、表 3.3 中。

表 3.2 离心泵并联实验数据计算表

序号	流量/(m^3/h)	离心泵 1			离心泵 2		
		进口压力/MPa	出口压力/MPa	扬程/m	进口压力/MPa	出口压力/MPa	扬程/m
1							
2							
3							
4							
5							
6							

表 3.3 离心泵串联实验数据计算表

序号	流量/(m^3/h)	进口压力/MPa	出口压力/MPa	扬程/m
1				
2				
3				
4				
5				
6				

3.2.6 数据处理

利用式(3.6)计算泵并联、串联实验扬程,将计算步骤写入报告册。根据计算结果绘制出离心泵串联、并联的 H-Q 流量和扬程曲线。

举例:

离心泵并联实验数据:流量 $Q=2.0\ m^3/h$,泵 1 进口压力 $P_1=-0.0055$ MPa,出口压力

$P_2=0.310$ MPa，泵 2 进口压力 $P_1=-0.0045$ MPa，出口压力 $P_2=0.292$ MPa。离心泵串联实验数据：流量 $Q=6.88\ \mathrm{m^3/h}$，进口压力 $P_1=-0.0200$ MPa，出口压力 $P_2=0.0600$ MPa。

（1）离心泵并联：

① 进口管平均流速：$u_1=\dfrac{Q}{\dfrac{\pi}{4}d_1^2}=\dfrac{1.00}{3600\times\dfrac{\pi}{4}\times0.034^2}=0.3059\ \mathrm{m/s}$

② 出口平均流速：$u_2=\dfrac{Q}{\dfrac{\pi}{4}d_2^2}=\dfrac{1.0}{3600\times\dfrac{\pi}{4}\times0.026^2}=0.5232\ \mathrm{m/s}$

③ 泵 1 扬程：

$$H=0.235+\frac{(P_2-P_1)}{\rho g}+\frac{u_2^2\ \ u_1^2}{2g}$$

$$=0.235+\frac{(0.310+0.0055)\times1000000}{1000\times9.8}+\frac{0.5232^2-0.3059^2}{2\times9.8}=32.4381\ \mathrm{m}$$

④ 泵 2 扬程：

$$H=0.235+\frac{(P_2-P_1)}{\rho g}+\frac{u_2^2-u_1^2}{2g}$$

$$=0.235+\frac{(0.292+0.0045)\times1000000}{1000\times9.8}+\frac{0.5232^2-0.3059^2}{2\times9.8}=30.4924\ \mathrm{m}$$

（2）离心泵串联：

① 进口管平均流速：$u_1=\dfrac{Q}{\dfrac{\pi}{4}d_1^2}=\dfrac{6.88}{3600\times\dfrac{\pi}{4}\times0.034^2}=2.10493\ \mathrm{m/s}$

② 出口平均流速：$u_2=\dfrac{Q}{\dfrac{\pi}{4}d_2^2}=\dfrac{6.88}{3600\times\dfrac{\pi}{4}\times0.026^2}=3.59956\ \mathrm{m/s}$

③ $H=0.235+\dfrac{(P_2-P_1)}{\rho g}+\dfrac{u_2^2-u_1^2}{2g}$

$$=0.235+\frac{(0.060+0.0200)\times1000000}{1000\times9.8}+\frac{3.59956^2-2.10493^2}{2\times9.8}=8.83327\ \mathrm{m}$$

3.2.7 注意事项

（1）泵启动前，需要保持其出口阀关闭；启动后再打开；泵关闭前，也需要先关闭其出口阀。离心泵不可闭阀运转太长时间，故闭阀启动后需及时打开阀门，运转过程中关闭出口阀后需及时停泵。

（2）如本次实验与下次实验间隔时间较长，需要将系统中的水排空。本次实验全部结束后，下次实验需要重新灌泵。

3.2.8 问题讨论

(1) 为什么用泵的出口阀门调节流量？这种方法有什么优缺点？是否还有其他方法调节流量？

(2) 泵启动后，出口阀如果不开，压力表读数是否会逐渐上升？为什么？

(3) 正常工作的离心泵，在其进口管路上安装阀门是否合理？为什么？

(4) 离心泵的串联与并联各有什么优势？

3.2.9 实验报告要求

根据测试结果将数据表格绘制在实验报告中，并根据数据处理要求进行计算和分析，将处理过程绘制在坐标纸上，并附在实验报告中，对测试结果和计算结果进行误差分析，要求误差分析内容全面，可参考本书 1.1.1 节实验数据误差分析，最终对实验做出总结。

3.3 离心风机性能曲线的测定

离心风机性能曲线的测定实验在实际工作中应用广泛，主要应用于工业生产、空调制冷及公共设施建设过程中。离心风机通常在冶金、化工、建材等工业部门的气体输送和通风换气系统中应用较多。离心风机在中央空调、家用空调等制冷设备中起到送风和回风的作用，在地铁、隧道、体育馆等公共设施的通风系统中起到关键作用，所以需要了解离心风机的工作原理和性能特点，来提高离心风机的实际应用能力。

3.3.1 实验目的

本实验属于验证性实验，通过测定离心风机的流量、扬程和效率等数据来验证扬程和流量曲线、功率和流量曲线和效率曲线，具体实验目的如下：

(1) 熟悉风机各项性能参数及测试方法。

(2) 绘制固定转速下离心风机的特性曲线。

(3) 熟悉测定风压及电功率的装置，了解常用仪表的使用方法。

3.3.2 实验原理

离心风机是一种利用叶轮旋转产生离心力，将气体输送出去的设备，其性能主要由流量、压头和功率等参数来表征。通过改变风机的转速、入口导叶角度等方法，可以调整风机的性能。在实验中，通过测量不同工况下的流量、压头和功率等参数，可以绘制离心风机的性能曲线。

固定转速 n 下离心风机的特性曲线有 3 条，即 p-Q 曲线、N-Q 曲线和 η-Q 曲线，如图 3.6 所示。在转速 n 不变时，一个流量 Q 对应一组 p、N、η 值，分别测定在不同流量时各组的 p、N、η 值，将测值光滑地连接起来就得到 p-Q 曲线、N-Q 曲线和 η-Q 曲线。下面分别讲述这些参数的测定方法。

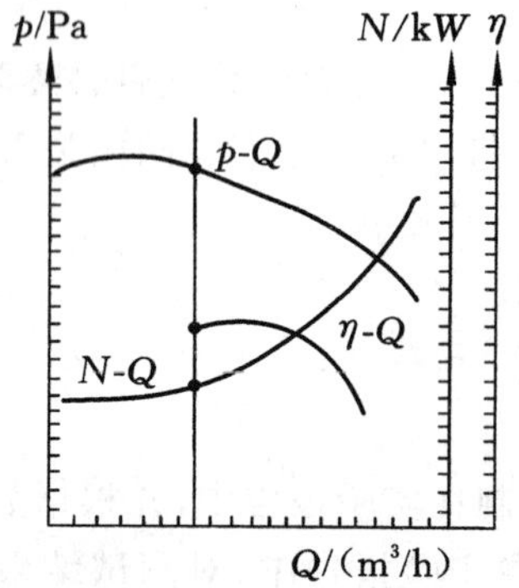

图 3.6　固定转速下的离心风机特性曲线

(1) 流量 Q

若假设测量位置的管径为 D，则有：

$$Q=A\cdot u=\frac{\pi D^2}{4}\cdot\sqrt{\frac{2\rho_{水}\,gh_d}{\rho}}\cdot 3600 \tag{3.7}$$

或者采用：

$$Q=\pi\varepsilon_n\varphi_n A_n\sqrt{\frac{p_n}{\rho}}\cdot 3600 \tag{3.8}$$

式中　Q——流量，m^3/h；

ε_n——膨胀系数，取 1；

φ_n——流量系数，取 0.99；

A_n——风道截面面积，m^2；

ρ——测定条件下的空气密度，kg/m^3；

p_n——风道静压，环形取压，Pa。

(2) 动压

① 进口动压(风机动压)

$$p_{d1}=\frac{1}{2}\rho\left(\frac{Q}{A_1}\right)^2 \tag{3.9}$$

式中　p_{d1}——进口动压，Pa；

A_1——风机进口截面面积，m^2。

② 出口动压(风机动压)

$$p_{d2}=\frac{1}{2}\rho\left(\frac{Q}{A_2}\right)^2 \tag{3.10}$$

式中　p_{d2}——出口动压，Pa；

A_2——风机出口截面面积，m^2；

Q——流量，m^3/s。

(3) 风机的全压和静压

风机的出口为大气，故出口静压 $p_{st2}=0$。

风机的进口静压由进口测压点测量，并减去损失。

风机的全压：

$$p=p_2-p_1=p_{d2}+|p_{std}|+\Delta_1-p_{d1} \tag{3.11}$$

式中 p_{d1}、p_{d2} 由计算得出，p_{std} 由测量得出。

风机的静压：

$$p_{st}=p-p_{d1} \tag{3.12}$$

(4) 风机的有效功率和功率

由于风机在运转过程中存在种种能量损失，使得风机的实际风压比理论风压值要低，而输入风机的功率要比理论值高，所以风机的总效率可以表示为：

$$\eta=\frac{N_\varepsilon}{N_{轴}} \tag{3.13}$$

式中 N_ε——风机的有效功率，W；

$N_{轴}$——电机输入风机的功率，W。

$$N_\varepsilon=(Q\times p)/1000/60 \tag{3.14}$$

$$N_{轴}=K\cdot N_{电}\cdot \eta_{电}\cdot \eta_{传} \tag{3.15}$$

式中 Q——每秒风量，m^3/s；

p——全风压，Pa；

K——用标准功率机校正功率标的校正系数，取 1.0；

$N_{电}$——电机的输入功率，kW；

$\eta_{电}$——电机效率，通常取 0.90；

$\eta_{传}$——传动装置的传动效率，一般取 1.0。

3.3.3 实验装置

实验装置如图 3.7 所示。

用于压力测试、功率测试的仪器设备有：

① 毕托管(L 形)。

② 微压计。

③ 手持式数值压力表。

④ QDF-6 型热球风速仪。

⑤ U 形管。

⑥ 空盒气压表。

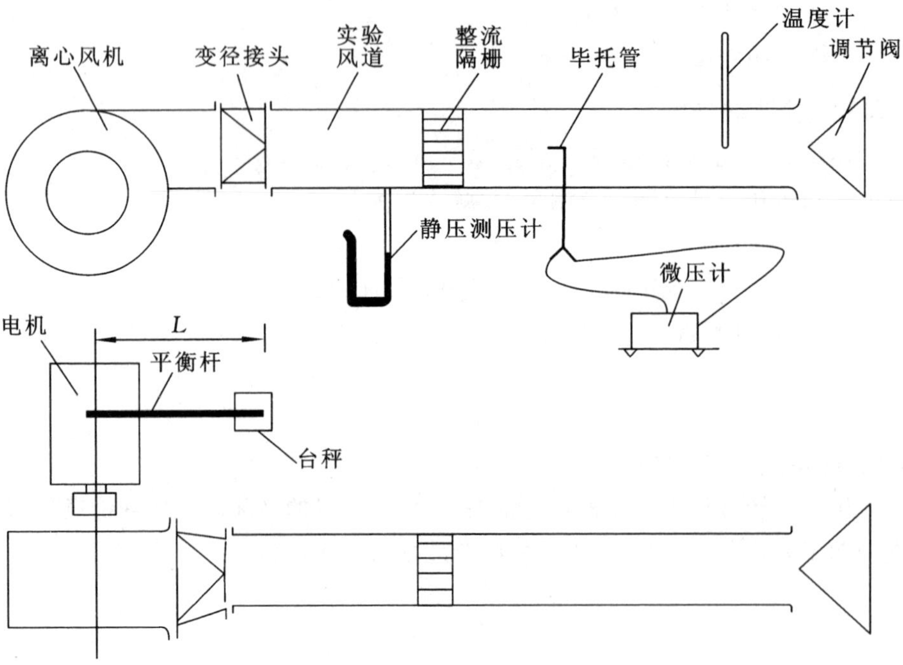

图 3.7　实验装置图

⑦ 多参数通风表。

⑧ 转速表。

3.3.4　实验方法与步骤

(1) 进行第一工况下的测试。记下测压管上的计数 p_n、p_{std}，同时测定电机功率。并记下测试环境的大气压力和温度，一般常温下，大气的密度是 1.29 kg/m^3。

(2) 通过变频器来调节运行风量，以改变风机工况。每调节一次风量，即改变一次工况(一般取 5 个工况，包括全开和全闭)。每一工况下，全面进行一次测试，即测量 p_n、p_{std}，以及大气压和现场温度。最后一个工况(即全闭工况)测试时，将调节阀全部堵死，使 $\Delta p_n=0$。

(3) 测定了不同工况下的上述实验数据以后，利用已知实验台原始参数和实验环境参数，通过它们之间的关系式，就可以算出各工况下的风机工作参量：流量 Q、全压 p、功率 N、全压效率 η。据此可以绘出风机特性曲线，并能换算出指定条件下的风机参数。

3.3.5　实验数据记录

将测定的原始数据记录于表 3.4 中，并计算整理。

大气压力 p_a=________ Pa；大气温度 t_a=________℃。

表 3.4 实验数据记录表

工况序号	集流器后静压差 p_n/Pa	风管静压 p_{std}/Pa	转速 n /(r/min)	电动机输入功率 $N_电$/W	频率 /Hz	流量 Q /(m^3/min)	风机全压 p/Pa	风机静压 p_{st}/Pa	全压效率 η/%	静压效率 η_{st}/%
1										
2										
3										
4										
5										
6										
7										
8										
9										
10										

3.3.6 数据处理

(1) 通风机流量：$Q=60A_1\varphi\sqrt{\dfrac{2p_n}{\rho}}$，$m^3$/min，其中 ρ 为流体介质密度；

(2) 大气密度：$\rho_a=\dfrac{p_a}{Rt_a}=\dfrac{p_a}{288\times(t_a+273)}$，kg/$m^3$，一般常温下，大气的密度是 1.29 kg/$m^3$；

(3) 风机进口动压：$p_{d1}=\dfrac{1}{2}\rho C^2=\dfrac{1}{2}\rho\left(\dfrac{Q}{60\times A_1}\right)^2$，Pa，

其中 $A_1=3.14\times0.01=0.0314$ m^2（半径为 0.1 m 的圆，集流器进风面积系数约为 0.67）；

(4) 风机进口压力损失：$\Delta_1=0.025\dfrac{L}{D}p_{d1}$；

(5) 风机进口全压：$p_1=p_{st1}+p_{d1}=p_{std}-\Delta_1+p_{d1}$；

(6) 风机出口全压：$p_2=p_{st2}+p_{d2}=p_{d2}=\dfrac{\rho}{2}\left(\dfrac{Q}{60\times A_2}\right)^2$，其中 $p_{st2}=0$；

其中 $A_2=0.13\times0.15=0.0195$ m^2（出口尺寸为 0.13 m 和 0.15 m，出口铁丝面积系数约为 0.8）；

(7) 风机全压：$p=p_2-p_1=\dfrac{\rho}{2}\left(\dfrac{Q}{60\times A_2}\right)^2+|p_{std}|+\Delta_1-p_{d1}$；

(8) 风机静压：$p_{st}=p-p_{d2}$；

(9) 风机的轴功率：$N_d=Nm\cdot\eta_e$，其中 η_e 为电机效率，取 $\eta_e=0.6$；

(10) 风机的全压效率：$\eta=\dfrac{pQ}{N_d}$；

(11) 风机的静压效率：$\eta_{st}=\dfrac{p_{st}Q}{N_d}$。

3.3.7 注意事项

(1) 实验过程中要遵循安全操作规程,佩戴适当的防护设备。

(2) 测量过程中要确保数据的准确性,尽量减少误差。

(3) 实验结束后要及时清理实验设备,保持设备的清洁。

3.3.8 问题讨论

(1) 与样本上的同类风机性能曲线相比,分析异同点及产生的原因。你认为应该如何提高测试精度?

(2) 在进行离心风机性能曲线测定实验时,需要考虑哪些因素?

3.3.9 实验报告要求

根据测试结果将数据表格绘制在实验报告中,并根据数据处理要求进行计算和分析,对测试结果和计算结果进行误差分析,要求误差分析内容全面,可参考本书 1.1.1 节实验数据误差分析,最终对实验做出总结。

3.4 粉尘真密度的测定

粉尘是工业生产和生活中常见的固体颗粒物,包括木屑、面粉、煤粉等。粉尘真密度是描述粉尘颗粒物体积与实际质量的比值,是粉尘颗粒物性能的重要物理参数之一。本实验旨在测定粉尘真密度,为粉尘颗粒物的性能评价提供参考数据。

由于粉尘爆炸是一种严重的安全生产事故,测定粉尘真密度有助于评估粉尘爆炸风险,采取相应措施预防事故的发生。粉尘真密度的测定广泛应用于环境检测、材料研究、工业生产、建筑施工及家庭生活过程中。测定粉尘真密度有助于评估空气污染程度,为环保部门提供决策依据,对于材料的研发和改进也具有重要意义。在工业生产中,也需要控制粉尘的真密度以保证产品质量,如水泥、粉煤灰等。在建筑施工过程中,会产生大量粉尘,测定粉尘真密度有助于评估施工环境的安全性,以便采取相应措施降低粉尘污染。在生活中有助于了解环境空气质量,为保持空气的清洁度提供依据。

3.4.1 实验目的

本实验为验证性实验,通过采用真空法测定粉尘真密度,验证真密度测定原理,了解影响真密度的因素,具体实验目的如下:

(1) 了解测定粉尘真密度的原理并掌握测定粉尘真密度的真空法。

(2) 了解引起真密度测量误差的因素及消除方法,提高实验技能。

(3) 加深对真密度和容积密度的识别。

(4) 通过测量粉尘颗粒的真密度,了解粉尘颗粒的物理性质,为后续的工艺控制和质量检测提供科学依据。

3.4.2 实验原理

利用液体介质浸没尘样,在真空状态下排除粉尘内部的空气,求出粉尘在密实状态下的体积的质量,然后计算出单位体积粉尘的质量,即真密度。

物质的密度:$\rho=m/V_c$。

先将一定量的试样(滑石粉)用天平称量,然后放入比重瓶中,用液体浸润粉尘,再放入真空干燥器中抽真空,排除粉尘颗粒间隙的空气,从而得到粉尘试样在真密度条件下的体积,然后根据上述公式计算可得到粉尘的真密度。

粉尘真密度的计算公式为:

$$\rho=\frac{M_2-M_1}{[(W-M_1)-(M_3-M_2)]}\times\rho_{水} \tag{3.16}$$

式中 M_1——比重瓶的质量,g;

M_2——比重瓶、粉体的质量之和,g;

M_3——比重瓶、粉体、液体的质量之和,g;

W——比重瓶、液体的质量之和,g;

$\rho_{水}$——测定温度下浸液密度,g/m³,取 $\rho_{水}=1.0\times10^6$ g/m³;

ρ——粉体的真密度,g/m³。

3.4.3 实验装置

(1) 抽气设备,如图 3.8 所示。

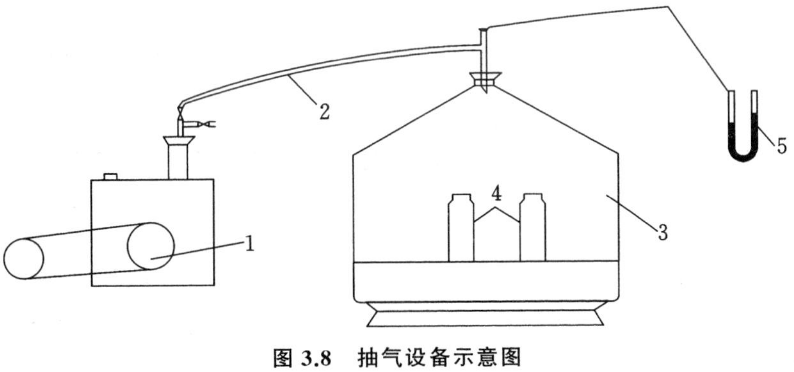

图 3.8 抽气设备示意图

1—真空泵;2—真空胶管;3—真空塔;4—比重瓶;5—压力计

(2) 分析天平。

(3) 水银温度计。

(4) 烧杯。

(5) 电热鼓风干燥箱。

(6) 真空干燥器。

(7) 滴管。

(8) 滑石粉试样，蒸馏水，纸巾若干。

3.4.4 实验方法与步骤

(1) 把比重瓶洗干净、烘干，称量其质量 M_1。

(2) 在比重瓶内装入一定量(约瓶体的 1/3)粉体试样，称量质量 M_2，则粉体质量 $M=M_2-M_1$。

(3) 将蒸馏水置于 250 mL 烧杯中用真空泵抽尽气体，用时 20～30 min。

(4) 将抽过气的蒸馏水注入装有试样的比重瓶内，约占瓶体的 2/3，然后将比重瓶放入真空干燥器内。

(5) 启动真空泵，抽气约 30 min。

(6) 取出比重瓶，向瓶内加满蒸馏水并称量质量 M_3。

(7) 倒出粉体和水，重新洗净比重瓶，装满蒸馏水，称量质量 W。

3.4.5 实验数据记录

将测定的原始数据记录于表 3.5 中，并计算整理。

表 3.5 实验数据记录表

项目	M_1/g	M_2/g	M_3/g	W/g
试样 1				
试样 2				
试样 3				
平均值				

注：本实验的液体采用纯水，纯水的真密度见表 3.6。

表 3.6 纯水的真密度

温度/℃	密度/(kg/m³)	温度/℃	密度/(kg/m³)	温度/℃	密度/(kg/m³)
0	0.99987	9	0.99981	18	0.99860
1	0.99993	10	0.99963	19	0.99842
2	0.99997	11	0.99963	20	0.99823
3	0.99999	12	0.99952	21	0.99802
4	1.00000	13	0.99940	22	0.99780
5	0.99999	14	0.99927	23	0.99756
6	0.99997	15	0.99913	24	0.99732
7	0.99993	16	0.99897	25	0.99707
8	0.99988	17	0.99880	26	0.99681

3.4.6 数据处理

利用式(3.16)计算粉尘真密度，将计算步骤写入报告册。

举例：

实验测得试样1数据：$M_1=20$ g，$M_2=30$ g，$M_3=45$ g，$W=40$ g；试样2数据：$M_1=25$ g，$M_2=35$ g，$M_3=50$ g，$W=45$ g；试样3数据：$M_1=30$ g，$M_2=40$ g，$M_3=55$ g，$W=50$ g。

(1) M_1 的平均值为$\overline{M_1}=\dfrac{20+25+30}{3}=25$ g

(2) M_2 的平均值为$\overline{M_2}=\dfrac{30+35+40}{3}=35$ g

(3) M_3 的平均值为$\overline{M_3}=\dfrac{45+50+55}{3}=50$ g

(4) W 的平均值为 $\overline{W}=\dfrac{40+45+50}{3}=45$ g

(5) 由于$\rho_{水}=1.0\times10^6$ g/m^3，将 M_1 的平均值25 g，M_2 的平均值35 g，M_3 的平均值50 g，W 的平均值45 g代入式(3.16)可以求得粉尘真密度 ρ：

$$\rho=\frac{M_2-M_1}{[(W-M_1)-(M_3-M_2)]}\times\rho_{水}=\frac{35-25}{[(45-25)-(50-35)]}\times1.0\times10^6=2.0\times10^6\ \text{g/m}^3$$

3.4.7 注意事项

(1) 测定时应同时测定两个试样，然后求平均值，注意每两个试样的绝对误差不应超过2%。

(2) 实验操作时注意测量方法和仪器设备的使用方法。

3.4.8 问题讨论

(1) 浸液法——比重瓶法测定真密度的原理是什么？

(2) 影响测定真密度的主要因素是什么？

3.4.9 实验报告要求

根据测试结果将数据表格绘制在实验报告中，并根据数据处理要求进行计算和分析，对测试结果和计算结果进行误差分析，要求误差分析内容全面，可参考本书1.1.1节实验数据误差分析，最终对实验做出总结。

3.5 各类工作区含尘浓度的测定

各类工作区含尘浓度的测定实验旨在分析影响含尘浓度的因素，为职业卫生管理和劳动保护提供依据。各类工作区含尘浓度的测定广泛应用于工业企业、建筑工地、公共场所及环境科学研究过程中。该实验具有以下作用：能够对工作场所空气中粉尘浓度进行定期监测，评估职业健康风险，制定相应的劳动保护措施；能够监测建筑施工现场的粉尘浓度，评估环境质量，采取降尘措施，保障工人健康；能够对公共场所如学校、医院、商场等的空气质量进行监测，确保室内空气清新，保障公众健康。能够通过对空气中粉尘颗粒的研究，分析其来源、组成和分布规律，为环境保护和污染防治提供科学依据。

3.5.1 实验目的

本实验为验证性实验，通过对工作区含尘浓度的测定掌握含尘浓度的环保标准要求，实验目的如下：

(1) 通过实验掌握工作区测尘浓度的规程，学会使用测尘仪器及测尘的测试方法。

(2) 掌握分析天平的使用方法。

(3) 能独立完成对各类工作区空气粉尘浓度的测定。

(4) 了解并掌握各类工作区空气中含尘浓度的各种环保标准要求。

(5) 掌握空气测尘的原理，并能正确进行测定。

3.5.2 实验原理

测定工作区空气含尘浓度一般采用滤膜增重法。将已知质量的滤膜固定在采样器上，开动抽气泵，调节空气流量，在测定地点用抽气机抽吸一定体积的含尘气体，当它通过过滤采样器的滤膜时，其中的粉尘被阻留在滤膜上。根据采样前后滤膜的增重（即积尘量）和总抽气量即可算出单位体积空气中质量含尘浓度（mg/m^3）。

3.5.3 实验装置

(1) FC-ⅢA 粉尘采样器外形如图 3.9 所示。

(2) 粉尘采样器连接示意图如图 3.10 所示。

(3) 其他实验仪器及材料：电子天平、秒表、镊子、空盒气压表、干燥箱、滑石粉、刷子。

3.5.4 实验方法与步骤

(1) 天平使用方法

① 调平工作台：本实验采用万分之一机械式天平。使用天平前，先用底部支撑螺旋将

图 3.9 FC-ⅢA 粉尘采样器外形

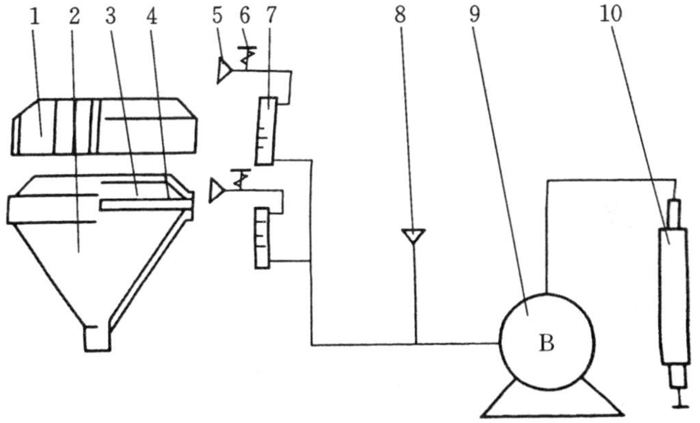

图 3.10 粉尘采样器连接示意图

1—采样头盖;2—采样头座;3—滤膜架;4—滤膜;5—采样头;
6—流量计阀;7—流量计;8—加油孔;9—刮板泵;10—消音器

天平工作台调平(天平水准器位于主架肩部)。

② 调零:使天平盘空载(加码旋钮全部回零)。轻轻打开底架正前方的天平开关,放下托盘,转动游码调整旋钮,将游码调至零位。轻轻关闭天平开关。

③ 称重:用镊子将滤膜(注意,如膜上有粉尘,不要使粉尘掉下)放在天平托盘中心,关好天平门,估计滤膜质量,适当加载砝码。轻轻打开天平开关,观察游码移动方向。如游码漂离视域,关闭天平开关,酌情加减砝码,使天平游标稳定在某一位置后,读取滤膜质量数值。

(2) 滤膜的准备:从干燥皿中取出待用滤膜五片(备用滤膜要事先放在干燥皿内干燥),用镊子取下两面衬纸,用万分之一天平分别称重(滤膜初重,35~45 mg),在实验记录上记好每片滤膜初重,将称好的滤膜用滤膜夹夹好,放入编号的滤膜盒内,备用。

(3) 采样点的选择:在全面了解生产工艺、仔细观察工作区产生粉尘的情况后,选择具有代表性的采样点,一般采样点应距地面 1.5 m,并且是工人作业或经常停留的地点。

(4) 采样起止时间:首先要看生产的连续性,其次要看采样量的要求。对于连续产生粉尘的作业点,应在作业开始半小时后进行;对于阵发性产生粉尘的作业点,则在工人作业时间内进行。

(5) 采样时间:采样时间取决于空气中含尘浓度的大小。当空气中的含尘浓度高时,采样时间可短些,抽气量小些;当空气中的含尘浓度低时,采样时间可长些,抽气量大些。平面滤膜的集尘量不应超过 20 mg,为了减少测量误差,滤膜的增重不宜小于 4 mg。

(6) 在采样点将仪器安装在三脚架上(若有必要),并且将其调整到所需要的高度和角度,把装上滤膜的锥形采样头插入仪器顶部的支架上,选择好需要的角度和方向(采样器面向测尘的地方,水平放置在呼吸带处),锁紧三脚架固定螺母,用两根橡胶管把锥形采样头 1、2 分别与采样头接入口 14、15 连接。

(7) 采样仪器架设好后即可对该点进行采样。将仪器接通电源,将滤膜连夹放入采样头内拧紧安装好。

(8) 启动采样器,调节流量计到 20～30 L/min(在采样过程中始终保持此采样流量)。

(9) 开动实验装置,设置采样时间 20～25 min,关闭采样器。

(10) 取出滤膜夹,将采样后的滤膜及滤膜夹一起放入干燥皿内干燥两小时。把干燥好的滤膜放在天平上称重(末重 G_2)。

3.5.5 实验数据记录

将测定的原始数据记录在表 3.7 中,并计算整理。

表 3.7 实验数据记录表

膜号	大气压力 $(B+P)$/Pa	温度 t /℃	时间 τ /min	初重 G_1 /mg	末重 G_2 /mg	流量计读数 L_j' /(L/min)
1						
2						
3						

3.5.6 数据处理

(1) 采样流量 L_j' 由转子流量计测出。转子流量计是在 $t=20$ ℃,$P=101325$ Pa 状况下标定的,实验时需要按照下式进行流量修正。

$$L_j = L_j' \sqrt{\frac{101325 \times (273+t)}{(B+P) \times (273+20)}} \tag{3.17}$$

式中 L_j——实际流量,L/min;

L_j'——流量计读数,L/min;

B——当地大气压,Pa;

P——流量计前压力表(真空表)读数,Pa;

t——流量计前温度计读数,℃。

（2）实际抽气量：

$$V_\tau = L_j \tau \tag{3.18}$$

式中 τ——采样时间，min。

（3）将 V_τ 换算成标准状况下的体积 V_0：

$$V_0 = V_\tau \cdot \frac{273}{273+t} \cdot \frac{B+P}{101325} \tag{3.19}$$

（4）空气含尘浓度为：

$$y = \frac{G_2 - G_1}{V_0} \times 10^3 \tag{3.20}$$

式中 y——空气含尘浓度，mg/m^3；

G_1——初重，mg；

G_2——末重，mg。

3.5.7 注意事项

（1）当外接 12 V 电瓶时，用电瓶线把电瓶红色端与后面板上的红色接线柱连接；把电瓶的黑色端与后面板上的黑色接线柱连接，不得接反。

（2）电瓶。当电压表的指针接近红色区域时，应立即停止采样，及时充电。若电瓶长时间不用，应充足电放置；若长期搁置，应每 6 个月进行一次充放电的维护工作。即让采样器工作至电压表指针接近红色区域时停机，然后再充足电放置。过充电、过放电、电瓶红黑两端接反都可能损坏电瓶与仪器。

（3）泵运转时间。一般连续运转约 60 min，应该让它自然冷却后再继续采样。

3.5.8 问题讨论

（1）计算含尘浓度时为什么要把采气量折算成标准状态？

（2）总结在实际操作时，使用滤膜的注意事项。

3.5.9 实验报告要求

根据测试结果将数据表格绘制在实验报告中，并根据数据处理要求进行计算和分析，对测试结果和计算结果进行误差分析，要求误差分析内容全面，可参考本书 1.1.1 节实验数据误差分析，最终对实验做出总结。

3.6 散热器热工性能实验

散热器广泛应用于电子设备散热、汽车散热、空调制冷和工业生产中。散热器在计算机、通信设备等电子产品中，用于散热和降温；散热器在汽车发动机冷却系统中起到关键作用，保证发动机正常工作；散热器在中央空调、家用空调等制冷设备中起到冷凝和散热的作用；散热器在石油、化工、冶金等工业部门的换热系统中起到重要作用。通过对散热器的热工性能实验，能够分析散热器的热工性能，为散热器的设计和选型提供依据。

3.6.1 实验目的

本实验为验证性实验，旨在分析散热器的热工性能，为散热器的设计和选型提供依据，实验目的如下：

(1) 了解供水温度低于 100 ℃(一般为 90 ℃)、回水温度为 75 ℃的机械循环散热器供暖系统。

(2) 通过实验掌握散热器热工性能测定方法。

(3) 测定并计算散热器的散热量 Q、传热系数 K 及散热器的局部阻力 P_j，分析散热器的散热量与热媒流量 G 和温差 ΔT 的关系。

(4) 了解散热器的传热原理和结构特点。

3.6.2 实验原理

散热器在稳定条件下散热时，热媒供给的热量等于散热器表面散出的热量。为了通过实验测得散热器的散热量，就要使实验装置和系统达到稳定的温度状态。此时测量流过散热器的水量和散热器进出口水的温降后，即可求得散热器的散热量 Q：

$$Q=GC(t_g-t_h) \tag{3.21}$$

式中 G——流过散热器的热水流量，kg/h；

C——水的比热，J/(kg·K)；

t_g——散热器的进口水温，℃；

t_h——散热器的出口水温，℃。

单组散热器的散热面积：

$$F=\frac{Q}{K(t_{pj}-t_n)}\beta_1\beta_2\beta_3 \tag{3.22}$$

式中 F——散热器的散热面积，m^2；

Q——散热器的散热量，W；

K——散热器的传热系数，W/(m^2·℃)；

t_{pj}——散热器内热媒平均温度，℃；

t_n——供暖室内计算温度，℃；

β_1——散热器组装片数修正系数，取 0.9～1；

β_2——散热器连接形式修正系数，取 1；

β_3——散热器安装形式修正系数，取 0.98。

散热器的传热系数 K 是表示当散热器内热媒平均温度 t_{pj} 与室内空气温度 t_n 的差为 1 ℃时，每平方米散热面积单位时间放出的热量，单位为 W/(m^2·℃)。影响散热器传热系数的最主要因素是散热器内热媒平均温度与空气温度差值 Δt_{pj}。另外散热器的材质、几何尺寸、结构形式、表面喷涂、热媒种类、温度、流量、室内空气温度、散热器的安装方式、片数等条件都将影响传热系数的大小。因而无法用理论推导出各种散热器的传热系数值，只能通过实验方法确定，通过实验方法可得到散热器传热系数公式：

$$K=a(\Delta t_{pj})^b=a(t_{pj}-t_n)^b \tag{3.23}$$

式中 K——在实验条件下，散热器的传热系数，W/(m^2·℃)；

a,b——由实验确定的系数，取决于散热器的类型和安装方式；

Δt_{pj}——散热器内热媒与空气的平均温差，℃，$\Delta t_{pj}=t_{pj}-t_n$。

可以看出散热器内热媒平均温度与室内空气温差 Δt_{pj} 越大，散热器的传热系数 K 值就越大，传热量就越多。热水供暖系统散热器内热媒平均温度 t_{pj} 应根据热媒种类（热水或蒸汽）和系统形式确定：

$$t_{pj}=\frac{t_j+t_c}{2} \tag{3.24}$$

式中 t_{pj}——散热器内热媒平均温度，℃；

t_j——散热器的进水温度，℃；

t_c——散热器的出水温度，℃。

散热器的阻力 P_j：

$$P_j=\Delta h\times\gamma \tag{3.25}$$

式中 Δh——散热器进口与出口流体高差，m；

γ——流体重度，N/m^3。

3.6.3 实验装置

本装置由散热器、电加热水箱、控温测温仪表、流量计、热水泵、管路、阀门等组成。具体结构图如图 3.11 所示：

装置参数为：

(1) 供水温度：<90 ℃。

(2) 水泵参数：功率 90 W，扬程 10 m，流量 20 L/min。

(3) 铝合金散热器组与铜铝散热器组 S≈1M2，Δt≤10 ℃。

(4) 供水高位水箱、热水泵、测温控温仪表精度：±0.5%FS±1.0 个字。

(5) 输入信号 PT100 传感器测温范围：−200～400 ℃。

(6) 测温热电阻、流量计、电热水锅炉：P=6 kW、U=220 V。

(7) LZB 型 DN10 玻璃转子流量计，精度 2.5 级。

(8) 外形尺寸：长×宽×高=1500 mm×500 mm×2000 mm。

3.6.4 实验方法与步骤

(1) 将温控器调到所需温度（热媒温度），开电加热器开关，加热系统循环水，当达到控

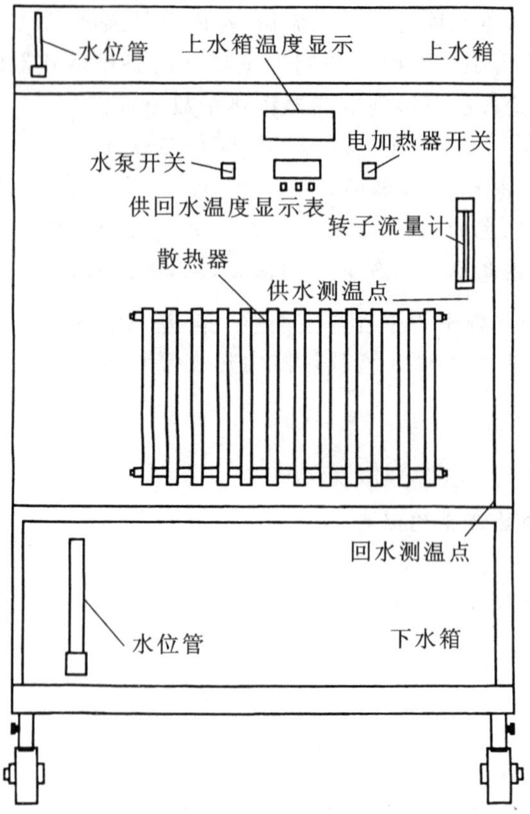

图 3.11　散热器热工性能实验台结构图

制温度时，可适当切断一组加热。

(2) 在 U 形管压力计中加水至零位。启动循环水泵，使水正常循环，打开跑风排除系统内的空气，一直到冒水关闭跑风。

(3) 根据散热量的大小调节流量计使流量达到一个相对稳定的值，如不稳定则需要找出原因，系统内有气应及时排出，否则实验结果不准确。

(4) 当确认散热器供、回水温度和流量基本稳定后，即可进行测定散热器供、回水温度 t_g、t_h 及室内温度 t_n、散热器供水流量。测定时，温度和流量均为每 10 分钟测读一次。

(5) 改变工况进行实验

① 改变供水温度，保持供水流量不变。

② 改变流量，保持散热器平均温度，即 $t_{pj}=\dfrac{t_g+t_h}{2}$ 保持不变。

(6) 比较两种不同类型散热器的性能。

(7) 实验测定完毕：①关闭加热器开关；②停止运行循环水泵；③检查水、电等有无异常现象，整理测试仪器。

3.6.5 实验数据记录

将测定的原始数据记录于表 3.8 中，并计算整理。

表 3.8 实验数据记录表

序号	供水温度 t_g /℃	回水温度 t_h /℃	室温 t_n /℃	流量 G /(kg/h)	散热量 Q /kW	传热系数 K	阻力 P_j /Pa
1							
2							
3							
4							
5							

3.6.6 数据处理

依据测定的实验数据，以及实验过程中已知的实验数据，需要计算的参数为散热量 Q、传热系数 K、散热器阻力 P_j 三个参数，并将计算步骤写入报告册。

(1) 根据公式(3.21)可以计算出散热量 Q；

(2) 根据公式(3.23)可以计算出传热系数 K；

(3) 根据公式(3.25)可以计算出散热器阻力 P_j。

3.6.7 注意事项

(1) 为了结果的准确，要求两组散热器单独实验。

(2) 测温点应加入少量机油，以保持温度准确。

(3) 实验台应妥善接地。

(4) 实验过程中要遵循安全操作规程，佩戴适当的防护设备。

(5) 测量过程中要确保数据的准确性，尽量减少误差。

(6) 实验结束后要及时清理实验设备，保持设备的清洁。

(7) 上水箱内的电热管应淹没在水面下再打开。

3.6.8 问题讨论

(1) 散热器的散热量与哪些因素有关？本次实验限制了哪些因素？

(2) 所测散热器的散热量和实验标准流量是多少？你认为散热器的热工性能如何？

(3) 散热器的压力损失是由什么引起的？

(4) 通过实验分析，哪种散热器的散热效果较好？

3.6.9 实验报告要求

根据测试结果将数据表格绘制在实验报告中，并根据数据处理要求进行计算和分析，对测试结果和计算结果进行误差分析，要求误差分析内容全面，可参考本书 1.1.1 节实验数据误差分析，最终对实验做出总结。

3.7 热网水力工况模拟实验

热力系统设计通过对热网水力工况模拟实验的研究，可以为热力系统的设计提供参考数据，优化系统结构和运行参数，能够实现热力系统运行与维护。利用实验结果可以帮助运行人员了解热网水力工况的变化，及时调整运行参数，保证热力系统的稳定运行。热网水力工况模拟实验可以作为热能与动力工程等相关专业的实践教学内容，提高学生解决实际工程问题的能力。

3.7.1 实验目的

本实验为综合性实验，通过热网水力工况模拟实验装置测定几种不同水力工况验证热水管网的水压图，具体实验目的如下：

(1) 了解热水网路水压的变化情况。

(2) 巩固热水网路水力工况计算的基本原理。

(3) 掌握水力工况分析方法，验证热水网路水压图和水力工况的理论。

(4) 对不同工况下的热网水力特性进行研究，评估供热系统的水力性能，找出存在的问题和不足，提出改进措施。

3.7.2 实验原理

热网水力工况模拟实验是一种用于研究和分析供热系统水力性能的实验方法。它通过对供热系统中的水流、压力、温度等参数进行模拟，以评估和优化供热系统的性能。这种实验通常在实验室环境下进行，可以对不同工况下的热网水力特性进行研究，为实际工程设计和运行提供参考依据。

热网水力工况模拟实验主要是通过建立热网水力工况模型，采用相似理论和流体力学原理，对热网水力工况进行模拟和研究。实验中采用的模型包括几何模型、动力模型和热力模型。通过调节各参数，如流量、压差、温度等，可以观察热网水力工况的变化规律，为实际工程设计和运行提供参考依据。

3.7.3 实验装置

热网水力工况实验台如图 3.12 所示，设备由管道、阀门、流量计、模拟锅炉、水泵等组成，用来模拟由 5 个用户组成的热水网路。上半部有高位水箱和安装在一块垂直木板上的 10 根测压管，测压管的顶端与大气相通，测压管下端用胶管与网路分支点相接，用来测量热网用户连接点处的供水干管的测压管水头（水压曲线高度）。每组用户的两支测压管间附有标尺以便读出各点压力。

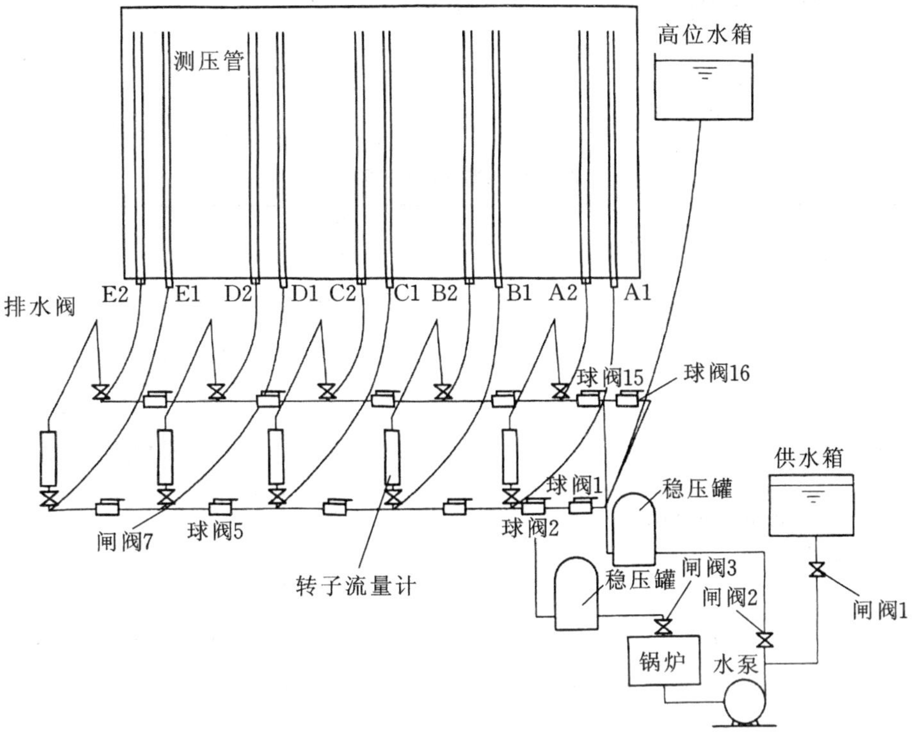

图 3.12 热网水力工况实验台

3.7.4 实验方法与步骤

(1) 工况 1：正常水压图

启动水泵缓慢打开进水阀门，水由水泵经锅炉，一部分进入供水干管、用户、回水管，另一部分进入高位水箱；待系统充满水，打开回水阀门的同时关闭进水阀门，保持水箱稳定，调节各阀门，以增加或减少管段的阻力，使各节点之间有适当的压差，待系统稳定后，记录各点的供、回水压力和各用户流量，并以此绘制正常水压图。

(2) 工况 2：关小供水干管中球阀 5 时的水压图

将球阀 1 关小些，这时热网中总流量将减少，供水干管与回水管的水速降低，单位长度的压力降减少，因此水压图比正常工况时平坦些，在球阀 5 处压力突然降低，球阀 5 以前的用户，由于支路水头增加，流量都有所增加，越接近球阀 5，用户流量增加越多，球阀 5 以后各用户的流量将减少，减少的比例相同，即所谓一致等比失调。记录各点压力、流量，绘制新水压图，与正常的进行比较，并记录各用户流量的变化程度。

(3) 工况 3：关小闸阀 7 时的水压图

将球阀 5 恢复到原来的位置，把闸阀 7 关小，记录新水压图各点的压力、流量。实验完毕，停止水泵运行。

3.7.5 实验数据记录

(1) 记录压力及流量读数

实验数据记录表如表 3.9 所示。

表 3.9 实验数据记录表

水压/mmH_2O		E1	D1	C1	B1	A1
		E2	D2	C2	B2	A2
1	正常					
	关小球阀 5					
	正常流量/(L/h)					
	变化后流量/(L/h)					
2	正常					
	关闭闸阀 7					
	正常流量/(L/h)					
	变化后流量/(L/h)					
3	正常					
	关小球阀 15					
	正常流量/(L/h)					
	变化后流量/(L/h)					

(2) 水力失调度(分别计算 5 个用户的水力失调度)

$$x=\frac{V_s}{V_g}=\sqrt{\frac{\Delta H_{变化}}{\Delta H_{正常}}} \tag{3.26}$$

式中 V_s——工况变化后的水量，L/h；

V_g——正常工况下的水量，L/h；

$\Delta H_{变化}$——工况变化后的压差，mmH_2O；

$\Delta H_{正常}$——正常工况下的压差，mmH_2O。

（3）根据实验情况分别绘制三种工况下的水压图。

3.7.6 数据处理

根据实验测定数据，利用式(3.26)计算水力失调度 x，将计算步骤写入报告册。以工况1下的A用户为例，其他用户的数据处理过程同A用户，据此需要分别计算3个工况下的5个用户的水力失调度。

举例：实验测得工况1下A用户在正常情况下供水水压为121.5 mmH_2O，回水水压为76.5 mmH_2O，变化情况下供水水压为137 mmH_2O，回水水压为69 mmH_2O，根据式(3.26)可以得到水力失调度

$$x_A=\sqrt{\frac{\Delta H_{变化}}{\Delta H_{正常}}}=\sqrt{\frac{137-69}{121.5-76.5}}=1.23$$

3.7.7 注意事项

（1）实验过程中应遵守实验室的安全规定，佩戴相应的防护设备。

（2）操作实验装置时应小心谨慎，避免损坏设备和测量仪器。

（3）实验数据应真实可靠，严禁篡改和伪造。

（4）实验结束后应及时整理实验设备和测量仪器，保持实验室整洁。

（5）必须排出空气。实践证明，粗调节时不必等待空气被百分之百地排出以后进行实验。少量残余空气有可能在粗调节过程中被带走，但在正式进行细调节以前，必须证实全部空气已被清除。

（6）系统阻力改变后，流量将有变化，必要时可适当调节供水阀。

（7）为了避免水流“短路”，须将各用户阀门关得很小，否则末端几个测压点几乎没有明显的压差；但不能把阀门关得太小，以便在进行工况测试时能使新水压图与正常水压图有明显的差别。

3.7.8 问题讨论

（1）什么是水力失调？什么是水力失调度？

（2）自己设想一种水力工况，根据所学知识绘出水压图，实验时自己进行验证。

（3）如果用户C流量突然加大，水压图是什么情况？为什么会出现这种情况？

（4）采用给水定压和回水定压对管网中的水压图有影响吗？指出这两种定压方式定压点的位置。

3.7.9 实验报告要求

根据测试结果将数据表格绘制在实验报告中，并根据数据处理要求进行计算和分析，将处理过程绘制在坐标纸上，并附在实验报告中，对测试结果和计算结果进行误差分析，要求误差分析内容全面，可参考本书 1.1.1 节实验数据误差分析，最终对实验做出总结。

3.8 室内声光环境测试实验

室内声光环境测试实验旨在测量和评估室内声光环境的质量，为建筑声光设计和改善提供参考依据。实验主要采用声级计和照度计等仪器设备，测量室内噪声、光照强度等声光环境参数，并对数据进行分析处理，评估室内声光环境质量。该实验主要应用于：

（1）建筑设计。在建筑设计阶段，可以通过室内声光环境测试实验，评估设计方案的声光环境质量，为优化建筑设计提供参考。

（2）建筑验收。在建筑竣工验收时，可以进行室内声光环境测试，确保建筑声光环境达到国家和行业标准，满足使用者的需求。

（3）环境改造。对于已建成的建筑，如果室内声光环境不理想，可以通过室内声光环境测试实验，找出问题所在，采取相应的改造措施。

（4）噪声与光照研究。室内声光环境测试实验为研究噪声与光照对人体生理、心理的影响提供了实验数据，有助于深入探讨声光环境对人类健康的影响。

（5）室内环境监测。对于医院、学校、办公室等公共场所，定期进行室内声光环境测试，有助于及时发现和解决声光环境问题，创造良好的生活和工作环境。

3.8.1 实验目的

本实验为综合性实验，通过测定室内噪声、照度对室内的声光环境进行评价，掌握声光环境的测试方法，具体实验目的如下：

（1）学会使用声级计、照度计等仪器设备，测量室内噪声、光照强度等声光环境参数。

（2）学习噪声测量规范，掌握噪声的测量方法。

（3）根据有关规定和参考标准，评价噪声的性质、对人危害的程度，提出改善建议。

（4）求照度均匀度及照度平均值。

（5）掌握室内声光环境测试的方法和技巧，了解声光环境对人们生活和工作的影响。

（6）分析实验数据，评估室内声光环境质量，为建筑声光设计和改善提供参考依据。

3.8.2 实验原理

(1) 声音。声音是一种振动，通过空气或其他介质传播。人耳能听到的声音频率范围为 20 Hz～20 kHz。声级计是测量声音强弱的仪器，其测量结果以分贝(dB)为单位。

(2) 光照。光照是指光线照射在物体表面产生的明亮程度。照度计是用来测量光照强度的仪器，其测量结果以勒克斯(lux、lx)或流明(lumen)为单位。

3.8.3 实验装置

(1) TES-1350A 声级计(噪声计)。

(2) TES 系列光电照度计，照度计由光度头[又称受光探头，包括接收器、$V(\lambda)$修正滤光器、余弦修正器]和读数显示器两部分组成。

① 特点

TES-1332A 测量范围为 0.1～200000 lux(勒克斯)，准确度高，反应速度快。感光体：光二极管附滤光镜片；温度特性：±0.1%/℃；取样率：2.0 次/s。注意：1 fc=10.76 lux。

② 测量方法

打开电源，选择适合测量挡位。打开光检测器头盖，并将光检测器放在欲测光源之水平位置。读取照度计 LCD 之测量值。读取测量之值，如左侧最高位数“1”显示，则表示过载，应立即选择较高挡位测量。按下 HOLD 开关一次，LCD 显示锁定读值。再按一下 HOLD 开关，则可以取消读值锁定功能。测量工作完成后，将光检测器头盖盖回。

(3) 计时器：用于记录实验时间。

3.8.4 实验方法与步骤

(1) 声环境测试

① 测点描述：选取校园内 2 个不同的典型位置处，每个测点每 1 分钟读数 1 次，共计读数 10 组。

② 实验方法描述：定点移动测量法。

③ 实验内容描述：测量校园区域环境噪声分布，整理分析测量结果。

(2) 光环境测试

测点既可任选，也可规定，测高以桌面高度为准，一是便于准确测量，二是桌面本身即是工作面。但是，测点不可选在自身背景处，也不可选在日光直射处，以免引入测量误差。

在工作房间内，应该在每个工作地点(如书桌、工作台)测量照度，然后加以平均。对于没有确定工作地点的空房间或非工作房间，如果单用一般照明，通常选 0.8 m 高的水平面测量照度。将测量区域划分成大小相等的方格(或接近方形)，测量每个方格中心的照度。测点间距一般取 2～4 m，对于小面积的房间可取 0.5～1 m 间距。测点位置还可按采光口的布置选取。测点离墙或柱的距离为 0.5～1 m。单侧采光时应在距内墙 1/4 进深处设一测点，双侧采光时应在横剖面中间设一测点。走廊、通道、楼梯处的测点，为在长度方向的中心线上按 1～2 m 的间隔布点。测量平面为地平面或地面以上 150 mm 水平面。

3.8.5 实验数据记录

（1）对声环境测定的原始数据进行记录，如表 3.10 所示，并计算整理。

表 3.10 噪声实验数据记录表

序号	时间	声压级/dB	连续等效 A 声级
1			
2			
3			
4			
5			
6			
7			
8			
9			
10			
L_{10}：______	L_{50}：______	L_{90}：______	L_{eq}：______

注：① 10 个数据按从小到大排序，L_{10}为 10 个数据中第一个最大值；

② 如果共计 20 个数据，则 L_{10}为第二个最大值。

① 计算连续等效 A 声级：

$$L_{eq}=10\lg\left[\frac{1}{N}\sum_{i=1}^{N}10^{L_{Ai}/10}\right] \tag{3.27}$$

② 计算累积分布声级：

$$L_{eq}=L_{50}+\frac{(L_{10}-L_{90})^2}{60} \tag{3.28}$$

（2）将光环境测定的原始数据记录在表 3.11 中，并计算整理。

① 平均照度等于各点照度的平均值，即

$$E_{av}=\frac{E_1+E_2+E_3+E_4+\cdots+E_i}{N} \tag{3.29}$$

式中 E_{av}—— 测量区域的平均照度，lux；

E_i—— 第 i 个测量网格中心的照度，lux；

N—— 测点数。

② 照度均匀度是指规定表面上的最小照度与平均照度之比，即：

$$\varepsilon = \frac{E_{\min}}{E_{av}} \tag{3.30}$$

式中 $E_{\min}$—— 所测表面上的最小照度,lux。

表 3.11 照度实验数据记录表

<table>
<tr><td colspan="2" rowspan="2">照度计</td><td>型号</td><td colspan="2"></td><td colspan="2" rowspan="2">环境温度/℃</td><td colspan="2" rowspan="2"></td><td rowspan="2">测量
时间</td><td rowspan="2"></td></tr>
<tr><td>编号</td><td colspan="2"></td></tr>
<tr><td rowspan="11">一般照明</td><td colspan="8">室内分成(　　)个(______cm×______cm)网格,长方向上(　　)个点,宽方向上(　)个点,实测值如下(单位:lux)</td><td colspan="2" rowspan="11">$E_{\min}$=

$E_{\max}$=

E_{av}=

ε=</td></tr>
<tr><td></td><td></td><td></td><td></td><td></td><td></td><td></td><td></td></tr>
<tr><td></td><td></td><td></td><td></td><td></td><td></td><td></td><td></td></tr>
<tr><td></td><td></td><td></td><td></td><td></td><td></td><td></td><td></td></tr>
<tr><td></td><td></td><td></td><td></td><td></td><td></td><td></td><td></td></tr>
<tr><td></td><td></td><td></td><td></td><td></td><td></td><td></td><td></td></tr>
<tr><td></td><td></td><td></td><td></td><td></td><td></td><td></td><td></td></tr>
<tr><td></td><td></td><td></td><td></td><td></td><td></td><td></td><td></td></tr>
<tr><td></td><td></td><td></td><td></td><td></td><td></td><td></td><td></td></tr>
<tr><td></td><td></td><td></td><td></td><td></td><td></td><td></td><td></td></tr>
<tr><td></td><td></td><td></td><td></td><td></td><td></td><td></td><td></td></tr>
</table>

3.8.6 数据处理

根据实验测定数据,利用式(3.27)、式(3.28)、式(3.29)、式(3.30)计算连续等效 A 声级、累积分布声级、平均照度、照度均匀度,并将计算步骤写入报告册。举例如下:

(1) 声环境

① 计算连续等效 A 声级

根据实验测点数 N,以及测得实验数据 L_{Ai},代入式(3.27)可以得到连续等效 A 声级 L_{eq}。

② 计算累积分布声级

根据实验数据得到 $L_{10}=71.8$,$L_{50}=65.3$,$L_{90}=70.3$,将其代入式(3.28)可以得到

$$L_{eq}=L_{50}+\frac{(L_{10}-L_{90})^2}{60}=65.3+\frac{(71.8-70.3)^2}{60}=65.34\ \text{dB}$$

(2) 光环境

① 平均照度:根据式(3.29)进行计算可以得出;

② 照度均匀度:根据式(3.30)进行计算可以得出。

3.8.7 注意事项

(1) 按照城市区域噪声环境相关标准要求:校园宿舍楼昼间低于 55 dB,夜间低于 45 dB;临街昼间低于 70 dB,夜间低于 55 dB。

(2) 在进行声光环境测试时,要避免其他噪声和光照的干扰,确保测量结果的准确性。

(3) 使用声级计和照度计时,要遵循仪器的使用说明书的规定,正确操作仪器。

(4) 要真实准确地记录和处理实验数据,避免人为误差。

(5) 在实验过程中,要注意安全,避免损坏仪器设备。

3.8.8 问题讨论

(1) 实验室、教室等对于声环境的标准规定是什么?本次测量是否符合标准?

(2) 实验室、教室等对于光环境的标准规定是什么?本次测量是否符合标准?

3.8.9 实验报告要求

根据测试结果将数据表格绘制在实验报告中,并根据数据处理要求进行计算和分析,对测试结果和计算结果进行误差分析,要求误差分析内容全面,可参考本书 1.1.1 节实验数据误差分析,最终对实验做出总结。

3.9 室内气象参数的测定

室内气象参数测定实验主要是指测量室内温度、湿度、气压、风速等气象参数。这些参数对人们的舒适感、健康和工作效率有重要影响。通过实验,可以了解室内气象参数的变化规律,为建筑环境控制和改善提供依据。该实验主要应用于:

(1) 建筑设计。在建筑设计阶段,可以通过室内气象参数测定实验,评估设计方案的环境性能,为优化建筑设计提供参考。

(2) 空调系统设计与调试。在空调系统设计与调试过程中,可以通过实验测量室内温度、湿度等参数,确保空调系统的运行效果满足室内环境要求。

(3) 舒适性研究。室内气象参数测定实验为研究室内环境对人体舒适感的影响提供了实验数据,有助于深入探讨室内环境对人类健康的影响。

(4) 室内环境监测。对于医院、学校、办公室等公共场所,定期进行室内气象参数测定,有助于及时发现和解决环境问题,创造良好的生活和工作环境。

(5) 能源管理。通过对室内气象参数的测量和分析,可以评估建筑的能源消耗情况,为建筑节能提供依据。

3.9.1 实验目的

本实验为验证性实验，通过测定室内的温度、风速、相对湿度等参数验证室内气象条件的组成，加深对热舒适条件的理解。具体实验目的如下：

空气调节的任务在于，采用人工的方法，创造并保持一种能满足人的健康舒适要求以及满足生产过程和科学实验要求的空气环境。这种空气环境是指室内空气温度、空气相对湿度、空气流动速度、人体周围围护结构内表面及其他物体的表面温度和大气压力等。通常把影响人的冷热感觉和舒适感的前面四个因素称为气象条件，而空气的气象条件是可以用各种仪表加以测量的。本实验的目的，就是要了解这些仪表的基本特性并掌握空气参数的测定方法，以便对某一气象条件作出正确的评价；还要学会用动槽水银气压表来测量大气压力的方法，以及通过分析实验数据评估室内气象环境质量，为建筑环境控制和改善提供参考依据。

3.9.2 实验原理

(1) 温度

温度是表示物体冷热程度的物理量，常用的单位有摄氏度(℃)、华氏度(℉)等。温度计是测量温度的仪器，其原理通常是利用物质在温度变化时的热胀冷缩、相变等性质。

(2) 湿度

湿度是指空气中所含水蒸气的多少，常用的湿度单位有相对湿度(%RH)、绝对湿度(g/m^3)等。湿度计是测量湿度的仪器，其原理通常是利用物质在湿度变化时的吸湿、脱湿等性质。

(3) 气压

气压是指大气对地面的压力，常用的气压单位有百帕(hPa)、毫米汞柱(mmHg)等。气压计是测量气压的仪器，其原理通常是利用物质在气压变化时的体积变化、弹性形变等性质。

(4) 风速

风速是指风的行进速度，常用的风速单位有米/秒(m/s)、千米/时(km/h)等。风速计是测量风速的仪器，其原理通常是利用风速对物体产生的阻力、涡旋等效应。

3.9.3 实验装置

实验主要采用温度计、湿度计、气压计、风速计等仪器设备，测量室内各参数，并对数据进行分析处理，评估室内气象环境质量。

(1) 温度计

温度计是用于测量室内温度的仪器，常见的有水银温度计、电阻温度计、红外温度计等，本实验采用水银温度计和酒精温度计进行测量。

(2) 湿度计

湿度计是用于测量室内湿度的仪器,常见的有普通干湿球温度计、通风干湿球温度计、毛发湿度计等。

(3) 气压计

气压计是用于测量室内气压的仪器,本实验采用空盒气压表或数字大气压力计测量。

(4) 风速计

风速计是用于测量室内风速的仪器,常见的有叶轮风速计、热线风速计等,本实验采用热球式电风速仪来测量。

(5) 计时器

计时器用于记录实验时间。

3.9.4 实验方法与步骤

3.9.4.1 空气温度的测定

用于测量室内外空气温度的仪表种类很多,例如:玻璃液体温度计、双金属温度计、热电偶温度计和电阻温度计等。本实验主要采用玻璃液体温度计即水银温度计和酒精温度计进行测量。这种温度计按其结构主要有棒状温度计和内标式温度计两类。普通水银温度计的分度值有 1 ℃、0.5 ℃、0.2 ℃等几种,标准水银温度计的分度值有 0.1 ℃、0.01 ℃等。

室内空气温度通常在离地面 1.5 m 高度上房间的中间位置处进行测定,并将温度读数记录下来。

使用玻璃液体温度计测量温度时,应注意下列各点:

(1) 读数时手持温度计的上端,使眼睛、刻度线和液面力求处在同一水平面上,若眼睛偏高,读取数值将偏高;眼睛偏低,读数将偏低。

(2) 人体稍许离开温度计,不得用手去接触温度计的温包,不要对着它呼吸。

(3) 温度计放在测定地点,需待液柱稳定后(一般需 3～5 min)方能进行读数。读数时要尽量快。先读小数,后读整数,以防人体靠近时温度上升产生读数误差。

(4) 温度计不应放在受强烈辐射的地点进行测量。

双金属温度计利用双金属片随温度变化而发生弯曲的特性,借助杠杆传动系统,使笔尖沿钟筒上的记录纸面移动,自动记录下一天(日记型)或一周(周记型)时间内空气温度的变化曲线。

3.9.4.2 空气相对湿度的测定

测量空气相对湿度的方法有多种,方法不同,测量仪表也不一样。常见的测量仪表有:普通干湿球温度计、通风干湿球温度计、毛发湿度计等。

(1) 普通干湿球温度计

普通干湿球温度计是由两支完全相同玻璃液体温度计组成,一支温包上什么也没有,为干球温度计,另一支温包上包有潮湿的纱布,纱布的下端浸在盛蒸馏水的小瓶里,为湿球温度计。

如果被测空气越干燥(相对湿度越小),湿球表面蒸发的水分就越多,湿球温度下降得也越多,干湿球温度差就越大;反之,如果被测空气越潮湿(相对湿度越大),湿球表面蒸发的水分就越少,湿球温度的读数就稍高,干湿球温度差就越小,若是饱和空气,干湿球温度差就等于零。因此干湿球温度计读数的差值的大小是由空气的相对湿度决定的。

空气的相对湿度是干球温度 t、湿球温度 t_1、空气流速 v 和大气压力 B 的函数,即 $\Phi=f(t,t_1,v,B)$。实验证明,湿球周围的空气流速 $v>2.5$ m/s 时,湿球温度读数趋于稳定,相对湿度的测量就较为准确。

根据普通干湿球温度计测得的干球温度和湿球温度读数,利用面板上的数字表或者专用的相对湿度计算表,该表是针对一定的空气流速(例如 $v>0.2$ m/s 或 $v>0.5$ m/s)编制的,查出相对湿度值。这种仪器结构简单,价格便宜,使用方便,但测量精度较差。

(2) 通风干湿球温度计(又称阿斯曼温度计)

通风干湿球温度计是由干湿球温度计和小风扇组成的。为了精确测量空气的相对湿度,通常采用这种仪表。根据驱动小风扇的动力不同可分为手动和电动两种类型。它的特点是,将两支完全相同的 1/10 ℃刻度的水银温度计装在镀铬的金属框内。其水银温包则装在双层套管内。在仪器的上部装有一个用发条转动(或小电机驱动)的小风扇。上紧发条(或接通电源),风扇转动,空气从双层套管吸入,使干、湿球温包表面形成小于 2.5 m/s 的空气流速,然后吸入的空气经中间的金属总管由小风扇排出。由于水银温包处在双层套管内,基本上不受周围辐射热的影响,从而保证了测量精度。

使用该仪器应注意下列各点:

① 在夏季测量前 15 min,冬季测量前至少 30 min,将仪器悬挂在测量地点,其目的是使仪器本身温度与测量地点温度相同。为避免产生测量误差,在夏季观测前 4 min,冬季观测前 15 min 润湿湿球温包上的纱布。润湿是用随仪器带来的橡皮球和移液管进行的,将湿球温包插入移液管 2~3 cm。挤压灌满蒸馏水的橡皮球,待液面上升到纱布即可。注意不要将水溅到金属管内壁上,否则将带来测量误差。

② 用钥匙上紧发条(或接通电源),启动小风扇后 3~5 min 就可读温度计的示值。

③ 在室外测量时,若风速超过 3 m/s,必须将风挡套在风扇外壳的迎风面上,以免影响仪器内部的吸入风速。

(3) 毛发湿度计

毛发湿度计是利用脱脂人发在周围空气湿度发生变化时,其本身长度伸长或缩短的特性来测量空气相对湿度的。毛发湿度计的形式很多,有单根毛发的,也有毛发束的。当毛发因空气中相对湿度的变化而伸长或缩短时,杠杆受到牵动,带动指针沿着弧形刻度尺移动,即能指示空气相对湿度的数值。

毛发湿度计的性能不稳定,使用时需经常校正,同时惰性也比较大,因此不宜用于测定相对湿度变动较大的场合。使用毛发湿度计时,应注意不能用手指触摸毛发,以免折断。毛发脏污后,可用毛笔蘸蒸馏水洗刷。移动或搬运仪器时,应将毛发的杠杆松开,避免毛发震断。

3.9.4.3 空气流速的测定

在空气调节房间内，空气的流动速度较小，其方向又不易确定。因此不宜用叶轮或转杯风速仪来测定，通常用热球式电风速仪来测量。

QDF-6 型热球式数字风速仪是一种便携式、数字显示直接物理量的仪器。本仪器结构紧凑、体积小、性能稳定、操作维护方便，可以广泛用于采暖、通风、气象、空气调节等一切需要测定室内外或者模型气流速度的场合，是一种测量低风速度的基本仪器。

(1) 工作原理

热球式风速传感器是一种旁热式换能原理的传感器，包括加热和感温两部分。热球-敏感元件的加热丝，通过恒定的电流加热，由于热球体积甚小，热容量很小，热球内部温度迅速上升，并与周围气体介质迅速形成平衡，热电偶感受球内温度，输出热电势，很明显是输出电势温度的单值函数。静态(即风速为零)时，热球内部温度最高，热电偶的热接点(位于热球内部)与冷接点(位于热偶丝电极柱上)的温度差最大，此时热电偶的输出电势最大。

当有气流流动时，气流带走热量，使热球温度下降，于是，热电偶的输出电势变小；热球温度下降是和气流流动带走的热量成一定的函数关系的。这样，就实现了非电量(气流流速)到电量(输出电压信号)的转换。

热球式风速传感器的输出特性是非线性的，它的输出电压信号(mV)与气体流速(m/s)之间的关系，可用函数 $Y=AX^{-b}$ 表示，传感器的输出信号经放大器放大后，经 A/D 变换、非线性处理，输出到数字显示部分，数字表头直接显示出所测定的风速值，计量单位为“m/s”。

(2) 使用方法

① 仪器通电前，先将风速传感器的电缆插头插在四孔插座内，然后将测杆垂直向上放置，压紧螺塞，使探头封闭在测杆内。

② 开启面板上的电源开关，预热 3 min，数字表指示应为 00.00±1 个字。

③ 测量，轻轻拉动测杆顶端的螺塞，使探头露出并置于被测气流中；此时要注意，探头有机玻璃上的红点一方一定要对准风向，这时数字表头上的显示值即为被测风速值(m/s)。

④ 测量完毕后，关闭电源，同时将探头密封在测杆内，以免损坏敏感元件——热球，然后再取下测杆。

⑤ 保持，当需要观测某时刻的风速稳定值时，请按下“保持”按钮；放开按钮后仪器即可恢复原测试状态。

(3) 使用热球式电风速仪时，应注意以下几点。

① 在风速测定中，无论测杆如何放置(垂直向上、倒置或水平放置)，探头上的小红点一边必须面对风向。

② 仪器使用过程中，如果被测风速比较稳定，但表头上显示的风速值变化较大，则应关机检查风速传感器。

③ 检查风速传感器的方法是：关闭电源开关，从面板上卸下传感器电缆插头，用万用表合适的挡位测量插头上四点之间的电阻值。具体见图 3.13，其中 1、2 和 3、4 之间的绝缘电阻应大于 2 MΩ。如果测试的结果与以上数据不符，说明传感器已经损坏，应停止使用。

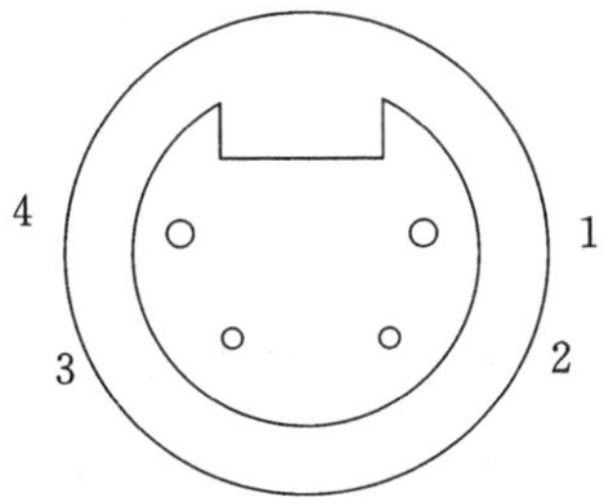

图 3.13 风速传感器

注：1、2之间为热电偶，电阻约为5 Ω；3、4之间为加热丝，电阻约为50 Ω。

④ 仪器内部电路板的电器元件和可动器件，不得随意更换和调整，以免损坏或造成测量误差加大。

⑤ 如热球上有灰尘，可将探头放在无水乙醇中轻轻摆动去掉粉尘，充分干燥后再使用；清洗过程中切不可使用毛刷或其他硬物，以免损坏热球或改变热球位置，影响测量准确度。

⑥ 在充电时，充电器上的红色灯亮说明充电正常，否则应检查插头接线和插座接触是否良好。

⑦ 在测量风速时，配套使用的仪器主机与传感器的"标号"必须相同。绝对不能混淆，否则，将不能保证测量精度，会引起仪器不能自动"回零"的故障。

3.9.4.4 大气压力的测定

大气压力也是空气的基本参数之一，大气压力不同时，空气的状态参数也要发生变化，大气压力通常是用空盒气压表或数字大气压力计测量。大气压力的测定广泛用于气象、科研、环保、军事、体育测量。

(1) 使用方法

按下电源开关(ON/OFF)接通电源，显示屏显示"009-000-读数"，仪表显示当前大气压和环境温度。仪表预热15 min再读数。

(2) 工作原理

数字大气压力计采用高精度隔膜式压力传感芯片，数字液晶双排显示，方便直观地测量外界大气压力、温度。

作用压力变送器把压力信号传到电子设备，进而在计算机上显示压力。其原理大致是：将压力的力学信号转变成电流这样的电子信号压力，和电压或电流大小呈线性关系，一般是正比关系。所以，变送器输出的电压或电流随压力增大而增大，由此得出一个压力和电压或电流的关系式。压力变送器的被测介质的两种压力通入高、低两压力室，低压室压力采用大气压或真空，作用在δ元(即敏感元件)的两侧隔离膜片上，通过隔离片和元件内的填充液传送到测量膜片两侧。压力变送器是由测量膜片与两侧绝缘片上的电极各组成一个电容器，当两侧压力不一致时，致使测量膜片产生位移，其位移量和压力差成正比，故两侧电容量就不等，通过振荡和解调环节，转换成与压力成正比的信号。

3.9.5 实验数据记录

实验数据记录表如表 3.12 所示。

表 3.12 实验数据记录表

气象参数	空气相对湿度的测定			大气压力的测定/Pa	空气流速的测定/(m/s)
	普通干湿球温度计		相对湿度/%RH		
	干球温度/℃	湿球温度/℃			
1					
2					
平均					

3.9.6 数据处理

根据干球温度和湿球温度，在焓湿图(可参考附录)上确定焓值、含湿量、相对湿度等参数，并绘制示意图(图 3.14)。

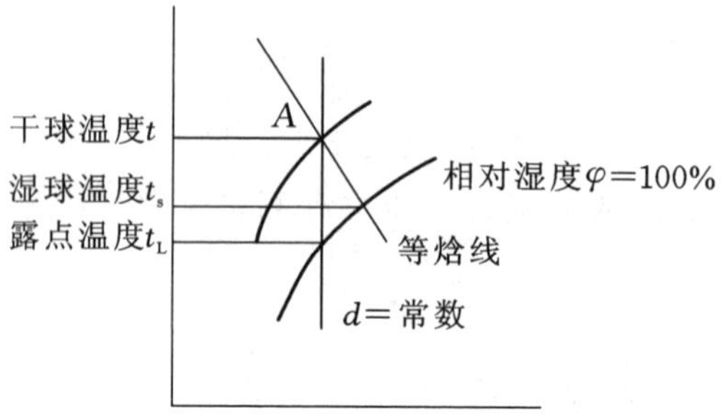

图 3.14 根据干湿球温度确定状态点示意图

3.9.7 注意事项

(1) 在进行气象参数测定时，要避免其他因素的干扰，确保测量结果的准确性。
(2) 使用各类测量仪器时，要遵循仪器的使用说明书，正确操作仪器。
(3) 要真实准确地记录和处理实验数据，避免人为误差。
(4) 在实验过程中，要注意安全，避免损坏仪器设备。

3.9.8 问题讨论

(1) 可以根据哪些参数求出空气的相对湿度？
(2) 什么是室内气象参数，为什么需要测定它们？
(3) 室内气象参数包括哪些方面？它们各自对室内环境有什么影响？

3.9.9 实验报告要求

实验报告要求包含以下内容：

(1) 实验名称，学生姓名、学号、班号和实验日期。

(2) 实验目的和要求。

(3) 实验仪器、设备与材料。

(4) 实验原理。

(5) 实验步骤。

(6) 实验原始记录。

(7) 实验数据计算结果。

(8) 实验结果分析，讨论实验指导书中提出的思考题，写出心得与体会。

(9) 实验报告撰写要求条例清晰、字迹清晰。

3.10 室内空气品质的测定

室内空气品质(Indoor Air Quality，IAQ)是指室内空气的清洁程度和健康程度。它与人们的生活质量、身体健康密切相关。因此对室内空气品质的测定显得尤为重要，通过实验能够对室内空气品质进行分析与评价。实验主要应用于：

(1) 家庭居室。关注家庭成员的身体健康，定期检测室内空气品质，采取相应措施改善室内环境。

(2) 办公室。关注员工的工作环境，确保室内空气品质良好，提高工作效率。

(3) 学校教室。关注学生的身体健康，定期检测教室内的空气品质，保障学生的学习环境。

(4) 医疗机构。关注病患和医护人员的身体健康，确保室内空气品质符合卫生要求。

(5) 公共场所。如图书馆、博物馆、体育馆等，关注公众的健康与舒适度，定期检测室内空气品质。

3.10.1 实验目的

本实验为综合性实验，其主要实验目的为：

(1) 了解室内空气主要污染物的组成及相应的检测方法。

(2) 了解室内 TEST0315-2 型一氧化碳测试仪和 TEST0535 型二氧化碳测试仪的测试原理，并掌握用其分别测试 CO 和 CO_2 的方法。

(3) 了解室内空气质量检测仪的原理，并掌握用其对室内污染气体(甲醛、苯、氨、甲苯、二甲苯、TVOC)进行现场检测的方法。

(4) 学会根据测试结果对室内空气品质进行分析与评价。

(5) 分析室内空气品质的影响因素，提出改善措施。

3.10.2 实验原理

(1) CO 和 CO_2 的测试原理

本次实验利用 TEST0315-2 型一氧化碳测试仪和 TEST0535 型二氧化碳测试仪分别对 CO 和 CO_2 的浓度进行测试，其测试原理都是红外吸收原理。根据红外理论，许多化合物分子在红外波段都具有一定的吸收带。分子运动动能包括分子的振动动能和转动动能，两者分别对应于分子的振动频率和转动频率，当分子本身固有的振动频率和转动频率同红外辐射中某一波段的频率相同时，分子便吸收这一波段的红外辐射能量，使红外辐射能量转化为分子振动和转动动能。CO 分子(或 CO_2 分子)在红外某一波段有吸收，含有不同浓度 CO 气体(或 CO_2 气体)的混合气体在该波段的吸收各不相同，根据这一原理制成的 TEST0315-2 型 CO 测试仪和 TEST0535 型 CO_2 测试仪可以较为方便地实现对 CO 浓度(或 CO_2 浓度)的现场实时检测。

(2) 甲醛、苯、氨、甲苯、二甲苯、TVOC 的测试原理

本次实验可利用室内空气质量检测仪对室内污染气体甲醛、苯、氨、甲苯、二甲苯、TVOC 进行检测。其测试原理是基于被测样品中甲醛(或苯、氨、甲苯、二甲苯、TVOC)与显色剂反应生成蓝色(或其他颜色)化合物对可见光有选择性吸收而建立的比色分析法。分光光度模块由硅光光源、比色槽、集成光电传感器和微处理器构成，可直接在液晶屏上显示出被测样品中有害气体的含量。

3.10.3 实验装置

① DES-3C 室内空气质量检测仪(含相应的试剂)如图 3.15 所示。

图 3.15 室内空气质量检验仪

② TEST0315-2 型一氧化碳测试仪。

③ TEST0535 型二氧化碳测试仪。

④ 六合一室内空气质量分光光度检测仪(含相应的试剂)。

⑤ 室内空气采样器。

3.10.4 实验方法与步骤

本实验为综合性实验，学生可根据本实验的目的要求自行设计实验方案与内容并加以实现。为了了解室内空气主要污染物的组成及相应的检测方法，可上网或去图书馆查阅关于室内空气品质方面的各种法规和规范等，特别是要熟悉《民用建筑工程室内环境污染控制标准》(GB 50325—2020)和《室内空气质量标准》(GB/T 18883—2022)。对室内空气品质的测定，学生可分组对不同用途房间的室内空气进行测定与评价。根据实际情况，通常可选择校内的图书馆、教室、实习工厂或专业实验室(含人工环境小实验室)、食堂的厨房等场所进行实验，测试不同房间内甲醛、苯、氨、甲苯、二甲苯、TVOC 的含量，最后根据测试结果对所测房间的空气品质进行评价。

(1) 甲醛检测操作

① 用纯净水或蒸馏水稀释甲试剂，将稀释后的吸收液倒入玻璃吸收瓶。

② 将玻璃吸收瓶插入采样器顶部的吸收瓶插孔，与采样器的橡胶管连接，采样器下端与主机接口连接；吸收瓶连接方法如图 3.16 所示(注意：不能接反，否则会产生倒吸，损坏仪器)。

图 3.16 吸收瓶连接示意图

③ 将仪器放置到呼吸带高度(0.8～1.5 m)，用三脚架或高度合适的桌面(以室内空气检测为例)。

④ 接好仪器电源，按“一般定时操作”的方法进行定时操作，设定采样时间，建议采样时间为 20 min(流量为 0.5 L/min，共采样 10 L，在采样体积不变的情况下可自行调节时间和流量)。

⑤ 按“启动/停止”键，仪器开始工作，指示灯亮。

⑥ 调节流量为设定值(用流量计下方的调节旋钮进行调节)。

⑦ 仪器自动计时，到时间自动停止，工作指示灯灭。

⑧ 将吸收瓶中的液体转移到原检测试管，滴 8 滴显色剂，混合均匀，手握 5 min 或静置 15 min；如有加热系统则放入加热器内加热 5 min 即可。

⑨ 此时等颜色稳定后，将甲醛检测试管放入机器的甲醛数据传输口，按两次“确定”键进行甲醛测定、存储、打印等相应的操作。

甲醛流量计以转子的中心为准，如果转子上下波动，以波动中心位置读数为准。往“+”旋转是增加进气量，往“-”旋转是减少进气量。

(2) 苯检测操作

① 取出苯检测管,用砂轮或钥匙扣打开玻璃检测管两端封口。

② 将检测管固定到仪器面板或后部的相应的接口上。

③ 将检测管刻度数值大的一端与仪器的胶管连接(苯接口),检测管上的箭头朝主机(连接要密封,不能漏气)。

④ 按检测管的要求来设定采样时间(也可根据各厂家规定的时间来设定)。

⑤ 按"启动/停止"键,仪器开始工作。

⑥ 仪器开始计时,到设定时间后自动停止工作。

⑦ 取下检测管,读出变色部分的刻度(氨为紫色,其他物质显黄褐色,如果没有变色表示空气中的苯浓度很低,读数低于 0.05)。

⑧ 仪器有两个流量柱,可以用于实验室 TENAX-TA 吸附管采样用,流量调至 500。如果用于玻璃试管采样,先将流量调到 1000,然后再插上试管,流量柱里的黑珠落到最底部,是正常现象。

⑨ 氨/甲苯/二甲苯/TVOC 检测操作(检测方法同苯)。

3.10.5 实验数据记录

将测定的原始数据记录于表 3.13 中,并计算整理。

表 3.13 实验数据记录表

测试指标	CO /(mg/m^3)	CO_2 /(mg/m^3)	甲醛 /(mg/m^3)	苯 /(mg/m^3)	甲苯 /(mg/m^3)	二甲苯 /(mg/m^3)	氨 /(mg/m^3)	总挥发性有机物 TVOC /(mg/m^3)
测试数据								

3.10.6 数据处理

检测管变色表如表 3.14 所示。

表 3.14 检测管变色表

检测管类型	国家标准	检测前颜色	检测后颜色	是否达标
甲醛	0.10 mg/m^3			
苯	0.11 mg/m^3			
甲苯	0.20 mg/m^3			
二甲苯	0.20 mg/m^3			
氨	0.20 mg/m^3			
TVOC	0.60 mg/m^3			

3.10.7 注意事项

(1) 对 CO 和 CO_2 进行测试时应注意以下几点。

① 测点的数量根据监测室内面积大小和现场情况确定，以期能正确反映室内空气污染物的水平。

② 仪器应防尘、防潮、防震、防过冷过热、防电磁场、防刺激性气体。

③ 探头禁止水浸。

(2) 检测空气中甲醛的含量时应注意以下几点。

① 切割检测管时尽量使切口直径大一些，但要注意不要让试剂漏出。

② 时间控制器上的"复位"键的作用是令使用时间重新返回设定值。

③ 比色瓶插入比色槽之前必须用比色瓶清洗布或软纸擦洗比色瓶。

④ 测试仪器需要保存在通风良好、空气干燥的室温条件下，注意防水、防晒、防潮、防腐蚀性气体的侵扰。

⑤ 接通电源时要注意安全。

⑥ 检测管用完后要谨慎处理，防止扎伤，管里的粉末请勿使用。

⑦ 为保证检测的准确性，本检测仪必须使用专用的检测管或检测试剂。

3.10.8 问题讨论

(1) 室内空气中常见的污染物有哪些？

(2) CO、CO_2 以及甲醛、苯、氨、甲苯、二甲苯、TVOC 的检测方法有哪些？其原理分别是什么？

(3) 不同建筑室内 CO、CO_2 以及甲醛、苯、氨、甲苯、二甲苯、TVOC 的浓度上限分别是多少？如何提高室内的空气品质？

3.10.9 实验报告要求

实验报告应认真填写，内容应包括以下几项。

(1) 实验目的、实验原理、实验方法及过程。

(2) 实验数据整理及分析，分析和评价室内空气品质。

(3) 给出实验结论、实验存在的问题及实验改进的合理化建议。

3.11 风管内风压、风速、风量的测定

风管内风压、风速和风量的测定实验是用于评估风管系统性能的重要步骤。在该实验中，研究者通过测量风管内的风压、风速和风量数据来分析风管系统的流体力学特性。测定风管内的风压是评估风管系统工作效果的关键指标，通过在风管内放置压力传感器，可以准

确地测量风流通过风管时产生的压力变化。这些数据可以帮助研究者判断风管系统的气流阻力、压力损失以及能源消耗情况，并为改进设计提供重要参考。风速对风管系统的性能也有重要影响。通过在风管内设置风速测量仪器，可以准确地测量风流通过风管时的速度变化。风速测量数据可以帮助研究者判断风管系统的通风效果，并评估风流是否能够达到设计要求。如果风速不足，可能会导致通风效果不佳或气流分布不均匀等问题。最后，风量的测定也是风管系统实验中重要的一部分。通过仪器测量风流通过风管的体积，研究者可以得到风量的数据。这些数据可以帮助研究者评估风管系统的通风能力、空气交换率以及工作效率。准确测量风量对于确保风管系统的正常运行和满足特定需求至关重要。通过准确测量和分析这些数据，可以了解风管系统的流体力学特性，发现潜在问题，并为改进设计和优化通风效果提供重要依据。

3.11.1 实验目的

本实验为综合性实验，实验目的为：

(1) 学会使用各种实验仪器。

(2) 掌握用毕托管和微压计联合测量风管中风压、风速、风量的方法。

3.11.2 实验装置

本实验采用中央空调实验台，风道示意图如图 3.17 所示。除实验台主体之外，还应用其他仪器设备进行测定。

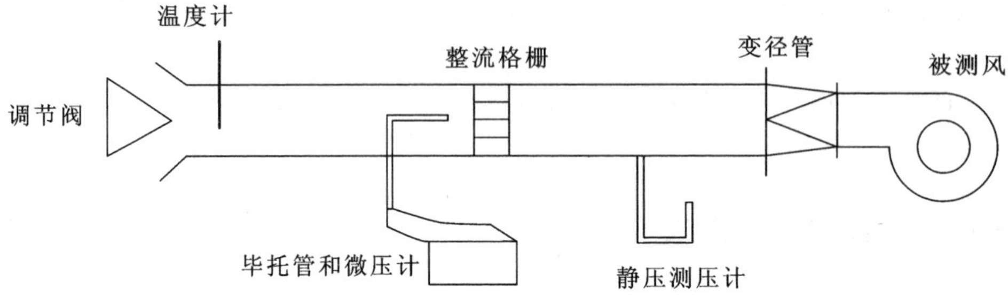

图 3.17 风道示意图

(1) 毕托管(L 形)及微压计；

(2) JX1000-1F 型智能压力风速风量仪；

(3) QDF-6 型热球式风速仪；

(4) 干湿球温度计。

3.11.3 实验原理

(1) 概述

空气在风管中流动时，管内空气与管外空气存在压力差，这个压力直接由风管管壁承受，称为静压。由于空气在风管内流动，形成一定的动压：

$$p_d=\frac{\rho v^2}{2} \tag{3.31}$$

动压的方向为空气流动的方向。静压与动压之和为全压 p，即

$$p=p_d+p_j \tag{3.32}$$

毕托管有测量全压、静压的测孔，其与微压计配合使用，可测出流体的静压、全压、动压。与管头小孔相通的管接头测出的是全压 p，与侧面数个小孔相通的管接头测出的是静压 p_j，两个管接头同时测出的压力差为动压 p_d。静压和全压有正负之分，动压只能为正。

在测定风压时，毕托管与微压计的连接方法应视测定位置而定。当测点在风机的吸入端时，其全压和静压均为负值，其连接管应与微压计"－"的一端相连。当测点在风机的压出端时，其全压为正值，而静压视情况而定，在一般情况下为正值。对于动压，永远为正。

使用时必须使管头与气流方向平行，全压管的开口端一定要迎向气流，保持毕托管在风管内平稳地推进或拉出。

(2) 倾斜式微压计

倾斜式微压计是一般通风工程中最常用来测定压力的仪器，其使用方法如下：

① 旋动仪器底盘上的定位螺钉，调节仪器水平。把倾斜玻璃管放在仪器常数 $K=0.88$ 处，检查是否漏气：将橡皮管接在多向阀"＋"接头处，并用口吹气，使液面(柱)升至较高位置，然后迅速将橡皮管封住，在一段时间内如液面稳定不动，即可认为不漏气。

② 检查微压计玻璃管内是否有气泡。当有气泡时，轻轻用口吸多向阀"－"接头，即可消除气泡。但要注意不要把酒精吸入与玻璃管相接的橡皮管内(或吹"＋"接头)。

③ 初估测压范围，把倾斜玻璃管固定于弧形支架的某一适当位置，并记下所在位置的仪器常数 K。

④ 把工作液面调到"0"刻度处。方法：将多向阀柄拨向"校准"，旋动零位调整螺钉，将测量管内的液面调整到零点或某一整数刻度值，并记下初始读数值 l_0。

⑤ 计算出测点距管壁的距离，逐个标在毕托管柄上，连接测压管进行测量：把多向阀柄拨向"测压"处，测正压时将毕托管的橡皮管接多向阀的"＋"接头；测负压时将毕托管的橡皮管接多向阀的"－"接头。如测压强差，则将测压管中压强高的(全压管)接多向阀的"＋"接头，将测压管中压强低的(静压管)接多向阀的"－"接头。

记下测压管的读数 l，按下式计算出实际压强 p，即

$$p=(l-l_0)gK \tag{3.33}$$

式中　p——测点动压，Pa；

l——倾斜式微压计读数，mm；

l_0——倾斜式微压计初始读数，mm；

g——重力加速度，9.81 m/s²；

K——仪器常数，0.2、0.3、0.4、0.6、0.8。

(3) 原理

① 风速。将风道截面 A—A 分成若干等面积的圆环，具体需要根据风管的直径进行划分，如图 3.18 和表 3.15 所示，本实验台风道内径 $d=0.21$ m，风速测点的位置分别为：$r_1=52.5$ mm，$r_2=90.9$ mm。

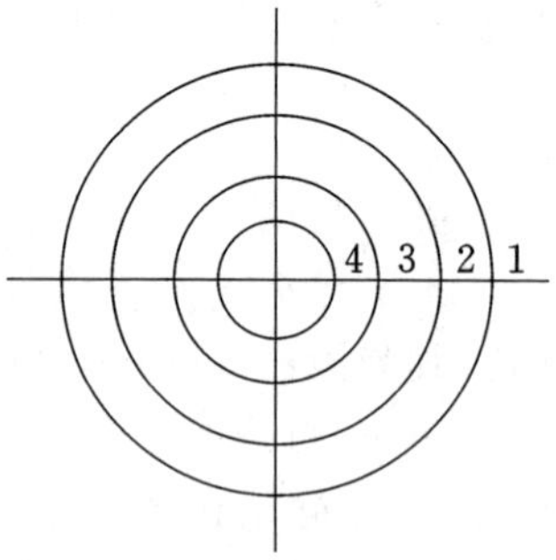

图 3.18　风管断面等面积分环图

表 3.15　不同管径下的分环数

风管直径/mm	≤130	130～200	200～400	400～600	600～800
划分环数	1	2	3	4	6

测点至管壁的距离：$X_1=14.1$ mm，$X_2=52.5$ mm，$X_3=157.5$ mm，$X_4=195.9$ mm，用毕托管及手持式数字压力表或微压计测定各点的动压值，计算出风速。

$$v=\sqrt{\frac{2p_d}{\rho}} \tag{3.34}$$

式中　p_d——测点动压，Pa；

ρ——管道内空气密度，kg/m^3。

断面 A—A 上的动压平均值 p_{dcm} 为

$$p_{dcm}=\frac{\sqrt{p_{d1}}+\sqrt{p_{d2}}+\cdots+\sqrt{p_{dn}}}{n} \tag{3.35}$$

式中　n——测点数。

断面平均风速为

$$\bar{v}=\sqrt{\frac{p_{dcm}}{\rho}} \tag{3.36}$$

或用 QDF-6 型热球风速仪直接测量风管里的风速，再计算出平均风速 $\bar{v}$，即

$$\bar{v}=\frac{v_1+v_2+\cdots+v_n}{n} \tag{3.37}$$

② 风量 Q。

$$Q=\bar{v}A \tag{3.38}$$

③ 风压 p。

$$p=p_j+1.15p_d \tag{3.39}$$

式中　p——风机风压，又称风机全压，Pa；

p_j——静压，Pa；

p_d——平均动压，Pa。

考虑到从风机出口至静压测点存在着压力损失，所以用 0.15p 加以修正。此值很小，一般也可忽略不计。

3.11.4 实验方法与步骤

(1) 记录各项实验参数，计算出空气密度。

(2) 在毕托管上按测点位置 X_1、X_2、X_3、X_4 标出插入风道的位置。

(3) 用橡皮管把毕托管和压力计连接起来。

(4) 调节好有关测量仪器。

(5) 启动风机，调节阀门至某一风量。

(6) 分别测定不同 X 处的动压、静压值，或用 QDF-6 型热球风速仪直接测量风管里的风速，再计算出平均风速 $\overline{v}$。

(7) 改变风量，重新进行若干次测定。

3.11.5 实验数据记录

数据记录表如表 3.16 所示。基础常数如下：

大气压力 B=________Pa；风管内温度 t=________℃；空气密度 ρ=________kg/m^3；风管管径 D=________mm；断面面积 A=________m^2。

表 3.16 数据记录表

工况	测量点	动压值			静压值		平均风速 $\overline{v}$/(m/s)	风量 Q /(m^3/s)
		动压 p_d/Pa	流速 v/(m/s)	动压平均值 p_{dcm}/Pa	静压 p_j/Pa	静压平均值 p/Pa		
1	1							
	2							
	3							
	4							
2	1							
	2							
	3							
	4							
3	1							
	2							
	3							
	4							

3.11.6 数据处理

分别根据式(3.35)至式(3.38)计算动压平均值和静压平均值、平均风速、风量并填入表3.16中。

3.11.7 注意事项

(1) 在一次风量测试过程中,不可改变调节阀门的开度。

(2) 微压计液面上下波动时应取波动的平均值。

(3) 在改变阀门开度或将毕托管插入风道时,密切注意微压计的量程,以防止酒精冲出微压计。

3.11.8 问题讨论

(1) 用倾斜式微压计测量气流,压力差的精度与哪些因素有关?

(2) 毕托管如果没有正对气流,会产生怎样的影响?

3.11.9 实验报告要求

根据测试结果将数据表格绘制在实验报告中,并根据数据处理要求进行计算和分析,对测试结果和计算结果进行误差分析,要求误差分析内容全面,可参考本书1.1.1节实验数据误差分析,最终对实验做出总结。

3.12 煤的工业分析

煤的工业分析实验是一项关于煤炭属性和特性的科学研究。通过煤的工业分析实验,可以为煤炭选择、储存、加工和利用等工业环节提供科学依据,有助于实现煤炭资源的高效利用和环境友好的能源生产,对于煤炭行业的发展和能源可持续发展具有重要意义。

3.12.1 实验目的

本实验为综合性实验,该实验旨在通过一系列定量和定性测试,对煤炭样本进行综合分析,以揭示其化学成分、物理特性和燃烧特性等重要信息,具体实验目的如下:

(1) 熟悉煤的工业分析方法。

(2) 了解煤的使用性能及煤种的判断方式。

(3) 掌握水分、灰分、挥发分以及固定碳的质量分数的计算方法。

3.12.2 实验内容

煤的工业分析，也叫煤的技术分析或实用分析，是煤质分析中最基本也是最重要的一种定量分析。具体地说，它是用实验的方法来测定煤的水分、灰分、挥发分和固定碳的质量百分数含量。从广义上讲，煤的工业分析还包括煤的发热量、硫分、焦渣特性以及灰的熔点测定，它为锅炉的设计、改造、运行和实验研究提供必要的原始数据。

3.12.3 实验设备和仪器

(1) 电热鼓风干燥箱又名烘箱或恒温箱，供测定水分和干燥器皿等使用。干燥箱带有自动调温装置，内附风机，其顶部由水银温度计指示箱内温度，温度能保持在 105～110 ℃或 (145±5) ℃范围内。

(2) 智能马弗炉(图 3.19)，供测定挥发分、灰分和灼烧其他试样之用。它带有调温装置，最高温度能保持在 1000 ℃左右，炉膛中具有相应的恒温区，并附有测温热电偶和高温表。

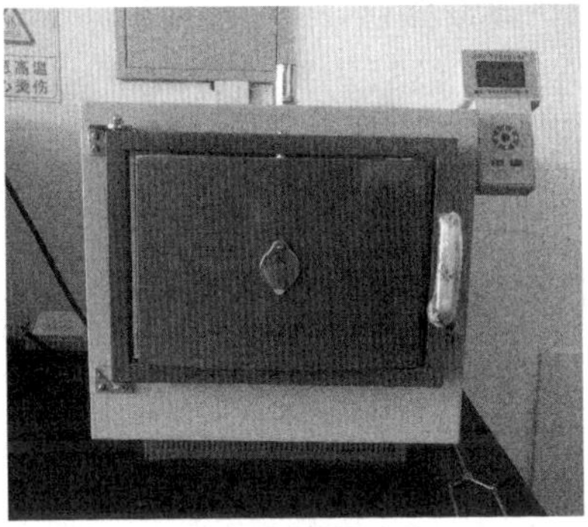

图 3.19 智能马弗炉

(3) 分析天平：精度为 1 mg。

(4) 托盘天平：精度为 1 g 和 5 g 各一台。

(5) 干燥器下部置有带孔瓷板，板下装有变色硅胶或未潮解的块状无水氯化钙一类的干燥剂。

(6) 玻璃称量瓶或瓷皿玻璃称量瓶的直径为 401 mm、高为 25 mm，并带有严密的磨口盖。瓷皿的直径为 40 mm、高为 16.5 mm、壁厚为 1.5 mm，附有磨合的盖。

(7) 灰皿。长方形灰皿的底面尺寸为长 45 mm、宽 22 mm，其高度为 14 mm。

(8) 挥发分坩埚、坩埚架、坩埚架夹以及耐热金属板、瓷板或石棉板。测定挥发分用的坩埚是高为 40 mm、上口外径为 33 mm、底径为 18 mm、壁厚为 1.5 mm 的瓷坩埚，它的盖子外径为 35 mm，盖槽外径为 29 mm，外槽深为 4 mm。坩埚架是由镍铬丝制成的架子，其大小以能放入箱形电炉中的坩埚不超过恒温区为限，并要求放在架上的坩埚底部距炉底 20～30 mm。耐热金属板、瓷板或石棉板的宽度略小于炉膛，规格与炉膛相适应。

3.12.4 实验原理

3.12.4.1 煤样的采集和制备

煤的取样(也叫采样)、制样和分析化验是获得正确、可靠结果的三个重要环节。因此,必须严格按规定的取样方法采集,使之得到与大量煤样的平均质量相近似的分析化验煤样。

炉前应用煤的煤样通常可在称量前的煤堆小车上、炉前煤堆中或胶带输煤机上直接采集。取样方法:一般在小车四角距离 5 cm 处和中心部位五点采集;在炉前煤堆中取样时,取样点不得少于 5 个,且需高出煤堆四周地面 10 cm 以上。若在输煤胶带上采样,应用铁锹横截煤流,不可在上层或某侧采集煤流。上述方法取样每点或每次取样量不得少于 0.5 kg,取好煤样应放入带盖容器中,以防煤样中水分蒸发。需要特别强调的是,采样时煤中所包含的煤矸石、石块等杂质也要相应取入,不得随意剔除,要尽可能地保证所取煤样具有代表性。

原始煤样一般数量为总燃煤量的 1%,但总量不应小于 10 kg。混合缩分时必须迅速把大块破碎,然后进行锥体四分法缩制。缩分制备的操作过程是:将煤样倒在洁净的铁板或水泥地上,先将大的煤块和煤矸石砸碎至粒度小于 13 mm,而后掺混均匀,用铁锹一锹一锹地堆聚成塔,每锹量要少,自上而下逐渐撒落,并且锹头方向要变化,以使锥堆周围的粒度分布情况尽量接近。如此反复堆掺 3 次,最后用铁锹将圆锥体煤样向下均匀压平呈圆饼形,划"十"字形分为 4 个相等扇形,进行四分法缩分。四分法缩样可以连续进行几次,如有较大煤块应随时破碎至粒径小于 13 mm,缩分出不小于 2 kg 煤样,将其分为两份密封于镀锌铁皮取样筒中,贴上标签,注明煤样名称、质量和采集日期,一份送化验室测定全水分和制备分析煤样,一份保存备查。整个四分缩样的操作要果断迅速,尽量减少煤样中水分蒸发造成的误差。

3.12.4.2 测定条件及技术要求

为了保证分析结果的精确可靠,除测定水分 W(%)外,工业分析的其他各个测定项目均需平行称取两个试样;两个平行试样测定结果的误差不得超过国家标准规定的允许值。如果超过允许误差,须进行第三次测定。分析结果取两个在允许误差范围内数据的平均值。如第三次测得结果与前两次结果相比均在允许误差范围内,则取三次测定结果的算术平均值。

(1) 水分的测定

煤中全水分的测定工作分两步进行,先测定煤样的外在水分,然后再把煤样破碎,测定其内在水分。最终结果由这两项测定的结果计算而得。

① 外在水分的测定。将煤样取来,先不打开取样盖筒,上下倒动摇晃几分钟使之混合均匀。然后启盖,在已知质量的浅盘中称取 500 g 左右(精确到 0.5 g)的煤样。将盘中煤样摊平,随即放入温度为 70~80 ℃的烘箱内干燥 1.5 h。取出试样,放在室温下使其完全冷却并称量。然后,再让它在室温条件下自然干燥,并经常搅拌,每隔 1 h 称量一次,直至质量变化不超出前次称量的 0.1%,则认为其被完全干燥,并以最后一次质量为计算依据。至此,煤

样失去的水分即为应用基外在水分 W：

$$W_w^y=\frac{m-m_1}{m}\times 100\% \tag{3.40}$$

式中 m——应用基煤样的质量，g；

m_1——风干后煤样的质量，g。

将除去外在水分的煤样磨碎，直至全部通过孔径为 0.2 mm 的筛子，再用堆掺四分法分为两份。一份装入煤样瓶中，以供测定分析水分(即内在水分)和其他各项之用；另一份封存备查。这种煤样称为分析试样。

② 分析水分(内在水分)的测定。用预先烘干并称量(称准到 0.0002 g)的玻璃称量瓶，平行称取两份(1±0.1)g(称准到 0.0002 g)分析试样，然后开启盖子将称量瓶放入预先通风，并加热到 105～110 ℃的干燥箱中。在一直通风的条件下，无烟煤干燥 1.5～2 h，烟煤干燥 1 h 后，从干燥箱内取出称量瓶并加盖。在空气中冷却 2～3 min 后，放入干燥器冷却至室温(约 25 min)称量。最后进行检查性的干燥，每次干燥 30 min，直到试样量的变化小于 0.001 g 或增量为止。如果是后一种情况，要采用增量前一次质量作为计算依据。对于水分在 2%以下的试样，不进行检查性干燥。至此，试样失去的质量占试样原量的百分数，即为分析试样的分析水分，即

$$W^f=\frac{m-m_1}{m}\times 100\% \tag{3.41}$$

式中 m——分析煤样的原有质量，g；

m_1——烘干后的煤样质量，g。

如此，煤的应用基水分即可由下式求得，即

$$W^y=W_w^y+W^f\left(\frac{100-W_w^y}{100}\right) \tag{3.42}$$

上述两个平行试样测定的结果，其误差不超过表 3.17 所列的数值时，可取两个试样的平均值作为测定结果；超过表中的规定值时实验应重做。

表 3.17 水分测定允许误差

水分 W_t/%	同一实验室的允许误差/%	水分 W_y/%	平行测定结果的允许误差/%
<5	0.20	<20	0.40
5～10	0.30	≥20	10.50
>10	0.40		

③ 注意事项及查找误差根源。称取试样应迅速、准确，不应有外界水汽的干扰，称量试样时不能将嘴对准瓶口或试样，以免呼气影响称量的结果。取样时应将试样瓶半卧放，旋转 1～2 min，然后再用玻璃棒搅拌均匀，应在瓶内各个不同位置分 2～3 次取样。当水分相差较大时，应在不同的干燥箱内进行干燥。水分含量较高时，放入干燥箱的试样量要相应减少。正常情况下，将试样放入干燥箱后温度应有所下降，待升到所需温度后再开始计时，中途不允许随意增加或减少试样。要求环境温度保持稳定，并以干燥凉爽为宜，避免一切水汽

来源。

(2) 灰分的测定

在经预先灼烧和称量(称准到 0.0002 g)的灰皿中,平行称取两份(1±0.1)g 分析煤样(称准到 0.0002 g),且铺平摊匀。把灰皿放在耐热瓷板上,然后打开已被加热到 850 ℃的箱形电炉炉门,将瓷板放进炉口加热,缓慢灰化。待煤样不再冒烟,微微发红后,缓慢小心地把它推入炉中高温区(若煤样着火发生爆炸,试样作废)。关闭炉门,让其在(815±10) ℃的温度下灼烧 40 min。取出瓷板和灰皿,先放在空气中冷却 5 min,再放到干燥器中冷却至室温(约 20 min),称量。最后,再进行每次为 20 min 的检查性灼烧,直至量的变化小于0.001 g为止。采用最后一次质量作为测定结果的计算值。灰分小于 15%时不进行检查性灼烧。如此,残留物质量占试样原量的百分数即为分析煤样的灰分 A^f。

$$A^f=\frac{m_1}{m}\times 100\% \tag{3.43}$$

式中 m_1——灼烧后瓷皿中残留物的质量,g;

m——灼烧前分析试样的质量,g。

如此,煤的应用基灰分为

$$A^y=A^f\left(\frac{100-W_w^y}{100}\right) \tag{3.44}$$

两份平行试样测定的结果,其误差不超过表 3.18 所列的允许值时取二者的平均值;超出允许值时则应重做。

表 3.18 灰分测定允许误差

灰分范围/%	同一实验室 A^f/%	不同实验室 A^g/%
<15	0.20	0.30
15～30	0.30	0.50
>30	0.50	0.70

依据灰分的颜色,可以粗略地判断它的熔化特征,如灰为白色,则表示难熔,橘黄色或灰色表示可熔,褐色或者浅红色表示易熔。

进行锅炉热效率实验时,对于灰渣、漏煤和飞灰中的可燃物含量的分析,具体方法和实验条件与灰分测定相同。

(3) 挥发分的测定

先将带调温装置的箱形电炉加热到 920 ℃,再用预先在 900 ℃的箱形电炉中烧至恒重的有盖坩埚称取(1±0.1)g 分析平行试样两份(精确到 0.0002 g),轻轻振动使其煤样摊开,然后加盖,放在坩埚架上。打开炉门,迅速将摆有坩埚的架子推入炉内的恒温区,关好炉门,在(900±10)℃的高温下加热 7 min 后取出。将试样在空气中冷却 5～6 min 后放到干燥器中冷却至室温(约 20 min),称量。其中失去的量占试样原量的百分数,减去该试样的分析水分 W^f,即为分析试样的挥发分 V^f,即

$$V^f=\frac{m-m_1}{m}\times 100\%-W^f \tag{3.45}$$

式中 m——分析试样的质量，g；

m_1——分析试样灼烧后的质量，g。

显然，煤的可燃基挥发分就可按下式求得，即

$$V^{r}=V^{f}\left(\frac{100}{100-W^{f}-A^{f}}\right)\times 100\% \tag{3.46}$$

应该指出，实验开始时炉温会有所下降，但 3 min 内炉温必须恢复正常[(900±10)℃]，并继续保持此温度直至实验完毕；否则，这次实验即予作废。两份平行试样测定结果误差不得超过表 3.19 规定的允许值，其测定数据同样以二者平均值为准。

表 3.19 挥发分测定的允许误差

挥发分范围/%	同一实验室 V^{f}/%	不同实验室 V^{g}/%
＜20	0.30	0.50
20～40	0.50	1.00
＞40	0.80	1.50

在测定挥发分的同时，可以观察坩埚中的焦渣特性，以初步鉴定煤的黏结性能。根据国家标准，焦渣特征区分为 8 类(通常把下列序号作为焦渣特性的代号)。

① 粉状。全部粉状，没有互相黏着的颗粒。

② 黏着。用手指轻压即碎成粉状，或基本上呈粉状，其中较大的团块或团粒轻碰即成粉状。

③ 弱黏结。以手指轻压即碎成小块。

④ 不熔融黏结。以手指用力压才裂成小块，焦渣的上表面无光泽，下表面稍有银白色金属光泽。

⑤ 不膨胀熔融黏结。焦渣是扁平的饼状，煤粒的界限不易分清，表面有明显银白色金属光泽，下表面银白色金属光泽更明显。

⑥ 微膨胀熔融黏结。用手指压不碎，在焦渣的上、下表面均有银白色光泽，但在焦渣的表面上具有较小的膨胀泡(或小气泡)。

⑦ 膨胀熔融黏结。焦渣的上、下表面有银白色金属光泽，明显膨胀，但高度不超过 15 mm。

⑧ 强膨胀熔融黏结。焦渣的上、下表面有银白色金属光泽，焦渣膨胀高度大于 15 mm。

这里需要注意的是，测定时分析煤样的水分不宜过高(＜1%)，若超过 2%，则要进行干燥处理。不然在进行挥发分测定时，由于水分强烈蒸发汽化产生较大压力，可能会将坩埚盖崩开，导致测定结果的不准确。

(4) 固定碳的计算

利用水分、灰分和挥发分的测定结果，分析煤样的固定碳含量就可由下式求得，即：

$$C_{yd}^{f}=100-(W^{f}+A^{f}+V^{f}) \tag{3.47}$$

乘以换算系数得到应用基的固定含碳量：

$$C_{yd}^{y}=C_{yd}^{f}\left(\frac{100-W^{y}}{100-W^{f}}\right) \tag{3.48}$$

3.12.5 实验数据记录

数据记录表如表 3.20 所示。

表 3.20 数据记录表

名称	单位	水分 W^f		灰分 A^f		挥发分 V^f		固定碳 C	
		试样 1	试样 2	试样 1	试样 2	试样 1	试样 2	试样 1	试样 2
器皿及试样总质量	g								
器皿质量	g								
试样质量 m	g								
灼烧烘干后试样质量 m_1	g								
分析结果	%								
分析结果平均值	%								
平行误差	%								

3.12.6 数据处理

以水分 W^f 为例：器皿 1 及试样 1 总质量为 28.2401 g，器皿 2 及试样 2 总质量为 28.3835 g，器皿 1 质量为 27.2980 g，器皿 2 质量为 27.3972 g，灼烧烘干后试样 1 质量为 0.9405 g，灼烧烘干后试样 2 质量为 0.9844 g。

处理过程：

(1) 试样 1 质量 $m=28.2401-27.2980=0.9421$ g

试样 2 质量 $m=28.3835-27.3972=0.9863$ g

(2) 试样 1：$W_1^f=\dfrac{m-m_1}{m}\times 100\%=\dfrac{0.9421-0.9405}{0.9421}\times 100\%=0.17\%$

试样 2：$W_2^f=\dfrac{m-m_1}{m}\times 100\%=\dfrac{0.9863-0.9844}{0.9863}\times 100\%=0.19\%$

(3) 分析结果平均值：$W^f=\dfrac{0.0017+0.0019}{2}\times 100\%=0.18\%$

(4) 平行误差：$\varphi=\dfrac{0.0019-0.0017}{0.0019}\times 100\%=10.53\%$

3.12.7 注意事项

(1) 使用电子天平一定要注意清洁，避免撒上煤样，轻拿轻放。

(2) 使用马弗炉要参考马弗炉注意事项，严格按照要求进行操作，避免高温灼伤。

(3) 带磨口盖的称量瓶中装样量不得超过瓶容积的 3/4，以便分析时混合。

3.12.8　问题讨论

(1) 分析试样和炉前应用煤之间的差别在哪里?
(2) 煤的风干水分与外在水分有何区别?
(3) 从干燥箱、电炉中取出来的试样,为什么要冷却到室温称量?
(4) 全水分是指煤中的所有水分么? 为什么?
(5) 在测定灰分时,为什么采用通风措施并要求在 500 ℃下保温 0.5 h?

3.12.9　实验报告要求

根据测试结果将数据表格绘制在实验报告中,并根据数据处理要求进行计算和分析,对测试结果和计算结果进行误差分析,要求误差分析内容全面,可参考本书 1.1.1 节实验数据误差分析,最终对实验做出总结。

3.13　煤的发热量测定

燃料的热值(或称发热量)是表征动力燃料质量(含能量)的一个重要参数。不同的工艺要求和热工设备,需选用不同发热量的燃料,以达到经济节能的目的。因此,必须了解燃料发热量的测定方法。

3.13.1　实验目的

本实验为综合性实验,通过对煤的发热量的测定加深对燃料发热量的理解和掌握,具体实验目的如下:
(1) 了解所用热量计的原理、构造及使用方法。
(2) 掌握煤样发热量的测定方法。
(3) 理解高位发热量、低位发热量、氧弹发热量的概念,掌握计算依据和计算方法。

3.13.2　实验装置

智能量热仪(图 3.20):本实验采用单片式微机开发的多功能热量测定仪器——全自动量热仪(HDC6000/A),由量热主机、氧弹配件、控制微机和打印机四大部分组成,量热主机由外筒、内筒、搅拌电机和氧弹(图 3.21)组成;配件包含压饼机、充氧器、工业氧气瓶、放气阀和弹头支架等。主要用于固体和液体可燃物,如煤炭、石油、食品、木材、炸药等物质发热量的测定。其原理是:已知质量的燃料完全燃烧后所产生的热量,被一定量的水全部吸收,然后根据水温的升高算出燃料的发热量。但在计算时应考虑到:①热量计本身所吸收的热量;②电热丝发出的燃烧热;③辐射损失的热量等。因此要测得固体燃料的发热值,需要校正热量计本身所吸收的热量，用水当量表示（即将热量计系统温度每升高一度所需要的热量换成水所需的热量来表示），计算方法是用已知发热量的苯甲酸，在热量计中燃烧，算出热量计系统的水当量。本实验所用热量计的水当量已事先求出，并标在仪器上。因为电热丝的燃烧热很小，本实验忽略不计，热量计的辐射损失，可用校正温度的方法补正。

(a)

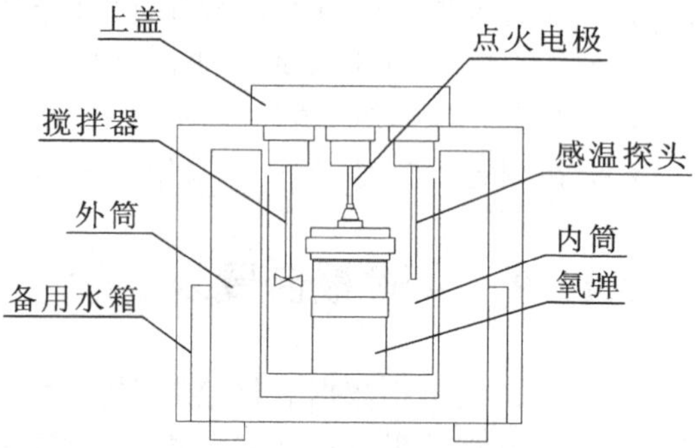

(b)

图 3.20　智能量热仪

(a) 量热仪实物；(b) 量热仪结构剖视图

(a)

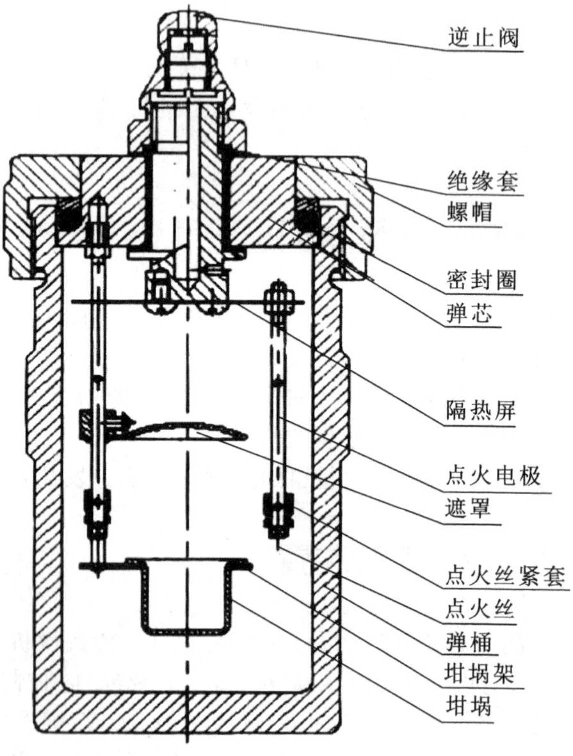

(b)

图 3.21　氧弹

(a) 氧弹实物；(b) 氧弹剖视图

电子天平：精度 0.0001 g。

氧气瓶及其充氧装置：本实验采用工业氧气瓶，安装手持式充氧仪和减压阀，为氧弹充氧使用。

电热鼓风干燥箱：带有温度控制和鼓风机，用于煤样等试样的烘干。

3.13.3 实验原理

煤燃料的发热量是在氧弹中测定的。在氧弹中燃烧的煤样，由于在氧弹的高温高压条件下，氮生成硝酸与硫生成硫酸都放出热量，水蒸气在高压下变为液态也会放出凝结热，因此，氧弹中测得的煤的发热量是最大的，称为氧弹发热量。

发热量中如不包括上述因生成硝酸与硫酸而形成的热量，则这种发热量称为高位发热量。而高位发热量与氧弹发热量之间的关系为（以分析基发热量为例）：

$$Q_{gw}^{f}=Q_{d}^{f}-(94.1S_{t}+\alpha\cdot Q_{d}^{f}) \tag{3.49}$$

式中 Q_{d}^{f}——燃料的分析基氧弹发热量，kJ/kg。

Q_{gw}^{f}——燃料的分析基高位发热量，kJ/kg。

S_{t}——燃料中全硫的百分含量。

α——当 $Q_{d}^{f}\leqslant 16.70$ MJ/kg，$\alpha=0.001$；当 16.7 MJ/kg$<Q_{d}^{f}\leqslant 25.10$ MJ/kg，$\alpha=0.0012$；当 $Q_{d}^{f}>25.10$ MJ/kg，$\alpha=0.0016$。

发热量中如不包括因生成硝酸与硫酸形成的热量，也不包括水蒸气变为液态放出的热量，则这种发热量称为低位发热量。

当煤不在氧弹中燃烧而在空气中燃烧，则氮变成游离氮逸出、硫生成二氧化硫逸出而水蒸气也不会凝结放出凝结热。锅炉燃烧工况和排除锅炉的燃烧产物工况属于这一种情况。因而我国锅炉热效率计算中都采用燃料的应用基低位发热量进行计算。燃料的低位发热量与高位发热量之间存在一定换算关系，而以分析基发热量为例，可按下式计算：

$$Q_{dw}^{f}=Q_{gw}^{f}-25.12\times(9H^{f}+W^{f})$$

$$H^{f}=2.329+0.066V^{f}+0.168CRC$$

式中 Q_{dw}^{f}——燃料的分析基低位发热量，kJ/kg；

Q_{gw}^{f}——燃料的分析基高位发热量，kJ/kg；

H^{f}，W^{f}，V^{f}，S_{t}——燃料分析基的氢含量、水分含量、挥发分及硫的含量，%，计算过程中去掉%直接代入数值；

CRC——焦渣特性。

如需将已知的分析基低位发热量 Q_{dw}^{f}（高位发热量 Q_{gw}^{f}）换算成应用基低位发热量 Q_{dw}^{y}（高位发热量 Q_{gw}^{y}），则：

$$Q_{dw}^{y}=(Q_{gw}^{f}-206H^{f})\times\frac{100-W^{y}}{100-W^{f}}-23W^{y} \tag{3.50}$$

$$Q_{gw}^{y}=Q_{gw}^{f}\times\frac{100-W^{y}}{100-W^{f}} \tag{3.51}$$

3.13.4 实验方法与步骤

3.13.4.1 量热仪标定

(1) 打开氧气瓶阀门，其出气压力为2.8～3.0 MPa，不得高于3.2 MPa；氧弹充氧时间应不少于30 s。

(2) 检查氧弹清洁及气密性（即把氧弹充氧后放入水中，检查是否有气泡冒出，氧弹密封圈是否磨损等）。

(3) 备好干净干燥的坩埚。

(4) 打开量热仪控制器电源开关，检查并设置好“设定”参数（“4：标准热值”数值）是否符合要求。

(5) 称样品：将量热仪专用坩埚放在万分之一的电子天平上后去皮，往坩埚里放入约1 g的片状苯甲酸，记录好其质量数据。

(6) 装样：首先把氧弹打开后把氧弹芯放在专用架上，往氧弹里加入10 mm蒸馏水，将装苯甲酸的坩埚放在氧弹芯上的坩埚支架上，取一根点火丝，先在氧弹芯上两边的固定杆上将其卡住，然后把点火丝弯曲放在坩埚里的苯甲酸片上，点火丝不能碰到坩埚，防止短路造成点火失败；将装好点火丝的氧弹芯放入氧弹内并扭好氧弹盖。

(7) 充氧：充氧前先要确认氧气减压阀的出气压力是否在指定范围内(2.8～3.0 MPa)，然后将充氧仪提起，把充氧仪底部的卡住开关往上推后放入氧弹头上，松开卡住开关后将充氧仪往上提，确认已卡住氧弹后再打开充氧仪中间的充气开关，充气时间不少于30 s。

(8) 将充好氧气的氧弹用提手并用手托住后放在量热仪内筒底部的3个卡座中间位置上，氧弹上的提手应该朝仪器的后盖面放置以避免接触点火搅拌测温等装置，放好后盖上仪器盖。

(9) 测定仪器热容量：按界面上的“标定”键后，输入苯甲酸的质量再按“标定”键，仪器自动完成实验并打印热容量数据，标定需要连续进行5～6次实验，取5次结果不超过40 J的平行样作为仪器热容量并输入“设定”中的“1：热容量”中。

3.13.4.2 测定煤样的发热量

(1) 称样：称取(1±0.1)g左右的煤样平摊于坩埚中，在电子天平上称取数据(称准到0.0002 g)，记录质量。

(2) 打开氧气瓶阀门(其出气压力为2.8～3.0 MPa，不得高于3.2 MPa)。

(3) 检查氧弹清洁及气密性（即把氧弹充氧后放入水中，是否有气泡冒出，检查氧弹密封圈是否磨损等，密封圈磨损更换新的）。

(4) 备好干净干燥的坩埚。

(5) 打开量热仪控制器电源开关，检查并设置好“设定”参数（“1：热容量”“5：硫氢水及添加物热值”等数值）是否符合要求。

(6) 装样：首先把氧弹打开后把氧弹芯放在专用架上，往氧弹里加入10 mm蒸馏水，将装好样的坩埚放在氧弹芯上的坩埚支架上，取一根点火丝先卡在氧弹芯上两边的固定杆上，然后把点火丝弯曲放在坩埚里的试样上，点火丝不能碰到坩埚，防止短路造成点火失败；将装好点火丝的氧弹芯放入氧弹内并扭好氧弹盖。

(7) 充氧：充氧前先要确认氧气减压阀的出气压力是否在指定范围(2.8～3.0 MPa)，然后将充氧仪提起，把充氧仪底部的卡住开关往上推后放在氧弹头上，松开卡住开关后将充氧仪往上提，确认已卡住氧弹后再打开充氧仪中间的充气开关，充气时间不少于 30 s。

(8) 将充好氧气的氧弹用提手并用手托住后放入量热仪内筒底部的 3 个卡座中间位置，氧弹上的提手应该朝仪器的后盖面放置，以避免接触点火搅拌测温等装置，放好后盖上仪器盖。

(9) 发热量测定：按界面上的“发热量”键后输入试样质量，再按“发热量”开始实验，仪器自动进行并完成实验及打印发热量数据。

实验完毕后，用提手从量热桶把氧弹提出来，把气放掉，取出氧弹芯，清洗干净(注：把坩埚里的样品残渣和电极上的点火丝残渣收集在专用的器皿里面，另外氧弹筒也必须洗刷一下)，用毛巾擦干，然后按以上程序做下一个样品。所有工作完成后，关闭量热仪控制电源、插座电源，关闭氧气阀门，收拾好工作台，关灯锁门。

3.13.5 实验数据记录

煤样质量 G：______g

待测煤样测试数据如表 3.21 所示。

表 3.21 待测煤样测试数据

测试项目	符号	测试结果
弹筒发热量/(J/g)	$Q_{b,ad}$	
高位发热量/(J/g)	$Q_{gr,ad}$	
低位发热量/(J/g)	$Q_{net,ar}$	
分析水分/%	M_{ad}	
全水分/%	M_{ar}	
氢含量/%	H_{ad}	
硫含量/%	S_{ad}	

3.13.6 数据处理

根据测试结果分别计算出分析基恒容高位发热量和收到基恒容低位发热量，计算方法如下：

(1) 分析基恒容高位发热量 $Q_{gr,v,ad}$

$$Q_{gr,v,ad}=Q_{gr,ad}-(94.1S_{ad}+\alpha Q_{b,ad}) \tag{3.52}$$

式中 $Q_{gr,v,ad}$——分析基恒容高位发热量，J/g；
$Q_{gr,ad}$——分析煤样的高位发热量，J/g；
$Q_{b,ad}$——分析煤样的弹筒发热量，J/g；
S_{ad}——空气干燥基煤的全硫含量，%，计算过程中去掉%直接代入数值；
α——硝酸修正系数，依据弹筒发热量的大小，当 $Q_{b,ad} \leqslant 16700$ J/g 时，$\alpha = 0.001$；当 16700 J/g$<Q_{b,ad} \leqslant 25100$ J/g 时，$\alpha = 0.0012$；当 $Q_{b,ad} > 25100$ J/g 时，$\alpha = 0.0016$。

(2) 收到基恒容低位发热量 $Q_{net,v,ar}$

$$Q_{net,v,ar} = (Q_{gr,ad} - 206H_{ad}) \times \frac{100 - M_{ar}}{100 - M_{ad}} - 23M_{ar} \tag{3.53}$$

式中 $Q_{net,v,ar}$——收到基恒容低位发热量，J/g；
$Q_{gr,ad}$——分析煤样的高位发热量，J/g；
M_{ad}——空气干燥基煤的水分含量，%，计算过程中去掉%直接代入数值；
M_{ar}——空气干燥基煤的全水分含量，%，计算过程中去掉%直接代入数值；
H_{ad}——空气干燥基煤的氢含量，%，计算过程中去掉%直接代入数值。

【例】 测试结果中弹筒发热量 $Q_{b,ad} = 29363$ J/g，高位发热量 $Q_{gr,ad} = 29568$ J/g，低位发热量 $Q_{net,ar} = 27280$ J/g，分析水分 $M_{ad} = 1.00\%$，全水分 $M_{ar} = 5.00\%$，氢含量 $H_{ad} = 3.50\%$，硫含量 $S_{ad} = 0.50\%$，根据数据计算分析基恒容高位发热量和收到基恒容低位发热量。

(1) 分析基恒容高位发热量

$$Q_{gr,v,ad} = Q_{gr,ad} - (94.1S_{ad} + \alpha Q_{b,ad}) = 29568 - (94.1 \times 0.5 + 0.0016 \times 29363) = 29474\ (\mathrm{J/g})$$

(2) 收到基恒容低位发热量

$$Q_{net,v,ar} = (Q_{gr,ad} - 206H_{ad}) \times \frac{100 - M_{ar}}{100 - M_{ad}} - 23M_{ar}$$
$$= (29568 - 206 \times 3.5) \times \frac{100 - 5}{100 - 1} - 23 \times 5 = 27566\ (\mathrm{J/g})$$

3.13.7 注意事项

(1) 氧弹(包括弹帽、阀座、弹杯、坩埚)实验完毕后需进行清洗和干燥，以保证良好的工作状态并延长使用寿命。

(2) 检查密封圈和绝缘套是否完好，及时更换。

(3) 长时间不做实验需将外套水筒中的水排出。

(4) 实验完毕后，使上盖处于开启状态。

(5) 对氧弹的充氧过程，不允许使用电解氧，压力和时间均应控制在规定范围内，室内温度变化不得超过 1 ℃。

3.13.8 问题讨论

(1) 氧弹点火失败的原因有哪些？

（2）氧弹发热量和高、低位发热量有何区别？

（3）燃料在锅炉炉膛中所释放出的热量属于哪一种发热量？为什么？

（4）除本实验用到的热量计，热量计还有哪些形式？

3.13.9 实验报告要求

根据测试结果将数据表格绘制在实验报告中，并根据数据处理要求进行计算和分析，对测试结果和计算结果进行误差分析，要求误差分析内容全面，可参考本书 1.1.1 节实验数据误差分析，最终对实验做出总结。

3.13.10 附注

点火丝燃烧时释放出的热量：

铁丝：6700 J/g（1600 cal/g）；

镍铬丝：1400 J/g（335 cal/g）；

铜丝：2500 J/g（398 cal/g）。

单位换算：

1 卡[20 ℃]=4.1816 J；

1 卡[15 ℃]=4.1855 J。

3.14 制冷（热泵）循环演示实验

制冷（热泵）循环演示实验是一项涉及热力学原理与实际应用的实验项目，旨在通过模拟制冷工艺和热泵系统的运行原理，让学生深入了解制冷循环和热泵技术的工作原理。这一实验通常涉及使用制冷剂和压缩机等设备进行不同环境条件下的温度调节，以展示热力学循环中能量的转化过程。通过这一实验，不仅可以直观地感受到制冷技术在生活中的应用，还可以更深入地理解可逆和不可逆制冷循环的原理，以及热泵系统如何通过外部能量来实现热量的传递。

3.14.1 实验目的

本实验为综合性实验，主要涉及制冷系统的组成和原理，制冷量、功率和制冷系数的测定方法，量热器的电功率测定，压缩机的输入功率测定，能效比 EER 的计算方法等，具体实验目的如下：

（1）演示制冷、制热循环系统工作原理，观察制冷工质的蒸发、冷凝过程和现象。

（2）熟悉制冷、制热循环系统的操作、调节方法。

（3）进行制冷、制热循环系统粗略的热力计算。

3.14.2 实验原理

3.14.2.1 制冷循环数据处理

(1) 换热器1(蒸发器)的制冷量

$$Q_1=G_1C_p(t_1-t_2) \tag{3.54}$$

式中 Q_1——换热器1的制冷量,kW;

G_1——换热器1的水流量,kg/s;

t_1,t_2——换热器1进、出口温度,℃;

C_p——水的定压比热容,C_p=4.868 kJ/kg。

(2) 换热器2(冷凝器)的换热量

$$Q_2=G_2C_p(t_3-t_4) \tag{3.55}$$

式中 Q_2——换热器2的换热量,kW;

G_2——换热器2的水流量,kg/s;

t_3,t_4——换热器2进、出口温度,℃;

C_p——水的定压比热容,C_p=4.868 kJ/kg。

(3) 压缩机轴功率

$$N=\eta\frac{UI}{1000} \tag{3.56}$$

式中 N——压缩机轴功率,kW;

U——电压,V;

I——电流,A;

η——电机效率,η=98%。

(4) 制冷系数

$$\varepsilon_1=\frac{Q_1}{N} \tag{3.57}$$

3.14.2.2 制热循环数据处理

(1) 换热器1的供热量

$$Q_1'=G_1'C_p(t_2-t_1) \tag{3.58}$$

式中 Q_1'——换热器1的供热量,kW;

G_1'——换热器1的水流量,kg/s;

t_1,t_2——换热器1进、出口温度,℃。

(2) 换热器2的换热量

$$Q_2'=G_2'C_p(t_4-t_3) \tag{3.59}$$

式中 Q_2'——换热器2的换热量,kW;

G_2'——换热器 2 的水流量，kg/s；

t_3, t_4——换热器 2 进、出口温度，℃。

（3）热平衡误差

$$\Delta_2 = \frac{Q_1' - (Q_2' + N)}{Q_1'} \times 100\% \tag{3.60}$$

（4）供热系数

$$\varepsilon_2 = \frac{Q_1'}{N} \tag{3.61}$$

3.14.3 实验装置

演示实验的制冷过程是采用液体气化制冷的蒸汽压缩式制冷。工作原理是使制冷剂在压缩机、冷凝器、膨胀阀和蒸发器等热力设备中进行压缩、放热、节流和吸热四个主要步骤。装置示意图见图 3.22。制冷（热泵）循环演示简图如图 3.23 所示。其中采用的压缩机是冰箱用全封闭活塞式制冷压缩机，优点是体积小、噪声低、封闭性能好、结构紧凑。本装置的最大特点是在上半部装有玻璃罩，可直接观察到压缩机的工作过程。冷凝器和蒸发器有防爆罩，罩内有盘管，盘管内通自来水向冷凝器提供冷却水，使气态制冷剂变成液态；向蒸发器提供热水，使制冷剂吸热蒸发。实验过程中冷凝器内制冷剂不断增加，达到一定液位时，浸没在其中的浮子在浮力的作用下浮起来。电磁阀打开，使制冷剂返回到蒸发器中，从而制冷。制冷工质采用低压工质 R134a。当系统进行制冷循环时，换热器 1 为蒸发器，换热器 2 为冷凝器，热泵循环相反（图 3.24）。

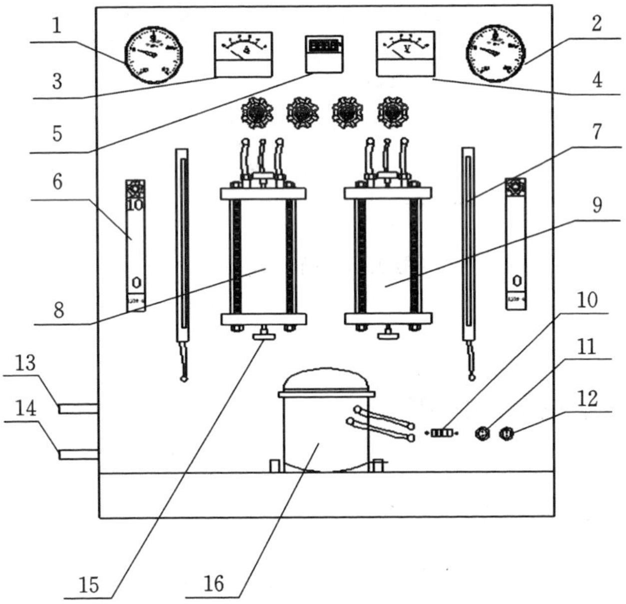

图 3.22 制冷（热泵）循环装置示意图

1—排（吸）气压力表；2—吸（排）气压力表；3—电流表；4—电压表；5—测温表；6—水流量计；7—照明灯；8—蒸发（冷凝）器；9—冷凝（蒸发）器；10—测温转换；11—压缩机开关；12—照明开关；13—进水；14—出水；15—针形阀；16—压缩机

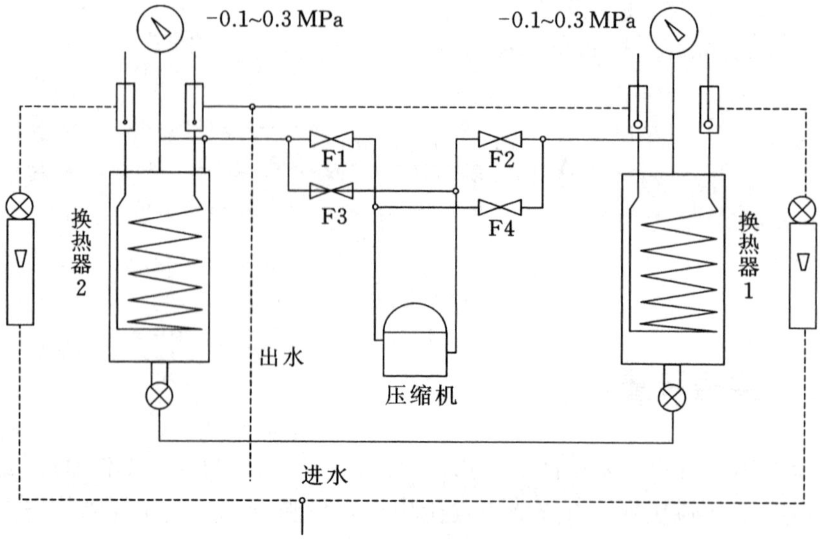

图 3.23 制冷(热泵)循环演示简图

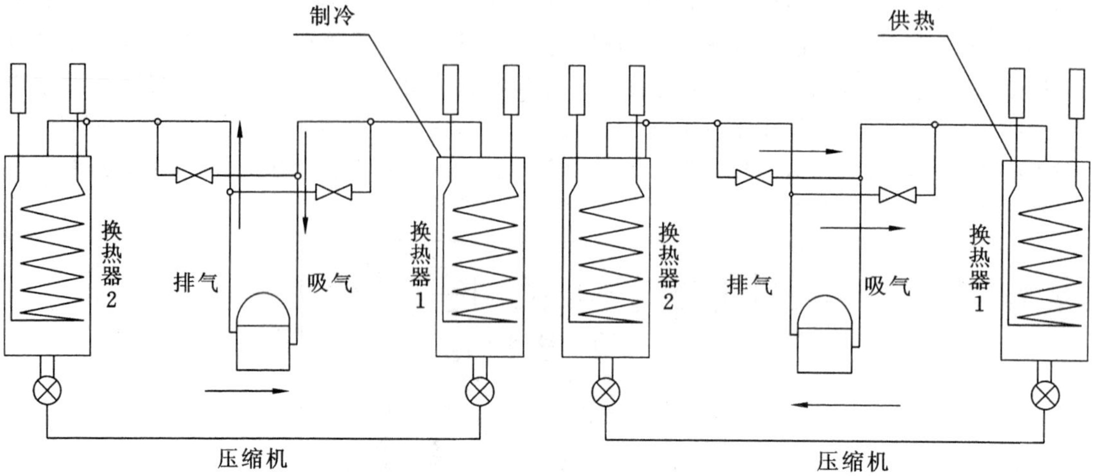

图 3.24 循环示意图

(a) 制冷循环;(b) 热泵循环

3.14.4 实验方法与步骤

3.14.4.1 制冷循环演示

(1) 将手动换向阀调至 F1、F2 全开,F3、F4 全关位置。

(2) 打开连接演示装置的供水阀门,利用转子流量计阀门适当地调节蒸发器、冷凝器水流量。

(3) 开启压缩机,并手动调节针形阀直至稳态运行即可,观察工质的冷凝、蒸发过程及现象。

(4) 待系统运行稳定后，即可记录压缩机输入电流、电压，冷凝压力，蒸发压力，冷凝器和蒸发器的进出口水流量等参数。

(5) 待做完制冷循环演示后，关闭压缩机开关，略停 30 min 后，再进行热泵循环演示。

3.14.4.2　热泵循环演示

(1) 将手动换向阀调至 F3、F4 全开，F1、F2 全关位置。

(2) 打开连接演示装置的供水阀门，利用转子流量计阀门适当地调节蒸发器、冷凝器水流量。

(3) 开启压缩机，并手动调节针形阀直至稳态运行即可，观察工质的冷凝、蒸发过程及现象。

(4) 待系统运行稳定后，即可记录压缩机输入电流、电压，冷凝压力，蒸发压力，冷凝器和蒸发器的进出口水流量等参数。

(5) 实验完毕后，先关闭压缩机，待水系统循环一段时间后再关闭水泵及阀门。

3.14.5　实验数据记录

实验数据记录如表 3.22、表 3.23 所示。

表 3.22　制冷循环测定数据

制冷循环	蒸发器进水温度 t_1/℃	蒸发器出水温度 t_2/℃	冷凝器进水温度 t_3/℃	冷凝器出水温度 t_4/℃	冷冻水流量 G_1/(L/h)	冷却水流量 G_2/(L/h)	压缩机电压 U/V	压缩机电流 I/A
1								
2								
3								
平均值								

表 3.23　制热循环测定数据

制热循环	蒸发器进水温度 t_1/℃	蒸发器出水温度 t_2/℃	冷凝器进水温度 t_3/℃	冷凝器出水温度 t_4/℃	冷冻水流量 G_1/(L/h)	冷却水流量 G_2/(L/h)	压缩机电压 U/V	压缩机电流 I/A
1								
2								
3								
平均值								

3.14.6 数据处理

以制冷循环为例，数据处理结果如表3.24所示。

表3.24 数据处理结果

制冷循环	蒸发器进水温度 t_1/℃	蒸发器出水温度 t_2/℃	冷凝器进水温度 t_3/℃	冷凝器出水温度 t_4/℃	冷冻水流量 G_1/(L/h)	冷却水流量 G_2/(L/h)	压缩机电压 U/V	压缩机电流 I/A
平均值	14.1	13.9	14.4	14.1	369	244	220	1.4

(1) 换热器1(蒸发器)的制冷量

$$Q_1=G_1C_p(t_1-t_2)=369/1000\times4.18\times(14.1-13.9)=0.308\ \text{kJ/h}$$

(2) 换热器2(冷凝器)的换热量

$$Q_2=G_2C_p(t_3-t_4)=244/1000\times4.18\times(14.4-14.1)=0.306\ \text{kJ/h}$$

(3) 压缩机轴功率

$$N=\eta\frac{UI}{1000}=0.98\times\frac{220\times1.4}{1000}=0.302\ \text{kW}$$

(4) 制冷系数

$$\varepsilon_1=\frac{Q_1}{N}=\frac{0.308}{0.302}=1.02$$

本装置主要为演示实验装置，因此在数据的测试方面和实际制冷(热泵)循环有较大出入，计算结果仅供参考，以对相关公式的计算练习为主。

3.14.7 注意事项

(1) 为确保安全，切忌冷凝器不通水或在无人看管情况下长时间运行冷凝器。
(2) 实验结束后，首先关闭压缩机，超过1 min后再关闭供水阀门。
(3) 控制工质压力不超过0.2 MPa。

3.14.8 问题讨论

(1) 本实验系统由哪几部分组成？
(2) 本装置的节流方式是什么？
(3) 实验测试数据中存在较大误差的原因是什么？

3.14.9 实验报告要求

根据测试结果将数据表格绘制在实验报告中，并根据数据处理要求进行计算和分析，对测试结果和计算结果进行误差分析，要求误差分析内容全面，可参考本书1.1.1节实验数据误差分析，最终对实验做出总结。

3.15 空气调节系统模拟实验

通过模拟空气调节系统深入研究和分析其工作原理和性能特点。空气调节系统具有调节室内温度、湿度、气流等参数的功能，对舒适性和健康有着重要影响。该实验将对空气调节系统的各个组成部分进行详细分析和测试，包括压缩机、冷凝器、蒸发器、膨胀阀等关键元件。通过探究不同运行参数下的能耗和效能，可以提出减少能耗和提高系统效率的建议，以实现可持续发展和能源节约，为实际应用中的空气调节系统提供更好的解决方案。

3.15.1 实验目的

本实验为综合性实验，涉及的相关理论知识包括直流式空调系统、混合式空调系统、再循环式空调系统的空气调节原理、空调系统运行工况、空气处理的得失热量、湿量的计算、热湿平衡原理、焓湿图的应用等，具体实验目的如下：

(1) 了解空气模拟实验台装置的基本结构、工作原理。

(2) 掌握直流式空调系统、混合式空调系统、再循环式空调系统的基本概念、系统形式。

(3) 利用实验装置模拟夏季(或冬季)直流式空调系统运行工况，观察不同参数条件下空气变化过程；计算空气在各处理过程中的得失热量、湿量，并根据热湿平衡原理计算误差，分析产生误差的主要原因，绘制实验装置草图，在焓湿图上表示各个空气处理过程。

3.15.2 实验装置

本实验采用空气调节模拟实验台，装置有空气热处理设备及制冷系统(图 3.25)，可进行集中式空调系统中的直流式系统、封闭式系统、一次回风式系统、制冷系统及调节等实验研究。在实验时，可充分利用实验装置模拟夏季、冬季、室内及室外环境。其中，制冷剂循环示意图见图 3.26，水循环示意图见图 3.27。

3.15.3 实验原理

3.15.3.1 模拟直流式空气调节系统及测定

直流式空气调节系统(图 3.28)是将来自室外的空气经热湿处理后送到空调房间，吸收余热余湿后全部排至室外，即系统的进风量等于排风量，$G_i = G_d$。

(1) 利用实验装置模拟室外环境，如图 3.28 所示虚线框内，可模拟夏季室外环境。

(2) 各选择一夏季、冬季空气处理方案，把室外空气处理到某送风状态，调节一定风量进行运行测定。

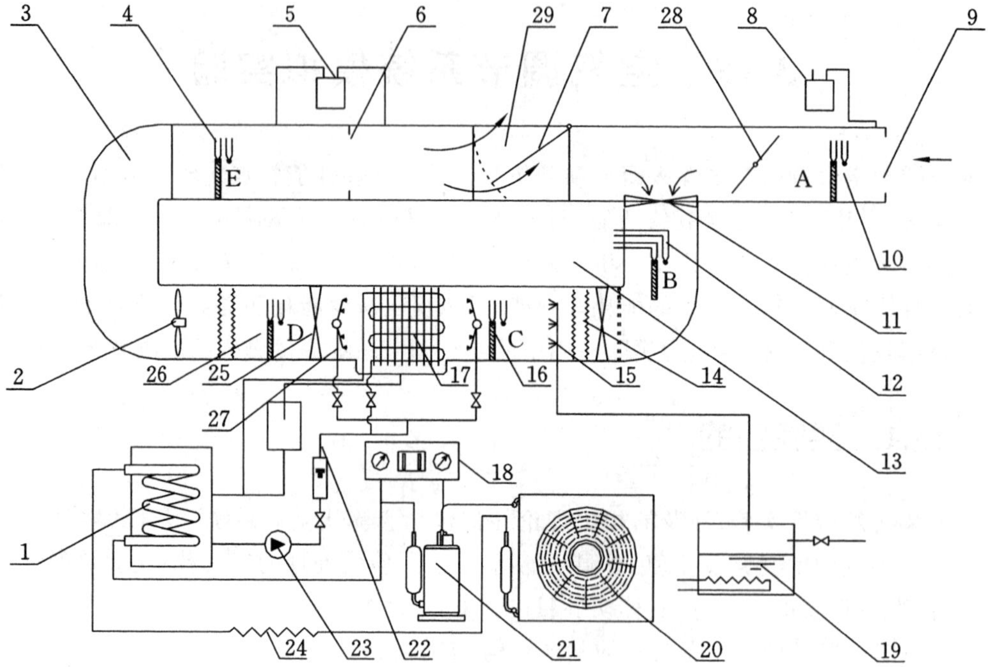

图 3.25　空气热处理设备及制冷系统

1—冷水机的蒸发器；2—风机；3—风管；4—E 区干湿球温度计；5,8—倾斜式微压计；
6—排风孔板流量计；7—新风、回风混合调节阀；9—新风孔板流量计；
10—A 区湿度传感器测点；11—整流孔板；12—B 区干湿球温度计；13—控制面板；
14—电加热器；15—蒸气加湿器；16—干湿球温度计；17—表冷式冷却器；
18—高低压表及高低压保护继电器；19—水蒸气发生器；20—冷水机的风冷冷凝器；
21—冷水机的制冷压缩机；22—冷冻水流量计；23—冷冻水泵；24—冷水机的膨胀阀；
25—挡水板；26—D 区干湿球温度计；27—冷却器；
28—新风调节阀；29—排风调节阀

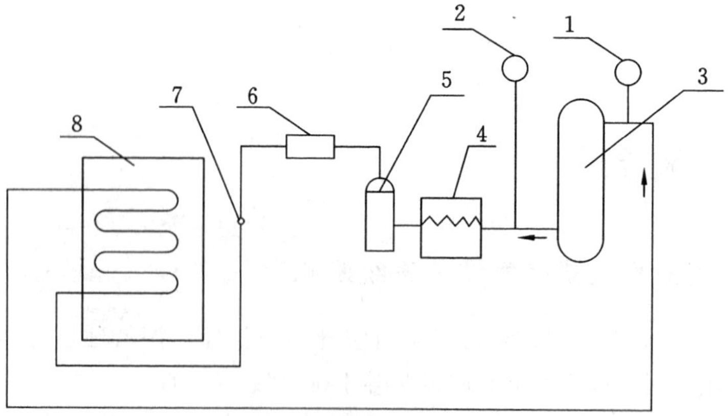

图 3.26　制冷剂循环示意图

1—压力表 Pe；2—压力表 Pc；3—压缩机；4—冷凝器；5—储液罐；6—滤清器；7—截流阀；8—蒸发器

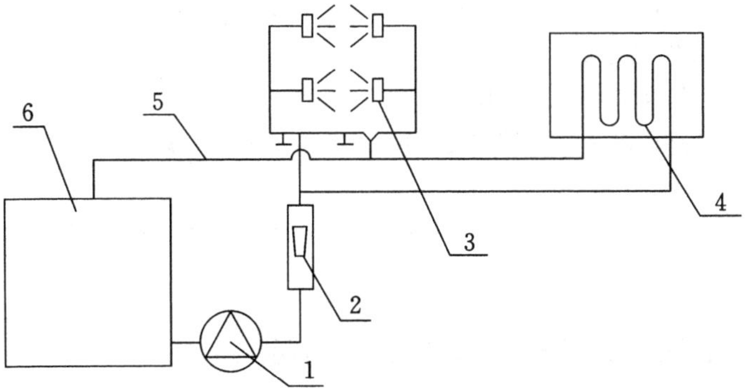

图 3.27 水循环示意图

1—水泵；2—转子流量计；3—喷淋；4—热交换器；5—回水管；6—水箱(蒸发器)

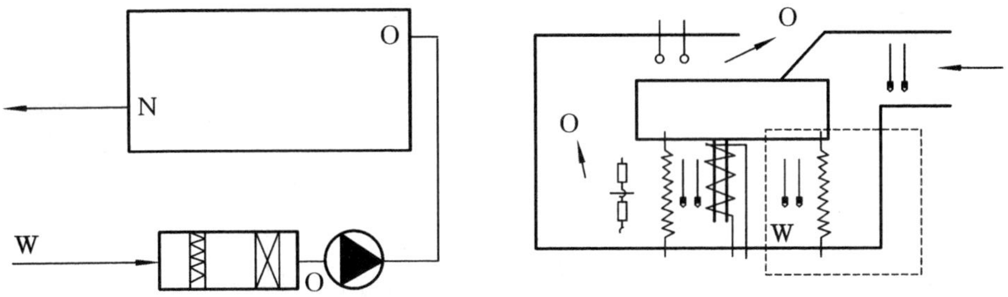

图 3.28 直流式空气调节系统

(3) 计算空气在空调处理系统中的热量、湿量得失，测定计算各处理设备的能耗。

(4) 将夏季、冬季空气处理过程用草图在焓湿图上表示并加以说明。

(5) 提出直流式空气调节系统的优缺点。

3.15.3.2 模拟再循环式空气调节系统及测定

再循环式空气调节系统(图 3.29)是把来自空调房间的空气经热湿处理后再送回空调房间，而没有室外空气补入空调系统，即空调房间和空气处理装置及送风、回风管路构成了一个循环系统。

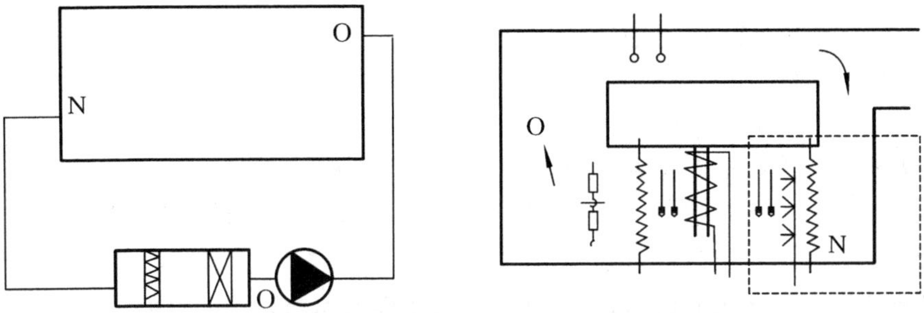

图 3.29 再循环式空气调节系统

(1) 模拟夏季室内环境,见图 3.29 虚线框内。选择空气处理方案,拟定室内空气状态参数,调节一定的风量进行测定。

(2) 计算室内余热、余湿及热湿比。

(3) 计算空气在处理系统中的热量、湿量得失,计算各处理设备的耗能。将处理过程在焓湿图上表示并说明。

(4) 根据实验装置试提出冬季空气处理方案,并用草图在焓湿图上表示并加以说明。

(5) 提出再循环式空气调节系统的优缺点。

3.15.3.3 模拟混合式空气调节系统及测定

由目前的实验可以知道,再循环式空调系统卫生条件差,而直流式空调系统在经济上又是不合理的,它们都是在特殊要求下使用的。为满足卫生要求,又较为经济合理,一般是采用回风式空调系统,即把空调房间的一部分空气与室外的一部分新鲜空气混合经热湿处理后送到空调房间(图 3.30)。

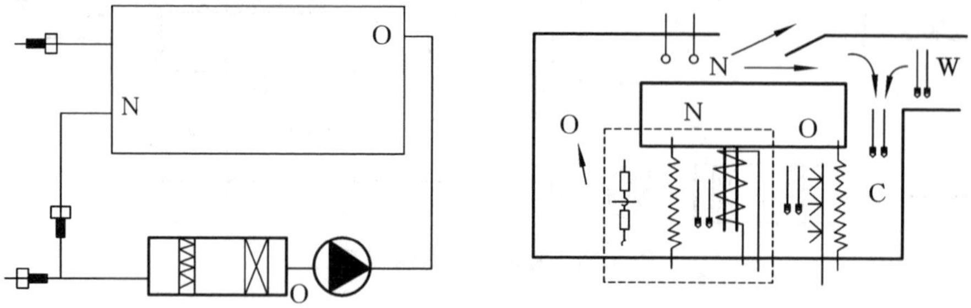

图 3.30 混合式空气调节系统

(1) 模拟冬季室内环境,选择空气处理方案,拟定室内空气状态参数。调节系统风量及新风百分比进行运行测定。

(2) 计算室内余热、余湿及热湿比。

(3) 计算空气在空调处理系统中热量、湿量得失。测定计算各处理设备的耗能。将处理过程在焓湿图上表示并说明。

(4) 根据实验装置试提出冬季空气处理方案,在焓湿图上绘制草图表示并加以说明。

3.15.4 实验方法与步骤

(1) 实验操作之前

① 测温热电阻的冷端为室温,显示仪表已由 Cu50 补偿;

② 调整微压计为水平状态,微压计内的溶液是加了指示剂的煤油,当零点不能够调整时,应加油;

③ 将蒸汽发生器水箱充满水,以保证蒸汽发生器用水(最好用蒸馏水);

④ 使用干湿球温度计测量相对湿度时,测温前应在湿球温度计上注水并调整补水盒高度,使水位与湿球温度计含棉球水管管口平齐。

(2) 合上电源总开关，接通开关。设置并调整仪表参数，启动风机，改变风机调速旋钮，调节适当风量。

(3) 按所模拟的工况，有选择地启用制冷压缩机及冷却水泵。调节风量蝶阀及水流量调节流阀(需要时)，调节所选择工况中对应的电加热器和电加湿器，待系统达到要求条件并稳定后进行实验测定(注意：夏季对空气进行冷却处理时，应先启动制冷机，待冷却水降至所设定温度后，再启动冷水泵)。

(4) 测试结束后，先关闭电加热器、电加湿器、冷却水泵及制冷压缩机，调节最大风门及最大风量，运行 5 min 左右后，再关闭电源总开关，切断电源。

3.15.5 实验数据记录

模拟数据记录见表 3.25，基础参数记录如下：

孔板流量计直径 $d_1=$________m；$d_2=$________m；

进、出口流量孔板 $\alpha_1=$________；$\alpha_2=$________；

室内空气温度 $t=$________；风管尺寸________。

表 3.25 模拟数据记录

序号	空气处理前干球温度 t_1/℃	空气处理前湿球温度 t_{1s}/℃	空气处理后干球温度 t_2/℃	空气处理后湿球温度 t_{2s}/℃	进口孔板流量计压力差 Δp_1/Pa	出口孔板流量计压力差 Δp_2/Pa	工作电压 U/V	工作电流 I/A
1								
2								

3.15.6 实验处理

(1) 风量 V

$$V=\alpha\sqrt{\frac{2\Delta p}{\rho}} \tag{3.62}$$

$$G=\frac{\pi d^2}{4}V\rho \tag{3.63}$$

式中 α——计算系数；

Δp——孔板流量计压力差，Pa；

G——系统的空气风量，kg/s；

ρ——空气密度，kg/m^3。

(2) 空气处理过程中的换热量 Q

$$Q=G\Delta h \tag{3.64}$$

式中 Δh——空气处理前后的焓差，kJ/kg。

其中焓值 h 可由公式进行计算，或根据焓湿图进行查询。计算公式如下：

$$h=1.01t+(2490+1.84t)d \tag{3.65}$$

式中 h——焓值，kJ/kg；

d——含湿量，kg/kg；

t——干球温度，℃。

(3) 风机、制冷压缩机耗电功率 N_e

$$N_e=UI\cos\varphi \tag{3.66}$$

式中 U——工作电压，V；

I——工作电流，A；

$\cos\varphi$——电机功率因数：对于风机 $\cos\varphi=1$，对于制冷压缩机 $\cos\varphi=0.85$。

(4) 风道散热量 Q_s

$$Q_s=8.5L\Delta t \tag{3.67}$$

式中 L——风道内两测点之间中心长度，m；

Δt——风道内外空气温差，℃。

(5) 空气湿球温度修正

在测定空气的湿球温度时，需要满足空气流速 $v\geqslant 3.5$ m/s，否则应按照下式进行修正。

$$t_s'=t_s-\Delta t_s \tag{3.68}$$

式中 t_s'——修正后的湿球温度，℃；

t_s——测得空气的湿球温度，℃；

Δt_s——湿球温度修正值，℃，参考图 3.31 所示湿球温度修正图。

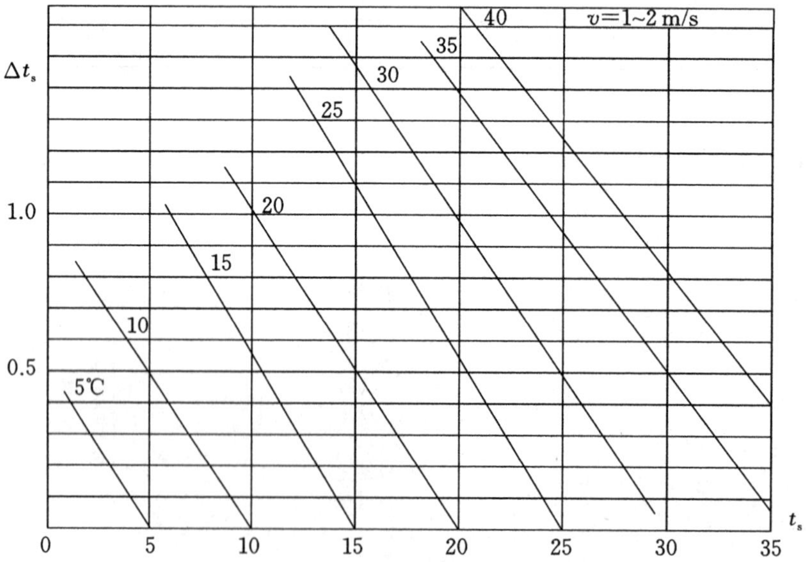

图 3.31 湿球温度修正

(6) 制冷系数 ε

$$\varepsilon=\frac{Q+Q_s}{N_e} \tag{3.69}$$

(7) 在焓湿图上表示空气的处理过程,如图 3.32 所示。

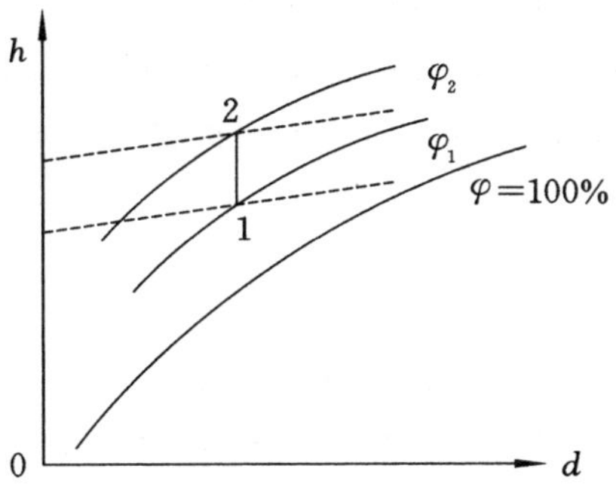

图 3.32 空气处理过程示意图

3.15.7 注意事项

(1) 实验完毕后,应让水泵和风机单独运行一段时间后关闭,以免蒸发器水箱长期过冷而损伤。

(2) 本实验中送风、回风口可应用风速测量仪进行测量,从而得到风量值。

3.15.8 问题讨论

(1) 描述三种空调系统的优缺点。

(2) 说明哪种空调系统可以提高室内空气品质。

(3) 在夏季工况下,为什么有些全空气空调系统要运行再热功能?

3.15.9 实验报告要求

根据测试结果将数据表格绘制在实验报告中,并根据数据处理要求进行计算和分析,将空气处理过程绘制在坐标纸上,并附在实验报告中,对测试结果和计算结果进行误差分析,要求误差分析内容全面,可参考本书 1.1.1 节实验数据误差分析,最终对实验做出总结。

3.16 建筑热舒适环境测试实验

建筑热舒适环境测试实验旨在评估建筑物内部的热舒适性水平。通过使用先进的测量设备和仪器,研究人员能够定量地分析建筑物内部的温度、湿度、空气流速和辐射热等参数,从而提供科学依据和数据支持来改善建筑物的热舒适性。在建筑热舒适环境测试实验中,通常会设置不同的实验场景,如办公楼、住宅、商业建筑等,以探究不同类型建筑物的热舒适性特征和变化。通过调整室内温度、湿度和通风等条件,研究人员可以模拟不同气候条件下的实际工作和生活环境,进而研究热舒适性与工作效率、生活质量等指标的关系。实际实验中,还应对参与者进行主观感受和生理参数的测量,例如通过问卷调查和皮肤温度、心率等生理指标的测量来获取参与者的真实反馈。这些数据的分析能够为建筑设计师、工程师和建筑物管理者提供重要的参考,以确保建筑物能够提供舒适健康的室内环境。

3.16.1 实验目的

本实验为综合性实验,通过对引起热不舒适的因素[如温度(皮肤温度、人体核心温度)、空气湿度、垂直温差、吹风感]进行模拟测试,理解建筑热舒适的相关知识,具体实验目的如下:

(1) 学会使用便携式热舒适度测试仪器及相关的检测仪器;

(2) 了解机械通风湿球探头、自然通风湿球探头、黑球温度计、热线空气流风速探头等的工作原理;

(3) 学会使用 BSZ302 INFO GAP-ADVNCED 软件及 BSZ303 热舒适度计算软件;

(4) 掌握分析指数方法,通过所测参数值计算预测平均投票率(Predicted Mean Vote, PMV)和预测不满意百分率(Predicted Percentage of Dissatisfied, PPD);

(5) 学会建立 PPD 和 PMV 的关系曲线图。

3.16.2 实验仪器

(1) 便携式热舒适度测试仪:Babuc A 010 数据收集仪、BSV 101 热线空气流速探头、BSU 102机械通风湿度计、自然通风湿球温度探头、BST 131 平均光热放射温度探头。

(2) TESTO 400 多功能测试仪具有 3 个功能探头,包括温度、湿度、风速。

(3) QDF-6 型热球风速仪。

3.16.3 实验原理

(1) Babuc/A 型热舒适仪主要由 Babuc A 010 数据收集仪(即主机)和 BSV 101 热线空气流速探头、BSU 102 机械通风湿度计、BST 131 平均光热放射温度探头组成。

① Babuc A 010 数据收集仪(便携式全方向热线空气流速探头)

该数据收集仪能储存多达两万组数据,具有 11 个自动识别探头的输入口,应用简便的高效能软件,利用收集到的数据自动计算出如热舒适度 PPD、PMV 等指标,可以自动收集数据,可通过软件简易地下载数据到计算机。

② BSV 101 热线空气流速探头

该仪器采用的是热线式工作原理,热线是指用电流进行加热并放置在空气中散热的细金属丝,利用散热速率与气流的关系来测量风速。被加热的物体,也可以是热球、热膜等(风速敏感元件为铂膜热电阻)。

③ BSU 102 机械通风湿度计

将两支完全相同的水银温度计同时装入金属套管中，水银温度计球部布有双重辐射防护管。套管顶部装有一个用发条或电驱的风扇，启动后抽吸空气均匀地通过套管，使球部处于不小于 3 m/s 的气流中，以测定干湿球温度计的温度，然后根据干湿球温度计的温差，计算出空气的湿度。

④ BST 131 平均光热放射温度探头(黑球温度计)

为方便考虑人与周围环境的热交换，用一个假想的无限大球面来代替人周围的实际空间，如果两者与人体的辐射热交换效果相同，则此无限大球面的温度即为平均辐射温度。环境中的辐射热被表面涂黑的铜球吸收，使铜球内气温升高，用温度计测量铜球内的气温，同时测量空气温度、风速。由铜球内的气温、空气温度、风速计算出环境的平均辐射温度。

(2) 热球式电风速计由测杆探头和测量仪表组成。探头装有热电偶和加热探头的镍铬丝圈。热电偶的冷端连接在磷铜质的支柱上，直接暴露在气流中，当一定大小的电流通过加热圈后，玻璃球被加热后温度升高的程度与风速呈现负相关，引起探头电流或电压的变化，然后由仪器显示出来(指针式)，或通过屏幕显示出来(数显式)。

(3) TESTO 400 多功能测试仪

TESTO 400 多功能测试仪是一种应用于空调和通风系统的便携式测量仪表，该多功能测试仪中集成了很多测试经验，实现了多种类型的速度测量，不管是在管道中、管道出口，还是在吸入口，它利用的是热敏探头、转轮和毕托管，同时还提供有 CO、CO_2 测试气体探头，测试室内的空气质量。

3.16.4 实验方法与步骤

在模拟的室内环境中，通过仪器中设置的软件对人们的活动情况进行模拟设置，并且对从事活动的人穿着的服装进行设计。同时对所模拟的室内温度、空气湿度、室内气流组织形式进行适当的控制，然后使用热舒适仪进行测试。最后综合建筑环境学、流体力学、工程热力学的知识及高等数学的内容对检测的结果进行分析计算，计算出相应的舒适度参数，如 PPD、PMV 等指标。并绘出 PPD-PMV 关系曲线图来评价室内人体感觉的舒适度。

热舒适仪的操作步骤如下：

(1) 首先连接好热舒适仪的电源。

(2) 做好 R232 与计算机(计算机内设有热舒适仪的计算软件程序)的连接，然后把热线风速仪的流速探头、机械通风湿度探头、自然通风的湿度探头及平均光热放射温度探头连接在主机上。

(3) 打开热舒适仪的开关：在主机的键盘上按下 ON，按下 IMMIS 键进入操作程序，在主机键盘出现 SURVEY 时，按下 IMMIS 进入测试，屏幕上会显示 WITHOU、STORAGE 和 WITH STORAGE，选择 WITH STORAGE，从 WITH STORAGE 进入下一栏 EXECUTION 和 SETUP。

(4) 选择 SETUP 来设置实验测试日期、测试间隔时间、测试过程时间，检查并确定探头所在通道是否接通。检查完毕后，按 ESC 键退回到 EXECUTION 和 SETUP 一栏，执行 EXECUTION，热舒适仪开始测试运行。

(5) 实验结束时，按 ESC 键退回到 SHUTDOWN 并确认。

(6) 测试结束后，从计算机上下载并打印出所测数据表格及其他参数报告。

多功能测试仪的操作步骤如下：

(1) 首先连接好要测的气体探头。按开机，屏幕上会显示开机状态。约 30 s 预热后即显示所检测的气体浓度值，响应时间约需 1 min，轻轻晃动探头可缩短响应时间。再按下 OK 键，屏幕上会显示出主菜单，利用左键或右键可按需要选定相应的功能，再通过 OK 键确认即可。

(2) 利用上下两个键可以对其余两功能进行功能分配。如果在没有功能分区反转显示的情况下按左、右键，则当前参数下的测量功能被启动。

(3) 对应于某一数据显示状态，可以分别设定 5 个功能分区，用于显示测量过程中附加功能的有关信息，设定这些可以直接启动的功能时应先按左键或右键离开测量窗口，此时当前测量被终止，被启动的功能区反转显示。

(4) 利用上、下键可以在当前功能区的各种方案之间切换，按 OK 键在附加窗口中显示可供指定的所有方案。

(5) 在仪器屏幕的左上角显示出测量数据传播目标区，如果利用键盘上的打印键启动传输功能，数据将被存入内存后发送给打印机。

(6) 在仪器屏幕的左上角显示出测量位置，便于在打印或分析工作中把数据指定给相应的地点。

(7) 如果按左、右键后没有功能区反转显示，则表示当前参数状态下的测量动作已被启动。

3.16.5 实验数据记录

实验数据记录表如表 3.26 所示。

表 3.26 数据记录表

测定次数	人体周围空气干球温度 t_a/℃	空气湿球温度 t_{as} /℃	衣服外表面温度 t_{cl} /℃	室内风速 v/(m/s)	相对湿度 φ/%	平均辐射温度 t_r /℃	黑球温度 t_g /℃	作业温度 t_0 /℃
1								
2								
3								
平均值								

3.16.6 数据处理

(1) 预测平均评价 PMV

$$PMV=[0.303\exp(-0.036M)+0.0275]\times\{M-W-3.05\times[5.733-0.007(M-W)-P_a]$$
$$-0.42\times(M-W-58.2)-0.0173M(5.867-P_a)-0.0014M(34-t_a)$$
$$-3.96\times10^{-8}f_{cl}[(t_{cl}+273)^4-(t_r+273)^4]-f_{cl}h_c(t_{cl}-t_a)\} \quad (3.70)$$

(2) 预测不满意百分比 PPD

$$PPD=100-95\exp[-(0.03353PMV^4+0.2179PMV^2)] \quad (3.71)$$

式中 h_c——对流传热系数,W/(m^2·K);

t_{cl}——衣服外表面温度,℃;

f_{cl}——服装的面积系数,$f_{cl}=1.0+0.3I_{cl}$;

I_{cl}——服装热阻,(m^2·K)/W;

t_a——人体周围空气温度,℃;

t_r——平均辐射温度,℃;

P_a——人体周围水蒸气分压力,kPa;

M——人体能量代谢率,取决于人体的活动量,W/m^2;

W——人体所做机械功,W/m^2。

说明:PMV 和 PPD 计算公式中的相关参数可根据本实验所测得的数据进行选取和计算。

(3) 在坐标纸或报告中绘制出 PMV-PPD 关系曲线简易图(图 3.33)。

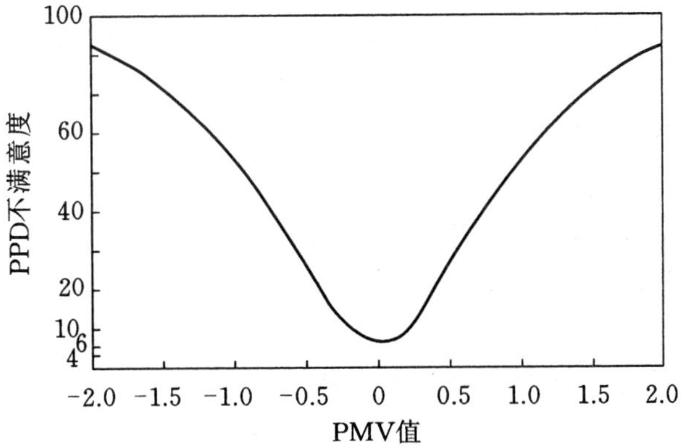

图 3.33 PMV-PPD 关系曲线简易图

3.16.7 注意事项

(1) 注意设置空调房间参数变化时一定要缓慢进行,否则测定参数值不容易稳定。

(2) 注意探头的正确使用,不要用手触摸敏感元件。

(3) 使用清洁干净的蒸馏水以免损坏通风湿度探头。

3.16.8 问题讨论

(1) PMV 和 PPD 的含义是什么?

(2) PMV 方程适用于哪种室内热环境?

3.16.9 实验报告要求

根据测试结果将数据表格绘制在实验报告中,并根据数据处理要求进行计算和分析,将空气处理过程绘制在坐标纸上,并附在实验报告中,对测试结果和计算结果进行误差分析,要求误差分析内容全面,可参考本书 1.1.1 节实验数据误差分析,最终对实验做出总结。

3.17 空调房间气流组织测定实验

空调房间气流组织测定实验旨在分析和评估在房间内空调系统的运行过程中空气的流动和分布情况。此实验的目的在于获取有关空调系统的性能指标和改进方案的重要数据,以确保房间内的空气质量和舒适度达到最佳状态。在实验中,将使用多种精密仪器和设备来测量空气速度、温度、湿度以及其他相关参数。通过仔细分析这些数据,研究人员能够了解空气在房间中的流动方式、速度和温度差异,进而评估是否存在不良的气流分布情况和热点区域。例如,扇形风扇、热电对和风速仪是常用的仪器,用于测量风速和室内温度。实验过程中,应选用一定的实验设计和方法。首先,需要选择适当的测量点位和布置测量设备,以覆盖整个房间的空气流动区域。其次,应确保实验环境的恒温和恒湿,以充分模拟实际运行条件。然后,通过连续监测和记录数据,研究人员能够获得有关空气流动的准确和可靠的信息。通过该实验的结果分析,研究人员可以发现并解决房间内可能存在的空调系统设计缺陷或运行不正常的问题。例如,如果发现某些区域的温度差异较大且气流速度不均匀,可能需要调整空调出风口的位置或改变通风系统的布局和设置。这些改进措施旨在提高空调系统的性能,为用户提供更佳的室内环境和舒适度。

3.17.1 实验目的

(1) 通过对空调房间的温度、湿度、风速的测定,检查空气处理设备的实际工作能力及空调房间的温度场、速度场的分布情况,从而进一步理解空调房间的舒适度的概念。

(2) 通过对空调房间的各项指标的测试,了解空调房间的送风口、回风口的配置。

(3) 学会测量仪器工具的使用方法。

3.17.2 实验原理

(1) 空气状态参数的测定

当空调系统运行基本稳定后，先在室内工作区里选定一些具有代表性的点(一般不少于5个)，所选的测定点应尽可能位于气流比较稳定而且空气混合比较均匀的断面上。测定点高度应离地面1.5～2 m，离外墙不少于0.5～1 m，且须远离冷、热源表面和不受阳光直射。再选取送风口和回风口的中心作为固定测点。选定测定点后，将温度计安装在测定点位置，经3～5 min，待温度计读数稳定后才能读数记录。测量湿度时，湿度计的安装方法和温度计相同，读数步骤也相同。测定数据每隔0.5～1 h进行一次。

(2) 风量的测定

在稳定的空调房间内，可以通过对风口风速进行测定得到风量，进、出风口的风速可直接用风速仪测量，测量进、出口风速时，风速仪要尽可能地靠近进、出风口的中心位置，以减少误差。每隔0.5～1 h测量一次。

(3) 室内气流组织的测定

空气气流速度是指在工作区内的气流速度，一般要求普通空调房间工作区的气流速度不超过0.5 m/s，这项测定可以用于选定测定室内空气状态的测定点位置。

3.17.3 实验装置

空调房间气流实验装置由空调房间、风速传感器、温度传感器和比例-积分-微分(PID)控制器等组成，不同送风房间布点位置如图3.34所示。

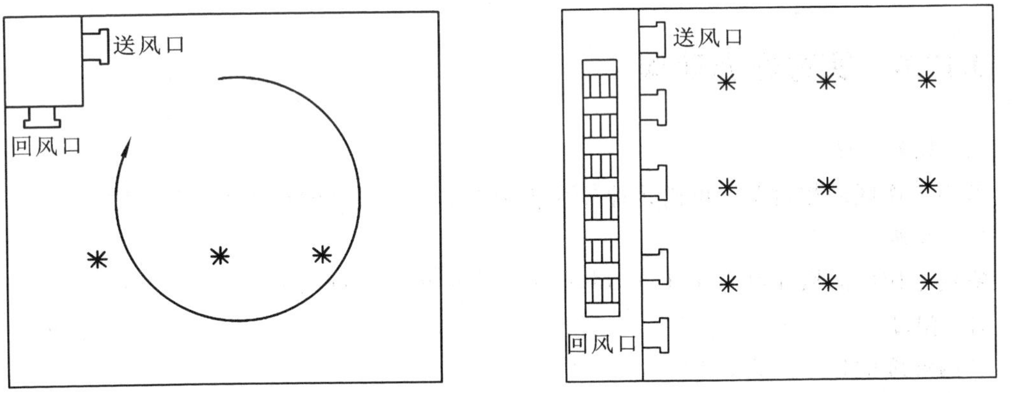

(a) (b)

图3.34 不同送风房间布点位置

(a) 单一送风和回风口房间；(b) 多送风口和回风口房间

3.17.4 实验步骤

(1) 熟悉空调系统及测试装置。
(2) 按要求布置测点,在测点上安装温度传感器,并连接到计算机上。
(3) 开启空调系统,待系统稳定后在计算机上开启测试软件,开始测试。
(4) 关闭计算机及其外置电源。

3.17.5 实验数据记录

实验数据记录表如表 3.27 所示。

表 3.27 实验数据记录表

编号	测定点									送风口				回风口			
	1	2	3	4	5	6	7	8	9	1	2	3	4	1	2	3	4
温度/℃																	
平均温度/℃																	
相对湿度/%																	
平均相对湿度/%																	
风速/(m/s)																	
平均风速/(m/s)																	

3.17.6 实验数据处理

(1) 相对湿度
室内工作区的相对湿度可简化计算为各个测定点的湿度的算术平均值。
(2) 风速
室内工作区的风速可简化计算为各个测定点的风速的算术平均值。
(3) 温度
室内温度的计算公式如下:

$$t = \frac{\sum t_i}{n} \tag{3.72}$$

式中 t——各测定点多次测定的温度的算术平均值,℃;
n——测定点数量。

(4) 送风口风量

送风口风量测定的计算公式如下：

$$L = CVF \tag{3.73}$$

式中 C—— 修正系数，对于送风口为 0.96 ～ 1.0；

V—— 风口断面平均速度，m/s；

F—— 风口的轮廓截面面积，m^2。

(5) 综述空调房间空气环境情况和气流组织分布情况。

3.17.7 问题讨论

(1) 回风口对流场影响大不大？为什么？

(2) 你认为实验中还存在什么问题？应如何改进？

(3) 为什么要将测定点选在高度为 1.5 ～ 2 m 的位置？

(4) 所测试的空调房间采用的送风和回风方式是什么，送风口、回风口各为什么形式？

3.17.8 实验报告要求

根据测试结果将数据表格绘制在实验报告中，并根据数据处理要求进行计算和分析，将空气处理过程绘制在坐标纸上，并附在实验报告中，对测试结果和计算结果进行误差分析，要求误差分析内容全面，可参考本书 1.1.1 节实验数据误差分析，最终对实验做出总结。

3.18 旋风除尘器除尘实验

旋风除尘器除尘实验是对旋风除尘器在去除空气中的颗粒物和污染物方面进行验证的实验项目。在实验过程中，通过将含有颗粒物的空气送入旋风除尘器内，利用旋转的离心力将颗粒物从空气中分离出来，从而达到净化空气的目的。这项实验是评估旋风除尘器性能和效率的重要指标，可帮助人们更好地了解其在工业和环境领域中的应用前景和潜力。

3.18.1 实验目的

(1) 掌握旋风除尘器的结构与除尘原理，全面了解影响旋风除尘器性能的主要因素；

(2) 掌握管道中气体流速和流量的测定方法；

(3) 掌握旋风除尘器压力损失和阻力系数的测定方法；

(4) 掌握旋风除尘器效率的测定方法。

3.18.2 实验原理

(1) 气体温度和含湿量的测定

由于除尘系统吸入的是室内空气，所以近似用室内空气的温度和湿度代表管道内气流的温度 t_s 和湿度 y_w。由挂在室内的干湿球温度计测量的干球温度和湿度温度，可查得空气的相对湿度 Φ，由干球温度可查得相应的饱和水蒸气压力 p_v，则空气所含水蒸气的体积分数：

$$y_w = \Phi \frac{p_v}{p_a} \tag{3.74}$$

式中 p_v—— 饱和水蒸气压力，kPa；

p_a—— 当地大气压力，kPa。

(2) 管道中各点气流速度的测定

本实验用测压管和U形管压力计或倾斜微压计测定管道中各测点的动压 p_k 和静压 p_s。各点的流速按下式计算。

$$v = K_p \sqrt{\frac{2p_k}{\rho}} \tag{3.75}$$

式中 K_p—— 毕托管修正系数；

p_k—— 各点气流的动压，Pa；

ρ—— 测定断面上气流的密度，kg/m^3。

气流的密度可按下式计算：

$$\rho = 2.696 \times [1.293 \times (1 - y_w) + 0.804 y_w] \frac{p'_s}{T_s} \tag{3.76}$$

式中 p'_s—— 测定断面上气流的平均静压(绝对压力)，$p'_s = p_s + p_a$，kPa；

p_s—— 气流的平均静压(相对压力)，kPa；

T_s—— 气体(即室内气体)温度，K。

(3) 管道中气体流量的测定

① 根据断面平均流速计算：根据各点流速可求出断面平均流速 $\bar{v}$，则气体流量为

$$Q = A\bar{v} \tag{3.77}$$

式中 A—— 管道横断面面积，m^2。

② 用静压法测定：根据测得的吸气均流管入口处的平均静压的绝对值 $|p_s|$，算出气体流量

$$Q = \varphi A \sqrt{\frac{2|p_s|}{\rho}} \tag{3.78}$$

式中 P_s—— 均流管处气流平均静压的绝对值，Pa；

φ—— 均流管的流量系数。

标准状态下(273.15 K,101.33 kPa)的干空气流量为

$$Q_N = 2.696Q(1 - y_w)\frac{p_s}{T_s} \tag{3.79}$$

(4) 旋风除尘器压力损失和阻力系数的测定

本实验采用静压法测定旋风除尘器的压力损失。由于本实验装置中除尘器进、出口接管的断面面积相等,气流动压相等,所以除尘器压力损失等于进、出口接管断面静压之差,即 $\Delta p = p_{si} - p_{so}$。

测出旋风除尘器的压力损失之后,便可计算出旋风除尘器的阻力系数

$$\xi = \frac{\Delta p}{\rho v_1^2/2} \tag{3.80}$$

式中 v_1—— 旋风除尘器进口风速,m/s。

(5) 除尘系统中气体含尘浓度的计算

① 旋风除尘器入口前气体含尘浓度的计算

$$c_i = \frac{G_f}{Q_i t} \tag{3.81}$$

② 旋风除尘器出口后气体含尘浓度的计算

$$c_o = \frac{G_f - G_s}{Q_o t} \tag{3.82}$$

式中 c_i, c_o—— 除尘器进、出口的气体含尘浓度,g/m^3;

G_f, G_s—— 发尘量与收尘量,g;

Q_i, Q_o—— 除尘器进、出口的气体量,m^3/s;

t—— 发尘时间,s。

(6) 除尘效率的测定与计算

① 质量法:测出同一时段进入除尘器的粉尘质量 G_f(g) 和除尘捕集的粉尘质量 G_s(g),则除尘效率

$$\eta = \frac{G_s}{G_f} \times 100\% \tag{3.83}$$

② 浓度法:用等速采样法测出除尘器进口和出口管道中气流含尘浓度 c_i 和 c_o(mg/m^3),则除尘效率

$$\eta = \left(1 - \frac{c_o Q_o}{c_i Q_i}\right) \times 100\% \tag{3.84}$$

(7) 除尘器处理气体量和漏风率的计算

处理气体量:

$$Q = \frac{1}{2}(Q_i + Q_o) \tag{3.85}$$

漏风率:

$$\delta = \frac{Q_i + Q_o}{Q_i} \times 100\% \tag{3.86}$$

3.18.3 实验装置

实验装置流程如图 3.35 所示。

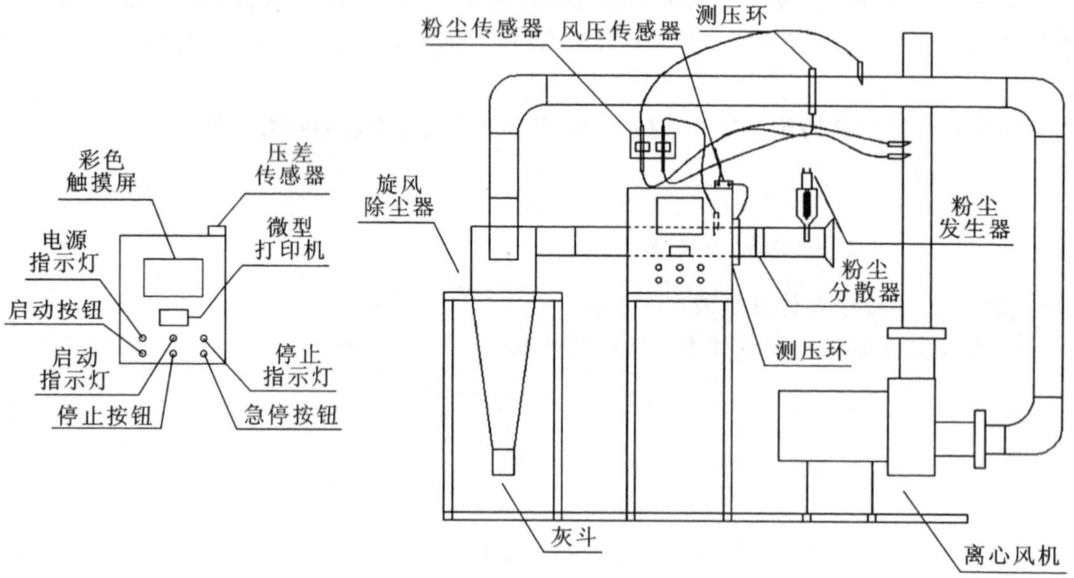

图 3.35 旋风除尘器装置示意图

系统情况如下：

(1) 透明有机玻璃进气管段，配有动压测定环，与微压计配合使用可测定进口管道流速和流量；

(2) 自动粉尘加料装置，采用调速电机，用于配置不同浓度的含灰气体；

(3) 入口管段采样口，用于入口气体粉尘采样，也可利用毕托管和微压计在此处测定管道流速；

(4) 旋风除尘器入口、出口测压环，与压差传感器一道用来测定旋风除尘器的压力损失；

(5) 有机玻璃旋风除尘器主体(底部为法兰连接可拆卸卸灰装置)；

(6) 旋风除尘器采样管段，用于旋风除尘器出口气体粉尘采样，也可利用毕托管和微压计在此处测定管道流速；

(7) 风量调节阀，用于调节系统风量；

(8) 高压离心通风机，为系统运行提供动力；

(9) 温度传感器，量程 −40～100 ℃；

(10) 仪表电控箱，用于系统的运行控制。

3.18.4 实验步骤

(1) 首先检查设备系统外部情况和全部电气连接线有无异常(如管道设备有无破损

等)，一切正常后开始操作。

(2) 打开电控箱总开关，合上触电保护开关。

(3) 在风量调节阀关闭的状态下，启动电控箱面板上的主风机开关。

(4) 调节风量调节开关至所需的实验风量，即调节连接入口端动压测定环的微压计显示的动压值，动压值可按实验时的温度和湿度和所需的实验入口风速计算而得，也可通过毕托管测定入口管段的动压和流速、流量。

(5) 将一定量的粉尘加入自动发尘装置灰斗，然后启动自动发尘装置电机，并可调节转速控制加灰速率。

(6) 对除尘器进出口气流中的含尘浓度进行测定，并通过压差传感器记录下该工况下的除尘器压力损失；也可通过计量加入的粉尘量和捕集的粉尘量(卸灰装置实验前后的增重)来估算除尘效率。

(7) 实验完毕后依次关闭发尘装置、主风机，待设备内粉尘沉降后，清理卸灰装置。

(8) 关闭控制箱主电源，检查设备状况。

3.18.5 实验数据记录

实验数据记录见表 3.28、表 3.29。

空气干球温度 t_d= ________ ℃　　空气湿球温度 t_v= ________ ℃

空气相对湿度 Φ= ________%　　大气压力 P= ________ Pa

空气密度 ρ= ________ kg/m^3

表 3.28　除尘器处理风量测定结果记录表

测定次数	管内流速 v/(m/s)	风管横截面面积 F_1/m^2	风量 Q/(m^3/min)	除尘器进口面积 F_2/m^2	除尘器进口风速 v_2/(m/s)	除尘器阻力 Δp/Pa

表 3.29　除尘器效率测定结果记录表

测定次数	发尘量 G_f/g	发尘时间 t/s	除尘器进口气体含尘浓度 c_i/(g/m^3)	收尘量 G_s/g	除尘器出口气体含尘浓度 c_o/(g/m^3)	除尘效率 η/%

3.18.6 实验数据处理

(1) 根据式(3.85)和式(3.86)计算旋风除尘器的处理气体量和漏风率,并将测定及计算结果记录在表3.28中。

(2) 根据式(3.83)和式(3.84)计算旋风除尘器在各种工况下的除尘效率,并记录在表3.29中。

(3) 表中所有计算过程应详细写在实验报告中,并在坐标纸上绘制旋风除尘器风量 Q 和阻力 Δp 的关系曲线(Δp-Q),绘制风量 Q 和除尘效率 η 的关系曲线(η-Q),可将两条曲线绘制在同一坐标轴内,如图3.36所示。

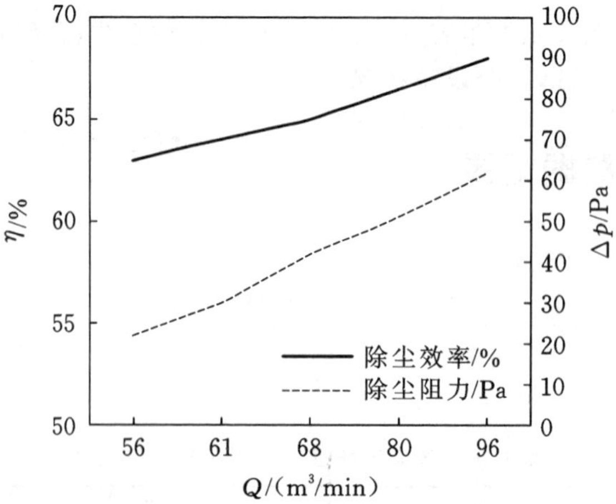

图3.36 η-Q 和 Δp-Q 曲线示意图

3.18.7 问题讨论

(1) 实验中观察除尘器筒体的上涡旋涡和内涡旋涡,分析其流动特点。

(2) 旋风除尘器中气流的速度分布和压强分布如何?它对旋风除尘器的选择和运行控制有何影响?

3.18.8 实验报告要求

根据测试结果将数据表格绘制在实验报告中,并根据数据处理要求进行计算和分析,将空气处理过程绘制在坐标纸上,并附在实验报告中,对测试结果和计算结果进行误差分析,要求误差分析内容全面,可参考本书1.1.1节实验数据误差分析,最终对实验做出总结。

附录　焓湿图

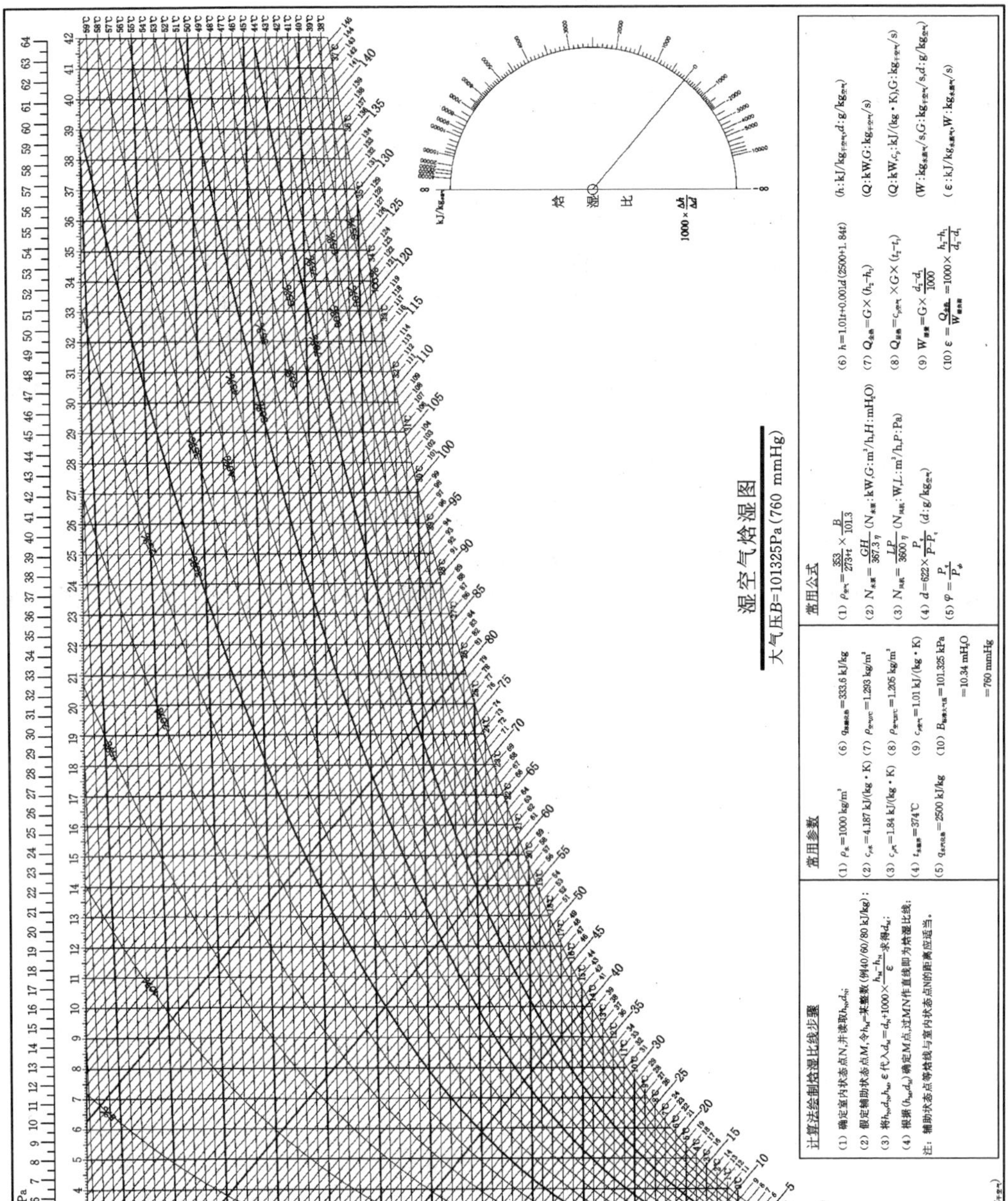
湿空气焓湿图
大气压B=101325Pa(760 mmHg)
水蒸气分压力P_q/100Pa
含湿量d/(g/kg干空气)
温度t/℃
比焓h/(kJ/kg干空气)
常用公式
常用参数
计算法绘制热湿比线步骤

参考文献

[1] 范军.建筑环境与能源应用工程实验指导[M].北京:中国建筑工业出版社,2016.

[2] 侯书新,孙金栋,史永征.建筑环境与能源应用工程专业实验教程[M].北京:机械工业出版社,2017.

[3] 杨春英.建筑环境与能源应用工程实验技术[M].北京:科学出版社,2019.

[4] 何为,陈华.暖通空调技术与装置实验教程[M].天津:天津大学出版社,2018.

[5] 王雁冰,杨柳.工程流体力学实验指导书[M].北京:冶金工业出版社,2022.

[6] 李东雄,杜渐.供热通风与空调工程实验实训[M].北京:中国电力出版社,2012.

[7] 牛永红,李义科.建筑环境与能源应用工程实验教程[M].北京:中国水利水电出版社,2019.

[8] 战洪仁,李雅侠,王立鹏.热工实验原理与测试技术[M].北京:中国石化出版社,2019.

[9] 杨中华,李丹,李琼,等.水力学实验指导书[M].北京:中国水利水电出版社,2019.

[10] 毛根海.应用流体力学实验[M].北京:高等教育出版社,2008.

[11] 袁艳平,曹晓玲,孙亮亮.工程热力学与传热学实验原理与指导[M].北京:中国建筑工业出版社,2013.